KB018436

김종성 교수의

# 뇌과학 여행,
# 브레인 인사이드

예술세계에서 발견한 뇌의 신비

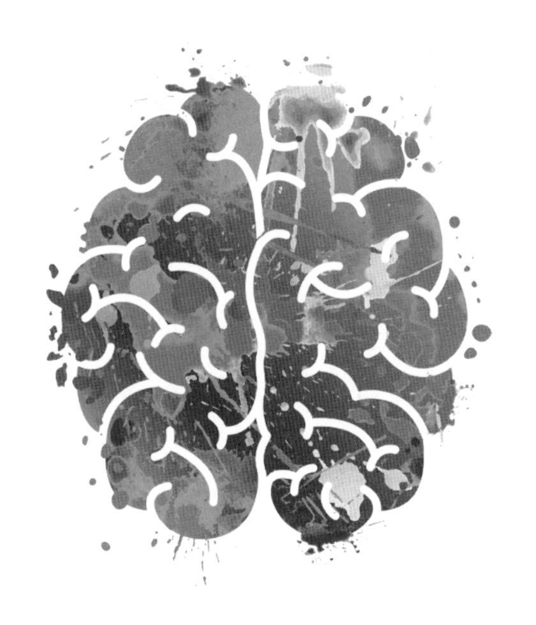

김종성 교수의

# 뇌과학 여행, 브레인 인사이드

궁리
KungRee

# 들어가는 말

나는 신경과 의사이다. 그리고 뇌와 뇌질환을 연구하는 학자이기도 하다. 내 삶은 항상 바쁘고 고단했다. 하지만 치료가 잘 되어 퇴원하는 환자들, 내 연구결과가 좋은 저널에 게재되어 인정받는 사실은 오랫동안 삶의 원동력이 되었다.

그러나 언제부터인가 내 자신이 직업상 지나치게 논리적인 인간이 되어가는 것 같아 조금씩 글을 쓰기 시작했다. 이후 뇌과학을 흥미롭게 풀어낸 『뇌에 관해 풀리지 않는 의문들』을 펴내게 되었다. 그게 벌써 20년 전 일이다. 뒤이어 『춤추는 뇌』, 『영화를 보다』, 『뇌과학 여행자』 등의 책을 출간하는 행운도 누릴 수 있었다. 이 책들에 대한 비판도 없진 않겠지만 나한테도 이제는 일정한 독자층이 생긴 것 같다. 간혹 '책을 읽고 뇌의학에 흥미를 느껴 의대에 진학했어요' 혹은 '신경과를 전공하기로 했어요'라고 하는 학생이나 전공의들을 만나면 나는 진료나 연구에서 느끼지 못했던 또 다른 뿌듯함을 느끼게 된다. 내 독자들은 그동안 빨리 다음 책을 써보라 성화를 해왔다. 실은 나도 그러고 싶었다. 하지만 바쁘다는 핑계로 마지막 책을 낸 지 벌써 10년이나 흘렀는지는 까맣게 모르고 있었다.

10년이면 나름 긴 시간이다. 그동안 뇌를 주제로 할 이야기가 더 쌓였다. 물론 삶에 관해 하고 싶은 이야기도 생겼고, 무엇보다 뭔가를 계속 써야겠다는 생각을 줄기차게 해왔다. 이번 책도 주제는 물론 뇌과학이지만, 여기에 내가 생각했던 인간의 삶, 그리고 세계관을 뇌과학과 진화론을 접목하여 풀어내고 싶었다. 이런 글을 쓰면 당연히 딱딱할 것이므로 평소 관심 분야인 예술을 접목하기로 했고, 이 책은 그렇게 탄생하게 되었다. 하지만 써놓고 보니 몇 가지 문제가 눈에 들어온다.

첫째, 예술이라 했으나 실제 이 책에 사용된 소재는 영화가 대부분이다. 그 이유는 다른 예술 장르에 비해 영화가 뇌에 관한 이야기를 많이 담고 있기 때문이다. 지난 몇 년간 내가 특별히 관심을 두고 즐긴 예술분야는 오페라였지만, 뇌질환 소재가 나오는 경우는 드물다. 따라서 뇌 이야기를 담아낸 친근한 영화를 매개로 글을 쓰면 독자들이 쉽게 공감하리라 생각했다. 주로 영화를 소재로 사용했지만, 소설, 시, 오페라, 신화 이야기까지 조금씩 풀어놓으니 약간 산만해 보이기도 한다. 하지만 여러 예술 장르에 폭넓은 관심을 보이는 분들이라면 이런 저런 주제를 넘나드는 내 이야기를 재미있게 들어주리라 생각한다.

둘째, 책을 쓸 때마다, 이 책에서 사용된 의학 용어 혹은 의학 내용이 일반 독자들에게 어려울 수도 있다는 걱정을 하게 된다. 그림과 사진을 활용하고 다른 곳에서 이야기 나눈 내용을 '___쪽 참조' 등으로 표기하면서 최대한 쉽게 설명하려 애는 썼지만 말이다. 한 가지 팁은,

전공을 불문하고 그 의학 용어를 굳이 외울 필요가 없다는 점이다. 내 책을 가장 '어렵다'고 말한 독자들은 의외로 신경과를 전공하지 않는 의사들이었다. 사실은 이분들은 일반인들보다 뇌의학을 훨씬 더 많이 알지만, 의사들이란 원래 뭐든 확실하게 암기해야만 하는 줄로 아는 사람들인 게 문제다. 그런 분들은 책을 읽으면서 생소한 신경학 용어에 머리가 지끈지끈했을 것이다. 오히려 가장 재미있게 읽은 독자들은 의학 전문 지식은 없지만, 평소 독서를 많이 하던 학생들이었다. 이들은 생소한 단어들을 끙끙 붙잡지 않고 그냥 즐겼기 때문에, 즉 나무보다 숲을 감상하고자 했기에 좀 더 편하게 읽었을 것이다.

셋째, 나는 사랑, 중독, 종교 심지어 내세관 같은 형이상학적인 인간의 행동도 뇌과학과 진화론으로 풀어냈다. 따라서 예컨대 종교나 내세를 굳건히 믿는 분들이 읽기에는 다소 당황스러울 수도 있다. 하지만 나는 여러분들이 믿는 종교나 내세관을 버리라는 뜻은 전혀 아니며, 물론 그렇게 요구할 자격도 없다. 다만 이와 같은 형이상학적 행동을 뇌과학을 전공하는 사람은 이렇게 바라볼 수도 있구나 하는 정도로 생각하시면 오히려 흥미롭게 느껴질 것이다.

마지막으로 책의 출간을 맡아준 궁리출판 여러분들, 그리고 지금 이 서문을 읽고 계신 독자들께 감사드리며, 이제 이야기 보따리를 풀어보려 한다.

## 차례

## 3부. 사랑, 기억 그리고 종교



## 4부. 중독, 광기, 천재

## 5부. 뇌질환의 숱한 오해와 진실



## 6부. 어떻게 살고 어떻게 죽을 것인가, 그것이 문제로다

프롤로그

# 지구, 생명 그리고 신경(뇌)의 탄생

지구는 약 46억 년 전에 탄생했다. 최초의 지구엔 생명이 살지 않았다. 지구는 그로테스크한 바위로 이루어져 있었고 물이 흐르고 있었다. 그리고 여러 가스들이 공간을 채우고 있었다. 이렇게 심심한 지구에 어떻게 생명체가 탄생했는지 정확한 과정은 아직 모른다. 그러나 최근 연구에 의하면 아미노니트릴(aminonitriles)이라고 불리는 아미노산 전구체가 원시 환경에 존재하던 다른 분자들의 도움으로 자체의 반응성을 이용, 펩타이드로 전환된 것이 생명의 시초라 한다. 이런 과정은 화산 폭발 등 극한의 환경 속에서 이루어진다고 하는데, 몇몇 실험실에서 재현되고 있다. 아직 우리가 모든 것을 이해하지는 못하지만 이런 변화 때문에 생명 탄생의 첫 단추가 끼워졌을 것이다.

지구상에 나타난 최초의 생물은 아메바 같은 원시적인 생명체였다. 이런 생물은 몹시 뜨겁거나 해로운 자극에 노출되면 이를 피하려 움직이긴 했지만, 그들에겐 신경계가 없었다. 이후 생명이 진화하며 좀 더 복잡한 생물체가 생겨났고 이들에게는 효과적으로 위험을 피하고 먹이를 취할 수 있는 좀 더 체계적인 운동능력이 필요해졌다. 해파리를 예로 들 수 있다. 해파리는 몸 전체에 신경망이 퍼져 있다. 해파리는 다리가 여러 개인데 한 방향으로 움직이려면 일사불란하게 그 신호가 다리로 전해져야 한다. 이를 가능하게 만들기 위해 신경망이 생긴 것이다. 그러나 해파리는 물속에서 한 방향으로밖에 움직이지 못한다. 우리 몸에 기생하는 편충은 해파리의 것보다 좀 더 복잡한 모양의 신경세포 덩어리를 갖고 있다. 덕택에 이 녀석은 좌우, 앞뒤, 위아래로 움직일 수 있다.

이처럼 신경세포 혹은 뇌(신경세포가 모여 개체의 행동을 조절하는 기관, '신경중추'라 부르기도 하며 대부분 생물에서 머리뼈 속에 있다.)란 몸의 움직임을 위해 탄생했다는 생각이 들게 하는 녀석이 있는데 바로 횟집에서 가장 먼저 나오는 멍게이다. 멍게를 먹으면서 뇌가 어디 있나 열심히 찾아본 사람은 없겠지만 사실 멍게는 뇌가 없는 동물이다. 그러니 움직이지도 못할 것이고, 제대로 생각도 할 수 없을 것이다. 멍게의 삶은 단순하다. 바위에 붙어 부착 부위의 반대쪽인 위쪽에 물을 빨아들이는 입수공과 물을 내뿜는 출수공이 있어 이를 통해 물을 빨아들이고 내뿜기만 하면 된다. 그러면서 물속에 있는 산소를 흡수해 호흡하고, 함께 들어온 플랑크톤을 먹으면 된다. 게다가 암컷을 발견하고 수컷이 쫓아갈 필요도 없는데 멍게는 한 개체가 정소와 난소를 모두 가지고 있는 자웅동체이기 때문이다. 즉, 멍게는 움직일 필요가 없으니 뇌도 필요 없다. 그러나 놀랍게도 멍게의 유충에겐 어른 멍게가 갖고 있지 못한 신경조직이 있다. 작은 올챙이처럼 생겨 바다를 떠

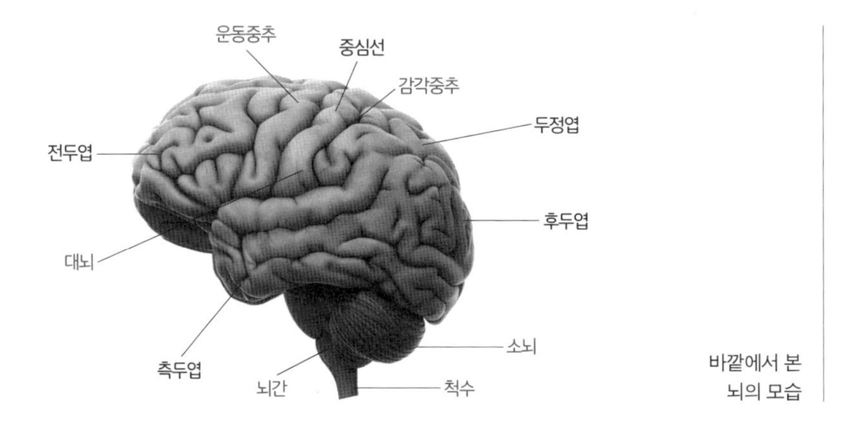


바깥에서 본
뇌의 모습

다녀야 하기 때문이다. 나이가 듦에 따라 바위에 붙어 성체가 되면서 필요 없어진 신경계는 퇴화하고 마는 것이다.

나는 신경계가 효과적으로 움직이기 위해 탄생했다고 썼다. 그렇다면 우리는 왜 움직여야 하는가? 두 가지 이유가 있다. 첫째는 해로운 자극이 있을 때 이를 피하기 위해서일 것이다. 예컨대 손을 날카로운 가시에 찔린다면(통증감각), 이것을 몸에 해로운 것으로 인식하고 재빨리 손을 움츠려야 한다. 둘째는 우리가 얻고자 하는 것에 다가가기 위해서다. 예컨대 맛있는 과일 향기가 난다면(후각), 혹은 사냥할 먹잇감이 보인다면(시각), 그쪽으로 신속히 움직여야 할 것이다. 즉, 우리의 감각은 주변 상황을 정확히 인식해 이 정보를 뇌로 보낸 후 생존에 적절한 방향으로 움직이는 것이다. 이를 위해 감각신경계가 발달했으며, 우리의 온몸엔 신경세포가 퍼져 있다. 그 신경의 끝에는 감

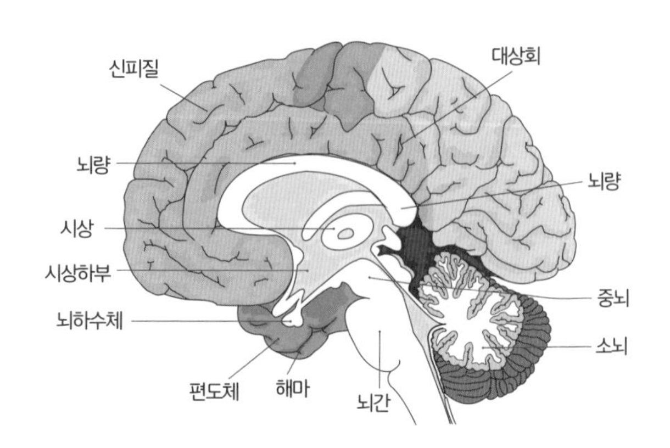


좌우 뇌의
정중앙을 자른 후
옆에서 본 모습

각수용체가 있는데 여기서 차갑거나, 뜨겁거나, 아프거나, 울리는 감각이 느껴지면 이것이 전기신호로 변해 신경을 타고 척수를 거쳐 뇌로 올라간다.

효과적인 삶의 유지를 위해 우리의 뇌는 감각을 느낀 후 이에 대한 기본적인 감정을 갖도록 진화했다. 예컨대 포식자가 쫓아온다면 '공포와 위기의식'을 느껴야 하고 이것이 운동중추를 자극해야 할 것이다. 이러한 감정을 만들어내는 구조물은 편도체이다. 반대로 맛있는 과일을 본다면 편도체에서 '기쁨'을 느끼도록 한다. 이런 작동을 위해서는 위험한 일은 무엇이고 행복한 일은 어떤 것인지에 대한 '기억'이 필요하다. 그 기억을 가능케 하는 구조물은 해마이다. 즉, 동물은 경험한 사건에 감정을 입혀 기억하고 이를 기반으로 판단하고 행동한다. 인간과 같은 복잡한 고등 동물은 실제 행동에 이르기까지 편도체/해마를 넘어 뇌의 많은 부분이 관여한다. 프롤로그 그림에 이런 일을 하는 뇌의 구조물과 그 기능을 적어두었다. 머리가 지끈지끈하다면 이 구조물을 외울 필요는 전혀 없다. 글을 읽는 동안에 이 구조물들 이름들이 수없이 반복될 것이기 때문에 나중에는 이 이름들이 그리 어렵지 않게 들릴 것이다.

자, 이제 나는 우리의 뇌에서도 가장 중요한, 전두엽부터 이야기를 시작하려 한다.

# 1부

# 뇌와 나

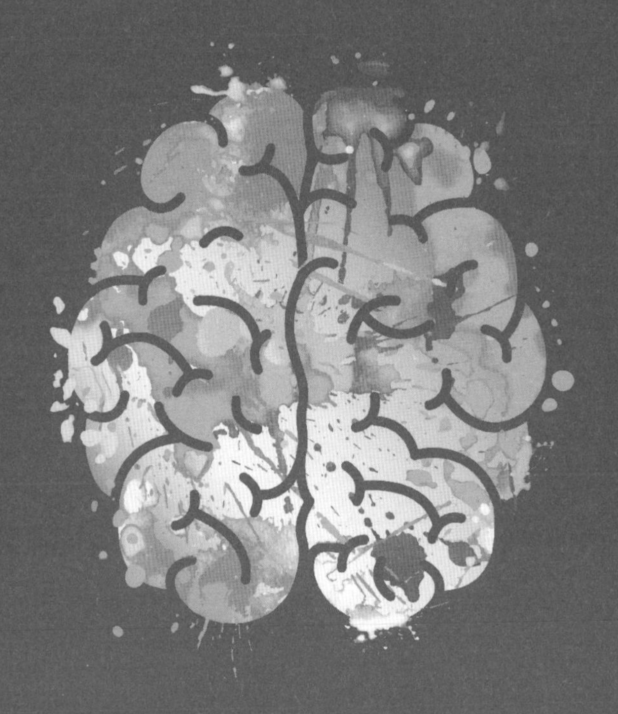

BRAIN INSIDE

# 전두엽은 바로 당신 1

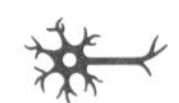

몇 달 전 병원에 입원했던 75세 L씨가 생각난다. 입원 3일 전 보호자들은 깜짝 놀랐다. 잘 자고 일어난 그녀가 완전히 다른 사람이 된 것 같았다. 그녀는 하루 종일 침상에 누워서 아무 말도 안 했다. 보호자가 옆에서 말을 걸어도 반응이 없고 눈만 멀뚱 뜨고 있었다. 괴로운 표정도 반가운 표정도 짓지 않고 그냥 아무런 관심이 없었다. 그렇다고 의식이 사라진 것도 아니었다. 눈은 멀쩡히 뜨고 감으며, 숨도 제대로 쉬고 팔다리도 움직이기는 했다. 다만 '영혼이 빠져나간' 것 같다고 보호자들은 이야기하였다. 주치의인 내가 진찰할 때도 마찬가지였다. 미소를 띠며 '안녕하세요, 어디가 불편하세요?' 해도 아무런 반응이 없었다. 환자에게 실어증(뇌의 언어중추가 손상되어 말을 하거나 이해하는 데 어려움이 생기는 증상, 206쪽 참조) 증세가 있나 궁금해서 여러 테스트를 시도했지만 전혀 반응이 없어 이것을 아는 것은 불가능했다. 환자에게 뇌 MRI를 찍어보니 우측 전전두엽(전두엽의 앞부분)

그림 1-1

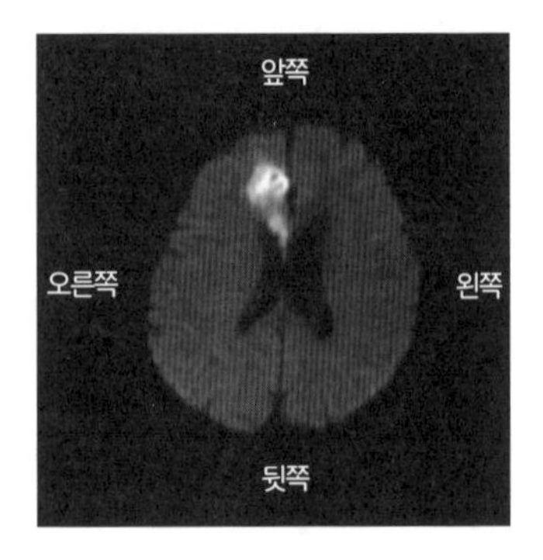


환자의 MRI 사진 모습.
오른쪽 앞쪽의 뇌, 즉 오른쪽 전두엽에 뇌경색(흰 부분)이 생긴 것을 알 수 있다.

에 뇌졸중이 생겼다(그림 1-1).

머리를 다친 사람이 성격이 달라진다는 사실은 예전부터 알려져 왔다. 이는 전전두엽이 손상되기 때문이다. 나 같은 신경과 의사는 뇌졸중으로 전두엽이 손상된 환자들을 주로 보지만 교통사고 같은 뇌손상 때문에 전전두엽이 손상되는 경우도 간혹 볼 수 있다. 이들을 진찰해보면 전두엽은 바로 우리 자신이란 생각이 든다. 이 환자들은 개개의 행동은 정상적으로 할 수 있다. 예컨대 운동중추가 함께 손상된 것이 아니라면 손을 사용하고, 걸을 수도 있다. 언어중추가 함께 손상되지만 않았다면 말을 알아듣고, 할 수 있다, 계산도 잘 할 수 있다. 그런데 문제는 주어진 모든 상황을 고려하여 적절한 최종 판단을 내릴 수 없다는 점이다.

예컨대 내일 이사를 하기로 했다면 오늘 짐을 싸고 준비를 해야 할 텐데 그런 계획을 세우지 않은 채 아무 상관없는 일만 한다. 이러니 직장에서도 무엇을 제대로 판단해서 일을 해결할 수가 없다. 또한, 세상에 아무런 관심도 없고(무의지증, abulia), 애정도 없다(무감동증, apathy). 예컨대 가족이나 친한 친구가 모처럼 면회를 와도 기뻐할 줄 모르고 그저 무덤덤하게 바라만 본다. 전두엽은 평소 경험한 감정, 기억들을 저장한 후 이를 기반으로 최종적으로 어떤 행동을 해야 하는지 판단하고 수행하는 기관이다. 또한, 전두엽의 아래쪽(눈 바로 위쪽이기 때문에 '안전두엽'이라 한다.)은 편도체와 연결되어 동료들끼리의 사랑, 국가에 대한 사랑 등 '사회적 사랑'을 만들어내는 곳이다. 이런 곳들이 손상되니 판단 능력과 더불어 '인간다운 사랑'이 없어져, 그야말로 좀비 같은 인간이 되어버리고 만다. 그나마 다행인 것은 무의지증, 무감동증이 있는 환자도 시간이 지나면서 증세가 회복되어간다는 점이다.

L씨의 경우 병원에서 퇴원한 3개월 후 보호자들이 외래로 데리고 왔다. 환자는 많이 회복되었다. 이제는 나를 쳐다보면서 자신의 상태에 대해 말을 시작했다. 물론 여러 번 말을 시켜야 반응을 했고 아직도 표정은 무덤덤했다. 그래도 이제는 그녀가 손자, 손녀를 보면 즐거워한다고 했다. 환자의 경우는 뇌졸중이 한쪽(오른쪽)에만 왔기 때문에 그나마 경과가 좋은 편이다. 양쪽 전전두엽이 모두 망가졌다면 그 경과가 훨씬 더 나빴을 것이다. 그런데 멀지 않은 과거에 우리는 이 소중한 전전두엽을 일부러 잘라내던 적이 있었다. 그것도 양쪽 모두를 말이다. 나는 그 별로 아름답지 못한 역사를 잠시 말하려 한다.

학회에 참석하느라 포르투갈의 수도 리스본을 두 번 방문한 적이 있다. 포르투갈에서 열리는 국제 학회는 대개 리스본 해안가에 있는 컨벤션 센터에서 열린다. 나는 학회 중 잠시 짬을 내서 뒷길을 따라 15분 정도 걸어가 보았다. '에가스 모니스 병원'을 찾기 위해서였다. 600병상 정도 수용할 수 있는, 포르투갈에서는 제법 큰 병원이다. 그

그림 1-2

포르투갈 리스본의 에가스 모니스 병원 건물 앞에 세워진 에가스 모니스의 동상

병원 건물 앞에 '에가스 모니스'란 분의 동상이 점잖게 서 있다(그림 1-2). 노벨의학상을 받기도 했던 이분에 대해 포르투갈인들은 커다란 자부심을 느낀다. 하지만 신경과 의사인 나는 이 동상을 바라보며 복잡한 감정을 갖지 않을 수 없었다.

1935년 런던 국제신경학회에서 미국학자들은 난폭한 원숭이의 전두엽을 제거했더니 그들이 얌전해졌다는 실험 결과를 발표했다. 청중 가운데 앉아 있던 포르투갈의 신경외과 의사 에가스 모니스는 무릎을 쳤다. 얼른 이 수술법을 환자에게 적용하고 싶어졌다. 그는 본국으로 돌아와 불안하고 난폭한 행동을 보이는 정신질환 환자의 전두엽을 절제하는 수술을 시행했다(전두엽 절제술, frontal lobectomy). 그 당시에는 임상시험윤리위원회 같은 것이 없었을 테니 아마도 의사 맘대로 이런 실험적 수술을 시행할 수 있었을 것이다. 여러 환자를 수술한 후 에가스는 나름 그 결과가 좋은 것으로 판단했다. 난폭하고 안절부절못하던 환자들이 수술 후 얌전해지고 불안증도 사라진 것처럼 보였기 때문이다. 게다가 반신마비 같은 심각한 부작용도 없었다. 이 소식은 곧 학계에 퍼졌고, 정신병을 수술로 고친다는 사실로 그는 유명해졌다. 이에 몹시 감명받은 의사가 있었는데 바로 미국의 신경과 의사 월터 프리먼(Walter Freeman)이었다. 월터는 신경외과(뇌를 수술로 치료하는 분야)가 아닌 신경과(뇌를 내과적으로 진단, 치료하는 분야) 의사이기 때문에 뇌 수술을 할 능력은 없었다. 그래서 그는 기발한 방법을 고안해냈다. 바늘을 안구의 위쪽으로 찔러 얇은 뼈를 뚫고 전두엽 속으로 집어넣은 후, 좌우로 여러 번 움직여 간단히 전두엽을 손상시키는 방법이었다(경안와뇌엽절제술, transorbital lobotomy).

에가스 모니스는 수술요법으로 인간의 성격과 행동을 교정할 수 있는 길을 열었다는 이유로 1949년 노벨상을 받았다. 게다가 그는 현재까지 신경과, 신경외과에서 시행하는 혈관조영술(혈관 속에 조영제를 주입한 후 촬영하여 혈관의 상태를 파악할 수 있는 검사)을 최초로 개발한 사람이기도 하다. 그러나 에가스가 전두엽 절제술로 노벨상을 수상한 사실은 잘못된 것이었다. 난폭하던 환자가 전두엽 절제술을 받은 후 고분고분해지긴 했다. 그러나 언뜻 정상처럼 보이는 이 환자들을 자세히 진찰해보니 실은 정상이 아니었다. 성격이 좋아진 게 아니라 멍청해진 것이었다. 마치 앞에 기술한, 양쪽 전두엽 모두에 뇌졸중이 생긴 환자처럼 된 것이다. 이러한 부작용이 알려진 데다가 1950년대부터 클로로프로마진 같은 항정신 약물이 개발되었기 때문에 전두엽 절제술 수술은 점차 줄어들어 현재는 사용하지 않는다. 다만 전두엽 절제술은 여러 목적으로 한동안 시행되었는데 이를 소재로 한 영화들은 한번 음미할 만하다.

# 2 전두엽 절제술의 득과 실: <셔터 아일랜드>

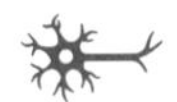

영화 〈셔터 아일랜드〉(Shutter Island, 2010)에서, 보스턴 해안 셔터 아일랜드의 정신병원은 범죄를 저지른 중증 정신병 환자를 격리하는 병원이다. 여기서 래디스란 환자가 실종되고, 연방 보안관 테디(레오나르도 디카프리오 분)는 동료 척(마크 러팔로 분)과 함께 이를 해결하려 한다(그림 1-3). 그러나 이 섬의 의사나 간호사 등을 심문해도 별다른 소득이 없다. 알고 보니 실은 테디가 바로 정신병원에 입원했던 환자 래디스였다. 우울증에 걸린 아내 돌로레스가 세 자녀를 강물에 빠뜨려 죽이자 이에 래디스가 아내를 살해했다. 이 사실을 견딜 수 없었던 래디스는 머릿속에서 자신을 테디라는 사람으로 바꾸고 아내와 아이들을 죽인 래디스를 쫓는 환상 속에 살게 되었고, 이후 셔터 아일랜드의 정신병원에 감금되었던 것이다. 고리 박사(벤 킹슬리 분)와 래디스의 주치의였던 시한 박사(테디가 척으로 알고 있는 사람)는 래디스를 치료하기 위한 목적으로, 즉 래디스가 환상의 삶 속에서 그 모순을 발견

그림 1-3

〈셔터 아일랜드〉의 한 장면

하고 스스로 깨어나도록 하기 위해 이 모든 각본을 만들고 지휘한 것이었다.

의사의 시선에서 보면 이 영화는 몇 가지 흥미로운 사실을 제시한다. 첫째, 테디(실제는 래디스)는 2차 대전에 참전하여 독일 다카우의 유대인 캠프를 소탕하는 작전을 수행하는 사람이었던 것으로 나온다. 실제로 전쟁과 같은 심각한 스트레스를 받은 후 외상 후 스트레스 장애(posttraumatic stress disorder, PTSD)라 불리는 여러 정신 이상 증상이 나타날 수 있다. 베드남 참전 용사의 약 30%가 외상 후 스트레스 장애를 경험했다는 보고도 있다. 남자의 경우 전쟁 참여가 주요 원인이지만 여자의 경우 폭력, 성적인 폭행 등이 흔한 원인이다. 그 외 자연재앙, 사고, 혹은 사기를 당한 후 이 병이 생기기도 한다. 증상의 특징은 자신이 경험한 무서운 상황이 반복적으로 집요하게 회상되거나 꿈으로 나타난다. 혹은 마치 그 사건이 재발하고 있는 것 같은 착각,

환각 등으로 나타날 수도 있다. 그 외 공격성이 증가하거나 충동조절을 못하고 약물이나 술에 의존하는 사람들도 많다. 그러나 영화 막바지에 고리 박사의 말을 들어보면 이것도 모두 래디스의 환상이었다. 똑똑한 래디스는 자신의 이상행동을 정상화하기 위해 자신을 외상 후 스트레스 장애 환자로 둔갑시켜버렸던 것이다.

둘째, 셔터 아일랜드의 의사들은 정신과 환자의 치료를 위해 뇌수술(월터 프리먼의 경안와뇌엽절제술)을 해야 한다는 그룹과 약물투여만 하면 된다는 파로 나뉜다. 주인공인 고리 박사는 전통적인 정신치료요법을 더 중요시해 약물이나 수술 치료 없이도 환자가 치료될 수 있도록 하려 한다. 영화의 마지막에 테디는 자신이 래디스임을 깨닫고 옛날 상태로 돌아온다. 고리 박사의 전통적인 정신치료방법은 일단 성공한 것이다. 그러나 래디스는 갑자기 시한 박사를 '척'으로 부르면서 다시 환각 상태로 돌아간 척 연기한다. 그러면서 '괴물로 남을 것인지 선한 인간으로 죽을 것인지' 선택하겠다고 한다. 해석에 논란이 있지만 래디스는 전두엽 절제술을 받겠다고 결정한 듯하다. 즉, 잠시 정상으로 돌아온 상태에서 자신의 질병의 중함과 난폭함을 인정하고 수술을 받아, 난폭한 괴물로 남기보다는 선한 인간으로 죽는 쪽을 택한 것이다. 물론 수술을 한다고 죽는 것은 아니지만 고리 박사의 표현대로 '좀비' 같은 인간이 되는 것을 그렇게 표현한 듯하다.

이 영화의 배경은 1954년으로 전두엽 절제술의 부작용이 알려지며 이 수술의 효과와 부작용에 대해 의사들 사이에서 논쟁이 벌어지던 시점이다. 현재는 효과 좋은 정신과 약물들이 여럿 개발되어 전두엽 수술을 하는 곳은 없다. 하지만 마땅한 치료 약물이 없었던 1960

년대까지 전두엽 절제술은 미국에서 수만 건 시행되었다. 대개 치료 목적으로 사용되었지만, 이 중 일부는 자신이 싫어하는 사람을 폐인으로 만들어버리기 위한 정치적 목적으로 사용되기도 한 것으로 알려졌는데, 몇몇 영화에도 이런 장면들이 나온다. 예컨대 조니 뎁이 귀엽고 연약한 수사관으로 나오는 영화 〈프롬 헬〉(From Hell, 2002)에서는 정치적 목적으로 상대방 진영의 정치인들에 의해 전두엽 절제술을 당해 폐인이 된 상태로 입원해 있는 정치가들을 볼 수 있다. 밀로스 포만 감독의 〈뻐꾸기 둥지 위로 날아간 새〉(One Flew over the Cuckoo's Nest, 1977)에서 정신과 환자들에 대한 부당한 대우를 반발하는 맥머피(잭 니콜슨 분)를 제압하기 위해 수간호사 래치드(루이스 플래처 분)를 비롯한 병원 수뇌부들이 시행한 마지막 방법도 전두엽 절제술이었다.

그런데 이런 영화들보다도 더욱 영화 같은 일화가 있었다. 옛 헐리우드의 배우였던 '프란시스 파머'(1913~1970)의 스토리다. 프란시스 파머는 아름답고 연기도 잘하는 여성이었다. 그녀는 신경이 예민했고 우울, 불안증이 있었으며 술을 많이 마셨다. 그 옛날 남성 중심의 사회에서 똑똑했던 프란시스는 자기 주장을 내세우는 여성이었는데 보수적인 남성 보스들은 그 이유로 그녀를 미워했다. 이들은 그녀의 우울, 불안 치료를 위해서라며 강제로 전두엽 절제술을 받게 했다. 그녀는 어쩔 수 없이 수술실로 끌려갔다. 프란시스를 싫어한 누군가가 그 수술을 감행한 의사 월터 프리먼과 결탁하여 강제로 전두엽 절제술을 시행했다는 설이 있다. 수술 이후 그녀는 폐인이 되어 오랜 병원 생활 후 세탁물 분류 등을 하는 단순 노동자로 살다 죽었다. 이 사실

그림 1-4

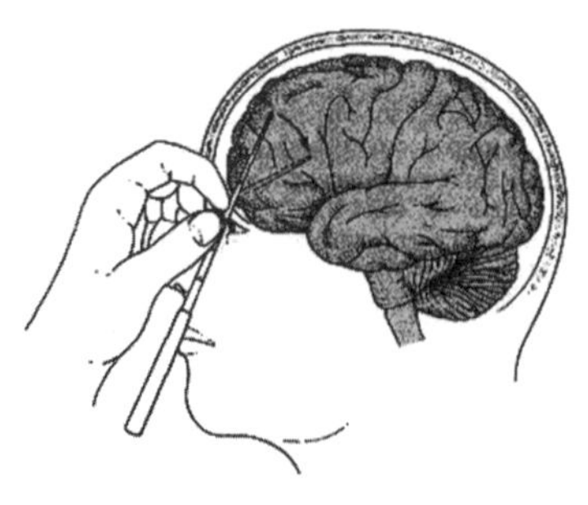

경안와뇌엽절제술, 프란시스 파머

에 충격 받은 그룹 너바나(Nirvana)의 리더 커트 코베인은 딸 이름도 프란시스로 짓고, 이 내용을 담은 곡 〈Frances Farmer Will Have Her Revenge on Seattle〉을 만들어 발표하기도 했다.

이제껏 나는 전두엽 절제술을 당한 환자는 마치 양쪽 전전두엽에 뇌졸중이 생긴 환자처럼, 무의지, 무감동 증상이 생겨 일견 조용해지나 실제로는 폐인이 되는 것으로 설명했다. 그러나 일부 환자는 오히려 충동 억제를 못해 갑작스럽고 난폭한 행동을 하기도 한다. 전두엽이 손상된 위치에 따라 증상이 달라지는 것으로 생각되지만, 한 환자가 어떨 땐 무감동 상태로 있다가 갑자기 충동적으로 변하는 경우도 있다. 문제는 이처럼 충동을 억제하지 못하는 상태에서 일부는 범죄 행위를 저지른다는 사실이다.

# 범죄자는 태어나는가 만들어지는가: 케빈에 대한 궁금증

3

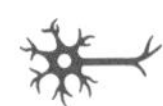

능력 있는 여행작가로서 자신 있고 자유로운 삶을 즐기던 에바(틸다 스윈튼 분)는 아들 케빈(에즈라 밀러 분)을 출산하면서 인생이 완전히 달라지게 된다. 하나부터 열까지 문제를 일으키고 반항하는 케빈은 끝없이 엄마를 고통스럽게 한다. 결국 소년이 된 케빈은 동료들과 가족들을 화살로 쏘아 죽이는 끔찍한 범죄를 저지르고 감옥에 갇힌다. 많은 분들이 영화 〈케빈에 대하여〉(2011)를 본 후 케빈이 이렇게 된 원인을 궁금해한다. 엄마는 밖에서 일하느라 바쁜 와중에도 케빈을 열심히 돌본다. 하지만 "네가 태어나기 전에 엄마는 행복했어."라는 말을 던진 것으로 보아 속내는 그렇지 않았을 수도 있다. 즉, 엄마도 아들에게 충분한 사랑을 주지 못하고, 아빠도 좋은 사람이긴 하지만 어린이의 눈높이에서 그의 친구가 되어주지는 못한다. 이런 점에서 케빈의 이상 행동을 엄마와 아빠의 행동 탓, 즉 외부 환경 탓이라고 생각하는 관객들이 많은 것 같다.

하지만 나는 이것이 석연치 않다. 어릴 적 사랑을 제대로 못 받아 바람직한 인격이 형성되지 못하고 반사회적 행동을 하는 사람을 소시오패스(sociopath)라 부른다. 이런 사람들은 평상시 행동에는 별문제가 없으나 어떤 목적을 이루기 위해서 수단과 방법을 안 가리고 나쁜 짓을 저지른다. 그러면서도 별로 양심의 가책을 받거나 죄책감에 시달리지도 않는다. 히틀러 같은 사람이 전형적인 소시오패스 환자일 것이다. 그런데 내가 당혹스러웠던 점은 이 영화에서 아이가 소시오패스 인격장애를 일으킬 만큼 가정적 문제가 심각한 것 같지는 않다는 점이다. 우리나라나 미국의 가정 대다수를 보더라도 이런 정도의 문제는 어디에나 있지 않을까? 아버지의 사랑이 부족하다 하지만 나를 비롯한 우리나라의 대부분 남편들이 영화의 남편보다 더 나을 것 같아 보이지는 않는다.

다음 장에서 이야기할 소설 『아몬드』에는 곤이란 아이가 나온다. 곤이는 어릴 적 부모와 헤어져 이 집 저 집 전전하며 살다가 소년원에 들어가 난폭한 소년이 되었다. 곤이에 비하면 케빈은 얼마나 좋은 가정에서 행복하게 살았는가? 또 한 가지 문제는 케빈이 저지른 범죄가 너무나 잔학하다는 점이다. 이 정도의 잔인한 범죄를 일으켰다면 케빈에게 '사이코패스(psychopath)'란 병명을 붙이는 것이 좀 더 맞지 않을까 한다. 소시오패스나 사이코패스 둘다 크게 보아 반사회적 행동을 하는 '인격장애'의 범주 안에 들어 있어 이 둘을 무 자르듯 나누기는 어렵다. 그러나 대체로 양심의 가책이 전혀 없는 혹은 다른 사람과의 감정이입이 병적으로 안 되는 경우를 사이코패스라 부른다. 연쇄살인범처럼 무자비한 범죄를 저지르는 사람은 대개 사이코패스이다.

도미닉 세나 감독의 영화 〈캘리포니아〉(1993)에서도 잔인한 살인범 얼리(브래드 피트 분)는 이렇게 중얼거린다. "연쇄살인마와 보통 범죄자의 차이는 죄책감이 드느냐의 차이지."

케빈의 병명이야 어떻든, 인간이 이런 잔학한 범죄를 저지르게 되는 이유는 무엇일까? 범죄자는 태어나는 것일까, 만들어지는 것일까? 이는 위에 언급한 영화 〈캘리포니아〉에서 범죄자에 대한 책을 쓰고자 했던 작가 브라이언(데이비드 듀코브니 분)이 가장 심각하게 생각하던 질문이기도 하였다. "연쇄 살인범은 보통 사람과 과연 무엇이 다른가?" 학자들이 오랫동안 동물 연구에 매달린 결과 폭력적 행동과 관련이 있다는 유전자를 여럿 발견했다. 인간에서도 가족적으로 난폭한 범죄를 저지른 한 가계에서 모노아민 옥시다제 관련 유전자의 이상이 있다는 보고가 있었다. 그러나 이런 유전자가 일반인들의 폭력과 관련이 있는지는 밝혀지지 않아 사이코패스와 유전자와의 관계는 아직 모르는 것이 많다. 인간의 폭력성에는 뇌 안에 있는 여러 신경전달물질이 관여한다는 사실도 밝혀졌는데 특히 세로토닌이라는 신경전달물질이 감소되어 있다는 보고가 많다. 이 사실은 치료 면에서 중요한데, 폭력을 휘두르고, 분노 증세를 보이는 환자에 뇌의 세로토닌을 증가시키는 약을 처방하면 증상이 많이 좋아지기 때문이다. 이보다 더 중요한 것은 범죄자들의 뇌에 구조적 혹은 기능적 문제가 있다는 주장이다.

살인범들에게 뇌 CT나 MRI를 촬영해보면 전두엽의 손상이 종종 발견된다. 뇌 영상에 전두엽 손상이 보이지 않을지라도 정밀한 신경학적 검사를 해보면 전두엽 기능이 저하되어 있는 경우가 많다. 그 전두엽의 기능을 요즘은 '기능적 MRI'란 것을 찍어 영상으로 확인할 수 있는데, 이 결과도 정상인과 다르다. 예컨대 실험 도구를 이용해 화를 북돋우면 누구나 편도체를 비롯한 변연계가 활성화된다(프롤로그 그림, 편도체, 변연계에 대해서는 95쪽 『아몬드』 참조). 그런데 범죄자들을 조사해보니, 정상인에 비해 변연계의 활성화 정도는 더 증가하고 전두엽(특히 전두엽의 아래쪽인 안전두엽)의 활성화는 떨어져 있다는 사실이 밝혀졌다. 이를 종합해보면 범죄자들은 주변 상황에 과도하게 화를 내며(변연계 활성화), 이러한 본능적인 분노를 대뇌, 특히 전두엽이 조절해야 하는데 이 능력이 떨어져(전두엽 기능 저하) 범죄 행위를 하는 것으로 해석할 수 있다. 마지막으로 살인 같은 강력 범죄를 자행한 자들 중 많은 수가 범죄 전에 술을 마신다. 술은 전두엽 기능을 떨어뜨리는 대표적인 약물이므로 전두엽의 조절기능이 많이 약화된 사람이 술 때문에 더욱 충동 조절이 안 되니 살인에 이르는 것으로 해석된다.

그런데 평생 동안 반사회적 행동을 하는 사람과 청소년기에 일시적으로 이런 행동을 하는 사람과는 차이가 있는 듯하다. 최근 뉴질랜드의 카를리시 교수는 672명의 연구 대상자를 일평생 반사회적 행동을 하는 사람 80명, 사춘기 때만 그러한 사람 151명, 반사회적 행동을 하지 않는 사람 441명, 이렇게 3군으로 나누고 MRI를 찍어 대뇌의 상태를 비교하였다. 그 결과 평생 반사회적 행동을 하는 사람은 다른 그룹에 비해 전체적인 대뇌의 표면적이 작고 대뇌피질, 특히 전두엽과 측두엽의 두께가 얇았다. 그러나 청소년 때만 반사회적인 행동을 하는 사람은 정상인과 별 차이가 없었다(Carlisi CO, 2020). 이러한 결과는 청소년 시절의 짧은 일탈은 일시적인 현상이니 별 걱정할 것이 없지만 평생 반사회적인 행동을 하는 사람들은 뇌 자체가 정상인과 다르다는 가능성을 제기한다. 이러한 뇌의 변화는 유전에 의한 것일 수도 있고, 혹은 어린 시절 어떠한 뇌의 손상이나 질병 때문일 수도 있다.

그런데 이처럼 뇌 손상에 의해 전두엽 기능이 저하되어 있고 범죄 행위가 이와 관련이 있는 것이라면 범죄자들을 감옥에 가둘 수 없지 않느냐는 심각한 의문이 제기된다. 변호사들은 범죄자의 범죄가 의도한 것이 아니라 뇌의 질병에 의한 어쩔 수 없는 행동이었다고 강변할 것이다. 이 문제는 이미 여러 나라에서 오랫동안 토론되었다. 현재 선진국에서는 맥노튼(M'Naghten)의 법칙이란 것을 적용하고 있다. 맥노튼은 에드워드 드루몬드란 사람을 죽여 살인죄로 법정에 섰다. 그런데 드루몬드란 사람은 스코틀랜드 수상 로버트 필의 비서였다. 스코틀랜드의 토리당으로부터 부당한 대우를 받아 평소 정치가들을 원망하던 맥노튼은 이후 수년간 망상과 환각 상태에서 지내며 드루몬드를 수상으로 착각했던 것이다.

담당 변호사는 환자가 오랫동안 정신 이상 상태에 있었고 망상 속에서 저지른 행동이므로 범죄로 인정할 수 없다고 주장했고 결국 맥노튼은 옳고 그름을 분별할 수 있는 정신 상태가 아닌 것으로 판단되어 무죄 판정을 받았다. 물론 이 판결에 대해 말도 안 된다고 주장하는 의견도 많았다. 이 사건 이후 피고인이 보호를 받으려면 다음 두 가지 면을 고려해야 한다는 규정이 만들어졌다. 첫 번째는 피고는 자신이 행한 범죄 행위의 본질과 그 성질을 인식하지 못해야 한다는 것, 두 번째 설령 피고가 자신이 행한 행동의 성질을 알더라도 그것이 죄라는 것을 인지하지 못해야 한다는 것이다(Claydon, 2012).

형량의 선고는 범죄자의 지능, 정서, 인지 능력에 대한 신경학적 검사, 그리고 필요하면 뇌영상 검사를 시행하여 이를 기반으로 판단한다. 그러나 이러한 노력을 기울여도 역시 문제는 있다. 인지, 정서 같은 기능은 뇌의 특정 부위의 기능이기보다는 여러 부위의 연결에 의해 생성되는 기능이다. 따라서 범죄자의 뇌 영상에서 어떤 특정한 위치에 뇌 손상 소견이 있다 하더라도 이 손상이 범죄자의 증상을 모두 설명하기 어려울 수 있다. 또한 영상 소견에서 정상으로 보인다 하더라도 뇌의 기능이 정상이라고 확신할 수도 없다. 더욱 중요한 것은, 뇌 영상 소견이나 신경학적 이상 증상이 있다 하더라도 이것이 특정 시간에 특정 상황에 일어난 범죄에 미치는 영향을 판단하는 잣대로 얼마나 믿을 만한 것인가. 이에 대한 해답은 쉽지 않다. 예컨대 정신질환 환자 혹은 중독자가 돈이 떨어져, 생활고든 술이나 약을 구하기 위해서든 절도 행각을 할 수도 있는 것이다. 따라서 여러 전문가들이 모든 상황을 종합적으로 고려하여 판단해야 할 것이다.

그런데 범죄에는 뇌 손상과 밀접하게 관련되는 범죄가 있고 그렇지 않은 경우도 있기에 판결 당시 이 사실도 고려되어야 할 것이다. 최근 네덜란드의 학자들은 네덜란드에서 2000~2006년 동안 법정에서 다루어진 21,424건의 정신적 리포트를 분석했다. 결과에 의하면 정신질환과 가장 관련이 깊다고 생각되는 범죄는 방화였으며 이어 폭행, 살인도 관련 있었다. 관련이 가장 적은 범죄는 절도와 성범죄였다. 특히 절도는 범죄자의 경제적, 사회적 상황과 밀접한 관계가 있고 상대적으로 뇌/정신질환과의 관련은 적었다. 뇌/정신질환과 강간과의 관계는 적었으나 정신질환 중 '인격장애(Personality disorders)'만은 성범죄와 관계되었다. 지능(IQ 85점 이하)도 강간을 포함한 성범죄와 연관이 있었다.

또 한 가지 중요하게 논의해야 하는 주제는 뇌 손상에 의한 충동조절장애이다. 뇌/정신질환 환자들이 그들이 행한 범죄 행위가 나쁜 짓이라는 것은 알지만 그 행동을 자제하는 능력이 없을 때, 이 경우도 용서해야 하는가에 대한 문제가 있다. 맥노튼의 법칙만으로는 이를 해결할 수 없다(Penney 2012). 기존 연구에 의하면 충동을 자제하지 못하는 사람은 전두엽과 해마의 용량이 정상인에 비해 작으며, 충동장애의 정도가 전두엽의 용적과 비례한다(Brunner 등, 2010; Sala 등, 2011). 또한 충동장애 환자에게서 뇌의 기능적 이상을 보고한 논문도 있는데(New 등, 2009), 분노를 조절해야 하는 상황에서 정상인에 비해 충동장애가 있는 범죄자는 전두엽 활성화가 덜 된다는 사실이 밝혀졌다.

사실 전두엽이 손상되거나 기능이 저하된 사람들이 '억제' 능력이 저하되어 있음은 오래전부터 알려져 왔다. 이 증상을 알아내기 위해 신경과에서 시행하는 검사가 몇 가지 있다. 예를 들어 환자에게 네모세모가 불규칙하게 이어진 선을 보여주고 이를 그대로 그려보게 한다. 억제 능력이 저하되어 있다면 세모에서 네모로 아니면 그 반대로 바꾸는 데 어려움을 느끼기 때문에 같은 모양의 도형만을 계속 그린다. 이를 보속증(perseveration)이라 한다. 또한 작지만 빨리 보상을 해주는 작업과 늦지만 더 큰 보상을 해주는 작업 중 하나를 고르라 하면 전두엽 손상이 있는 사람은 전자를 택한다. 후자가 결국은 더 이익이라는 사실을 알지만 당장의 보상을 원하는 충동적인 마음을 멈출 수 없는 것이다(Yechiam 등, 2005). 이런 현상을 범죄에 적용하는 데는 논란이 있지만 나쁜 일인 줄 알면서도 그 행동을 하고 싶은 마음을 참을 수 없었다면 정상인에 비해서는 형을 감해야 하는 것이 아닐지 모르겠다. 그러나 여기에 대한 명확한 기준은 없으므로 뇌와 정신 상태, 기타 여러 상황을 종합적으로 판단하여 판결을 내릴 수밖에 없다. 마지막으로 범죄행동의 이유를 불문하고 관련된 뇌 손상이 치료되지 않은 채로 출소한다면, 현실적으로는 벌을 감해준다 하더라도 출소 후 범죄를 다시 저질러 다른 사람에게 피해를 입힐 가능성이 있다. 따라서 그 장애를 치료할 수 있다면 감옥 대신 병원으로 가게 하여 충동조절장애 증상이 좋아질 때까지 머물게 하는 방법도 고려할 수 있다.

다시 영화 〈케빈에 대하여〉로 돌아가보자. 앞서 말한 대로 나는 케빈을 사이코패스로 해석했다. MRI나 기능적 MRI를 찍어보면 전두엽 이상이 나타날 것만 같다. 그런데 원래 영화의 원제가 'We need to talk about Kevin'인 것을 볼 때 감독은 케빈을 타고난 사이코패스로 단정짓기보다는 양육방식이 한 사람에게 미치는 영향이 어떤 것인지 보여주고 싶었던 것 같다. 그렇다면 케빈은 부모의 사랑이 부족해 인격장애가 발생한 소시오패스인 걸까? 여기에는 약간의 문제가 있다. 앞에서 말했듯 연쇄살인범 같은 사이코패스 환자는 흔히 전두엽 손상 혹은 전두엽 기능장애 같은 문제가 있고, 이런 사람들은 주변 환경이 좋아진다고 해도 증세가 썩 나아지지는 않기 때문이다.

이런 논란은 뒤로하고, 일단 케빈이 어릴 적 부모 사랑의 부족으로 이러한 범죄를 저질렀다고 가정하자. 그렇다면 어릴 적 부모 사랑의 부족이 뇌, 특히 전두엽의 기능에 모종의 영향을 미치는 것은 아닐까? 실제로 그런 증거가 있다. 어린 쥐로부터 엄마 쥐를 오래 떼어놓는 방법은 어린 쥐에게 정신적 스트레스를 주기 위해 실험실에서 흔히 사용하는 방법이다. 실험 대상이 된 어린 쥐한테는 미안한 일이지만, 이런 실험 연구를 통해 어릴 적 부모의 사랑과 아이들의 뇌의 발달과 관련이 있다는 중요한 사실을 알게 되었다.

결과에 의하면 부모와의 이별 스트레스를 받으며 성장한 쥐는 그렇지 않은 정상 쥐에 비해 전두엽, 해마, 측좌핵 부분의 신경세포가 발달하지 못했다. 형이상학적인 '사랑'이 실제 뇌의 구조를 구체적으로 바꾸기도 한다는 것은 놀라운 사실이며, 어린 시절의 부모 사랑의 결핍은 전두엽 기능 발달을 저하시키고, 이에 더해 기억력과 사교성에도 문제를 일으킨다고 해석할 수 있다. 이러한 실험 결과는 사람에게도 적용할 수 있을 것 같다. 어릴 적 부모의 사랑을 받지 못한 아이는 그렇지 않은 정상 아이에 비해 성장한 후 우울증, 충동조절장애, 혹은 다른 정신질환을 앓을 확률이 높다는 것이 알려져 있기 때문이다. 결국 범죄자는 그렇게 태어나기도 하며 또한 그렇게 만들어지기도 하는 것이다.

우리는 전두엽 절제술의 폐해를 살펴봄으로써 오히려 전두엽의 중요성을 알게 되었다. 전두엽은 자신의 모든 경험과 감성을 축적하고 이를 기반으로 행동하도록 하는 매우 중요한 기관이다. 쉽게 말하면 전두엽은 바로 자기 자신인 것이다. 그리고 전두엽의 기능이 떨어지면 판단력이 저하되고 충동을 자제하지 못한다는 사실도 알았다. 마지막으로 어릴 때 사랑을 제대로 받지 못한다면 전두엽 기능이 떨어져 정서장애, 충동조절장애 등이 생길 수 있다는 사실도 이야기했다. 그런데 부모의 사랑만이 전부는 아니다. 사회적 동물인 인간은 오랫동안 남을 통해 배운다. 어릴 때는 부모의 행동을 보고 따라하지만 학교에서는 선생님께 배우고, 친구를 사귀며 배우기도 한다. 일평생 배워야 하는 우리 인간은 가히 '배움의 동물'이라 할 만하다. 이러한 배움에 의한 간접적인 경험도 뇌에 간직되면서 우리의 인간됨을 결정한다. 그러므로 우리에게는 가족을 넘어 좋은 감성과 이성을 키울 수 있는 성숙한 사회가 필요하다. 이것이 이루어지지 않을 때 발생하는 문제를 다음 영화에서 살펴보려 한다.

# 전두엽을 옥죌 것인가 넓힐 것인가: <하얀 리본>과 아이히만 이야기

4

미카엘 하네케 감독의 〈하얀 리본〉(The White Ribbon, 2010)은 조용한 북부 독일의 시골 마을을 배경으로 한다. 언뜻 보기에는 지극히 고요하고 평화로운 이 마을에 기이한 사건이 하나 둘 발생한다. 처음엔 자전거를 타고 퇴근하는 의사가 누군가가 일부러 매어둔 줄에 걸려 넘어져 다친다. 이어 누군가가 남작의 양배추 밭을 망쳐놓고, 농부의 아내가 다쳐 죽고, 방화 사건이 일어난다. 아이들이 알 수 없는 누군가에게 폭행을 당하는데, 특히 목사의 아이는 눈을 크게 다친다. 도대체 누가 이런 짓을 지지르는 것일까?

영화가 끝날 때까지 범인은 밝혀지지 않는다. 그러나 감독은 몇 가지 힌트를 남긴다. 이 마을에는 세 부류의 지배자가 있다. 먼저 마을의 정신적 지도자로 군림하는 목사는 아이들을 교육시킨다는 명목으로 학대를 자행한다. 그는 잘못한 아이에게 '하얀 리본'을 달고 다니게 하고 밤새도록 침대에 묶어놓기도 한다. 마치 '주홍글씨' 같은 낙인이다. 마을의 또 다른 지도자인 의사는 겉으로는 점잖고 실력 있는 사람처럼 보였지만 사실 딸을 성적으로 착취하는 인간이다. 마지막으로 마을의 경제적 지도자인 남작은 언제나 가난한 사람들 위에 군림한다. 이러한 지배와 복종의 억압이 조용한 마을에 소리 없이 쌓여가고 그 부작용으로 폭력적인 혹은 기괴한 일들이 터져 나오게 된다. 예컨대 목사에게 과도한 벌을 받은 딸은 가족이 애지중지하던 새를 잔인하게 죽여 아버지의 책상에 핀으로 고정해둔다. 앞서 말한 대로 줄을 매달아두어 지나가는 사람을 다치게 하기도 한다.

이 마을 학교에 새로 부임한 선생님이 이상한 낌새를 느끼고 범인을 찾기 위해 여러 차례 아이들을 불러 모아 물어보지만, 아이들은 시치미를 떼며 한결같이 모른다고 대답한다. 이를 보아 바로 이 천진한 아이들이 이 모든 범죄를 저질렀다고 볼 수 있는데, 그 원인은 이러한 환경을 만든 어른들에 대한 반발이었다.

이 영화의 배경은 1차 대전이 막 시작될 즈음이다. 영화의 화자는 이 마을은 1차 대전과 2차 대전을 일으킨 독일의 근본적인 문제를 제시한다고 한다. 이 설명은 내가 평소 궁금해했던 점을 어느 정도 깨닫게 해주었다. 언뜻 보아 경제적으로도 풍요하고, 헤겔, 베토벤, 슈베르트, 바그너 같은 위인들을 배출한 수준 높은 문화의 나라 국민들이 과연 왜 히틀러를 옹호해 세계대전을 일으키고 수많은 유대인을 학살하는 범죄를 저지르도록 했던 것일까? 숨막히는 복종 사회, 다양한 목소리의 부재, 소리 없이 쌓이는 갈등 속에 점점 쌓이는 사람들의 분노, 이런 것이 히틀러의 전체주의가 발현하게 한 독일의 토양이었을지도 모른다. 이제부터 히틀러와 관계된 또 다른 영화 〈아이히만 쇼〉(The

Eichmann Show, 2015)를 살펴보자.

1961년 4월, 아르헨티나로 도망갔다가 붙잡힌 히틀러의 오른팔 아이히만에 대한 재판이 이스라엘에서 열렸다. 제작자 밀턴 프루트만(마틴 프리먼 분)은 드라마틱한 장면, 예컨대 증언을 하던 나치 홀로코스트 생존자가 실신하는 장면 등을 놓치지 말고 촬영하여 시청률을 높이자고 제안한다. 그러나 유대인 감독인 레오 허위츠(안소니 라파글리아 분)는 이보다는 아이히만의 '인간성'에 더 관심을 보였다. 유대인 600만 명을 학살한 인간은 과연 어떤 사람인가? 적어도 인간이라면 수많은 희생자들이 증언하는 동안 얼굴 표정은 변해야 하지 않겠는가? 그래서 촬영중 그는 주로 아이히만의 표정에 카메라 앵글을 고정한다.

감독의 예상과는 달리 아이히만은 재판 내내 전혀 표정의 변화가 없었다. 다만 많은 유대인 어린이들이 죽어 구덩이에 묻히는 영상 장면을 볼 때 아주 미세한 표정 변화를 보였을 뿐이다. 독일 출신 유대인이며 미국 컬럼비아대학 철학과 교수인 한나 아렌트는 이 재판과정을 직접 경청했는데 아이히만이 보통 사람과 전혀 다름없는 완전히 정상인임에 경악했다. 그녀는 이처럼 평범한 사람이 자신이 저지른 범죄의 끔찍함을 인지하거나 느끼지 못하는 점이 진정한 공포임을 주장하였다. 왜냐하면 어떤 특정한 상황에 처한다면 우리는 '누구나' 무서운 범죄자가 될 수 있기 때문이다.

그림 1-5를 보면서 가운데 무엇이 있는가 생각해보자. 많은 사람이 흰색 세모가 있다고 대답할 것이다. 맞는 말이지만 사실 세모는 없

그림 1-5

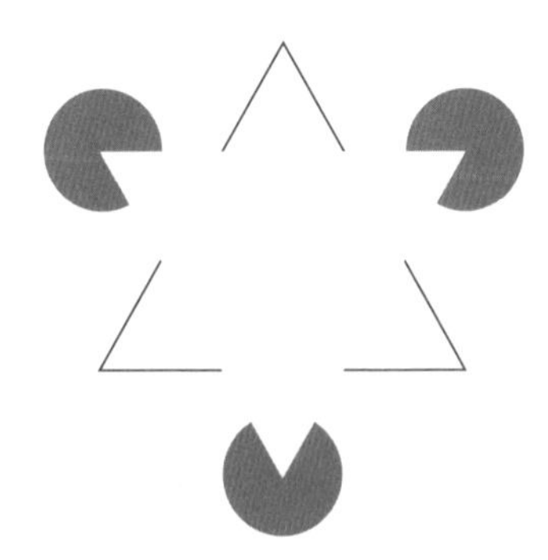

다. 그렇게 추측할 뿐이다. 우리는 세모를 워낙 많이 봐왔기 때문에 몇 개의 비슷한 선이 있으면 유추해서 세모로 생각한다. 이처럼 몇 가지 정보만으로도 사물을 유추하는 능력은 생존과 밀접하게 연관되어 있다. 예를 들어 새끼 사슴은 사자가 주변 사슴을 잡아먹는 것을 보았다면 사자의 모습을 공포심과 함께 기억해야 한다. 또한 사자 비슷한 것이 보이더라도 이를 사자로 '유추'하고 빠르게 달아나는 편이 좋을 것이다. 위험을 빨리 피할수록 생존에 유리하기 때문이다.

이런 점은 사람도 마찬가지다. 특히 원시시대에 살던 부족이라면 몇 개의 특성만 가지고도 재빨리 자기 부족과 타 부족을 구분할 수 있어야 한다. 타 부족이라면 일단 경계를 했을 것이다. 이러한 원시적인 본능이 '자기 편'의 이익과 안전을 도모하는 데는 유리했겠지만 '타인 혹은 타민족'에 대한 배타적인 자세의 기원이 되었다. 나아가 인간이 점점 더 커다란 사회를 이루고 여러 다양한 종류의 사람들을 마주치며 살아가면서 발생하는 지역적, 인종적, 종교적 편견의 기원이 되었을 것이다. 여기에 이러이러한 특성을 갖는 사람은 나쁘다는 교육을 지속적으로 받게 된다면 그 차별 의식이 더욱 공고화될 것이다.

뒤에서 '거울 뉴런'을 다루며 더 논의하겠지만, 어떤 사람이 아프거나 불쌍한 모습을 보이면 우리의 대뇌도 활성화되며 우리 자신도 함께 슬퍼진다. 이것이 연민(empathy)의 근원이며, 이런 정서는 자신을 상대방의 입장에 놓을 수 있을 때 비로소 가능하다. 그러나 유대인은 열등한 민족이며 유럽인들의 적이라고 수없이 세뇌 당한 아이히만의 뇌의 회로에서는 거울 뉴런 회로조차 제대로 작동하지 않았던 것이다. 실은 아이히만은 유난히 많은 사람을 살해한 사람의 한 예일 뿐, 이런 일은 인류 역사상 지속적으로 존재했다. 사상(이데올로기)이나 종교는 인간이 발전시킨 자산이지만 반대로 자신의 반대편에 있는 사람을 적으로 보는 세뇌 행위로 작용하기도 했다. 이념이나 종교는 인류 역사상 주요한 전쟁의 원인이었고, 반대파에게 가혹한 보복과 죽음을 초래하였다. 적어도 이때는 사람들에게 거울 뉴런이 작동하지 않았다.

중세시대 앞장서 나선 여성들(예컨대 잔다르크), 혹은 질병을 가진 여성들을 '마녀'라 부르며 잔인하게 화형시켰던 과거를 생각해보라. 이런 점에서 아이히만 사건은 오래 지속되어온 인간 역사의 일부에 불과하다. 한나 아렌트는 히틀러의 파시즘, 소련의 사회주의를 모두 '전체주의'로 규정하고 (여기에 비판의 목소리가 있기는 하다.) 이런 사회에서 개인의 다양한 생각이 소멸되고 획일적인 이념에 의해 사람들이 행동한다는 점을 경고했다. 인간의 행동을, 먹고 살기 위한 일상의 노동, 흥미와 자신의 가치를 위한 일(작업), 개인의 이익을 넘어 공동체 속에서 더 큰 대의를 위한 행동(행위)으로 크게 나눈다면 전체주의는 사람의 행동을 '노동'에 머물게 하고 진정한 '행위'를 억제한다는 것이다.

뇌과학자인 나는 이런 사회를 '전두엽을 옥죄는' 사회로 표현하고 싶다. 이런 점에서 인간 뇌의 다양하고 유연한 기능은 개인의 자유로운 삶과 생각을 중요시 여기는 자유민주주의 토양에서 가장 잘 자란다. 헤밍웨이의 『누구를 위하여 종은 울리나』에서 미국의 로버트 조던 교수는 스페인 내전 때 파시즘에 대항하는 스페인 게릴라들과 동굴에서 기거하며, 반 프랑코주의자들을 돕기 위해 다리 폭파의 임무를 맡는다. 다리 폭파 후 살아 돌아가는 문제에 대해 토론할 때 한 스페인 게릴라가 묻는다. "아니, 당신은 스페인 사람도 아니면서 왜 여기서 목숨 걸고 싸우는 거요?" 로버트가 대답한다. "나는 (스페인의 적이 아니라) 인류의 적인 파시스트를 막기 위해 여기에 있는 거요." '민족'이란 한계를 깬 로버트 조던 교수는 '전두엽을 넓히며' 살아온, 진정한 '전두엽'형 인간이다.

# MRI로 나를 들여다보기 5

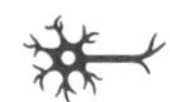

이제껏 나는 전두엽의 중요성에 대해 이야기했다. 그런데 이야기가 중단되는 느낌은 있지만, MRI와 기능적 MRI에 대해 간략하게 이야기를 해두는 것이 좋겠다. 이 용어들이 앞으로도 계속 나올 테니 말이다.

기계를 사용해 인체를 최초로 영상화한 사람은 독일의 물리학자 빌헬름 렌트겐이다. 그가 1895년 처음 영상화한 인체의 부분은 반지를 낀 부인의 손가락이었다. 이것이 우리가 흔히 말하는 '엑스레이(X-ray)'이다. 이 촬영술의 발견으로 렌트겐은 노벨 물리학상을 받았다. 그러나 엑스레이를 찍어 골절 등 머리뼈의 이상 여부는 알 수 있었으나 정작 더욱 중요한 뇌를 영상화할 수는 없었다.

수십 년이 흘러 1970년대에 들어와서야 엑스레이를 발전시켜 인체의 단면을 영상화하는 컴퓨터 단층촬영(CT)이 개발되었다. 이에 공헌한 앨런 코맥과 고드프리 하운스필드도 노벨 생리의학상을 공동

수상했다. CT의 발견 이후 뇌의학은 비약적으로 발전했다. 그 이전까지 의사들은 환자의 신체를 신경학적으로 진찰하여 뇌의 어느 곳에 어떤 문제가 생겼나 추측해보는 정도가 전부였다. 실제 뇌에 무슨 일이 일어났는지를 알기 위해서는 환자가 사망해 부검을 해야만 알 수 있었다. CT를 이용해 우리는 비로소 뇌졸중, 종양, 염증 등 뇌 안에 생기는 질병을 환자가 살아 있는 상태에서 진단할 수 있었던 것이다. 그러나 얼마 지나지 않아 CT보다도 더욱 정밀한 자기공명영상(MRI)이 개발되었다.

MRI는 원자핵 속에 있는 양성자의 자기적 성질을 이용하는 방법으로 1970년대 말, 영국의 피터 맨스필드, 미국의 폴 로터버 등이 촬영 기법으로 발전시켰다. 피터 맨스필드는 자신이 개발한 장비 속에서 정상인을 이용한 시험 촬영을 시도했으나 사람들이 부작용을 두려워하여 MRI 통 속에 들어가지 않으려 하여 어쩔 수 없이 본인이 1시간 동안 MRI장치 안에 들어갔다. 한국에서는 1980년대 초 카이스트에서 처음으로 이 장치를 개발했는데 처음으로 뇌질환 환자를 촬영한 의사는 바로 나였다. 당시 신경과 전공의였던 나는 카이스트 연구진의 부탁을 받고 두 명의 환자를 설득해 MRI를 찍도록 했다. 그런데 마침 첫번째 환자가 두통이 심한 환자였다. 이 환자가 MRI 촬영을 하면서 계속 아프다는 신음 소리를 내니 두 번째 환자는 MRI 촬영 자체가 통증을 유발하는 줄 알고 안 찍겠다 하여 힘들게 설득했던 기억이 난다. 지금과는 비교할 수 없는 수준이었지만 환자의 뇌 영상 촬영은 무사히 성공했었다.

1980년대 말에는 MRI가 우리나라의 병원에 도입되었고 MRI 기술을 응용한 여러 종류의 MRI를 사용할 수 있게 되었다. 이로 인해 특히 신경과 환자의 진단과 치료는 비약적으로 발전하였다. 예컨대 뇌혈관이 막힌 뇌졸중(이를 뇌경색이라 한다.)의 경우 증상이 생긴 후 24시간 이내에는 CT를 찍어도 아무것도 안 보인다. 그러나 MRI를 응용한 확산강조 MRI(DWI라고 함)를 사용하면 30분 내에 뇌경색을 영상화시킬 수 있다. 그림 1-1이 바로 확산강조 MRI 사진이다. MRI 기술을 응용하면 뇌뿐만 아니라 뇌혈관도 영상화할 수 있다(MR angioprahy, MRA).

그림 1-6을 보자. 왼쪽 위 그림은 CT나 MRI를 찍는 일반적인 면을 보여준다. 우리가 보는 뇌 MRI는 이렇게 잘린 뇌를 위에서 내려다보는 것과 같다. 오른쪽 위 사진은 전형적인 MRI 사진이다. 혼돈을

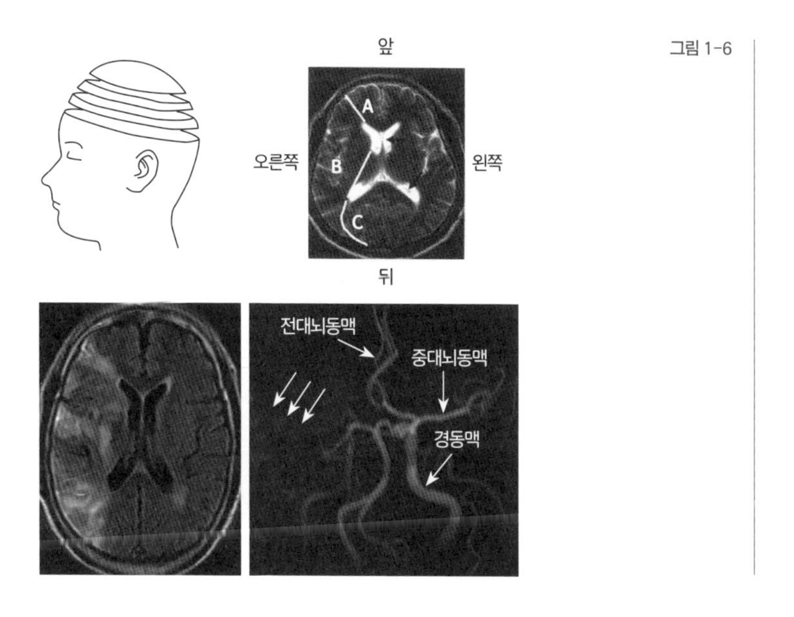


그림 1-6

피하기 위해 CT나 MRI는 우리가 보기에 왼쪽이 환자의 오른쪽 뇌, 우리가 보기에 오른쪽이 환자의 왼쪽 뇌로 정의되어 있다. 사진의 위쪽이 환자의 뇌 앞부분(전뇌), 사진의 아래가 환자의 뇌의 뒷부분(후뇌)이다.

대뇌에 혈액을 공급하는 주요 혈관인 전대뇌동맥(anterior cerebral artery, 환자의 앞뇌에 혈액을 공급), 중대뇌동맥(middle cerebral artery, 옆뇌의 대부분에 혈액을 공급), 후대뇌동맥(posterior cerebral artery, 후뇌에 혈액을 공급), 각각의 혈관이 분포하는 영역을 A, B, C로 표기하였다. 왼쪽 아래 사진을 보면 오른쪽 B영역만이 허옇게 변해 있는 것을 볼 수 있는데, 이는 오른쪽 중대뇌동맥이 막혀서 오른쪽 중대뇌동맥 영역에 뇌경색이 생겼음을 의미한다. 오른쪽 아래 사진은 뇌혈관 영상(MRA)로 왼쪽 중대뇌동맥은 잘 보이지만 오른쪽은 안 보이므로(여러 개 화살표), 환자의 오른쪽 중대뇌동맥이 막혀서 뇌경색이 초래되었음을 알 수 있다.

이후 환자의 '기능'을 연구할 수 있는 기능적 MRI(functional MRI)가 개발되기 시작했다. 1990년대 초, 미국 하버드 대학의 존 벨리뷰(John Belliveau) 박사는 환자에게 시각 자극을 주기 전과 준 이후의 혈류량을 MRI로 측정하여 전후 값의 차를 영상화하는 데 성공하였다. 전후 값에 차이가 나는 뇌의 부분이 그 시각 자극에 반응했던 부분일 것이다. 즉, MRI는 질병에 의한 뇌조직의 변화를 영상화하여 뇌졸중, 염증, 암 같은 질병을 진단하는 데 사용되는 편이라면, 기능적 MRI는 어떤 기능을 수행한 뇌의 부분을 영상화한다. 예컨대 MRI 촬영 장비 속에서 우리가 왼손을 계속 쥐었다 폈다 하면 그 왼손을 움직이게 한

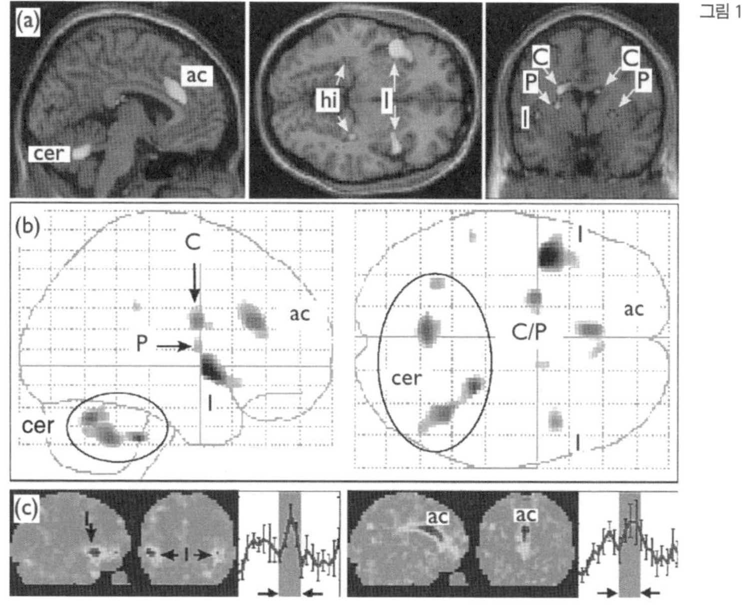


그림 1-7

뇌의 부위(우측 운동중추 203쪽, 그림 5-1 참조)에 혈류가 증가할 것이며 이 증가한 부분을 영상화하여 뇌의 어느 부위가 우리 손을 움직였는지 알 수 있게 된다. 더욱 중요한 것은 기능적 MRI는, 고등적인 인간의 감정과 사고를 진행하는 데 뇌의 어느 부위가 작동하는지 궁금할 때, 복잡한 뇌의 기능을 이해하고자 할 때도 필수적인 장비로 자리 잡았다.

그림 1-7은 2000년, 바텔스(Bartels)와 제키(Zeki) 교수 팀이 사랑에 빠졌다고 하는 여성에게 그녀의 애인 사진을 보여주면서 기능적 MRI를 찍은 결과이다. 환자의 뇌에서 (그림 1-6보다는 여러 각도에서 촬영) 활성화되는 부위는 섬엽(도피질이라고도 함, insular, I), 대상회(anterior cingulate, AC), 기저핵(putamen [P]와 caudate [C']) 소뇌(cerebellum, C),

해마(hippocampus, H) 등이다. 이런 부분들은 감정 형성 및 보상작용에 관여하는 회로를 이루는 부위로서, 이러한 의학용어는 앞으로 이 책에서 많이 나올 것이다. 결국 CT/MRI가 점차 발달하면서 이제는 뇌의 질병을 진단하는 영역을 넘어 '나'를 들여다보는 장비가 된 것이다.

# 2부

# 감각의 제국

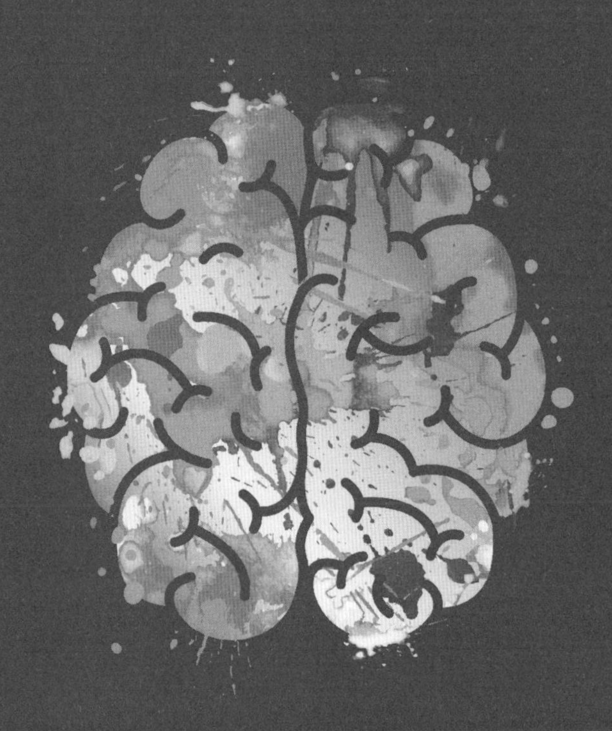

BRAIN INSIDE

# 나의 감각을 깨운 환자들 1

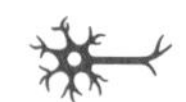

나는 뇌졸중을 전공으로 하는 신경과 의사이다. 뇌졸중 환자의 증상으로는 일단 한쪽 팔, 다리 마비가 가장 흔하다(205쪽 〈가을의 전설〉 참조). 그러나 운동능력에는 아무 이상이 없고 한쪽 몸에 감각장애만 있는 환자도 있다. 이 경우 팔과 다리를 잘 움직이고 말도 잘 하니 얼핏 봐서는 전혀 환자 같지 않다. 의사가 물어보고 진찰해봐야 비로소 환자의 한쪽 팔다리에 감각이 없거나(핀으로 찌르고, 찬 물건을 대고, 진동하는 쇠막대기를 대면서 통각, 온도감각, 진동감각을 측정한다.), 혹은 저림증 같은 이상 감각을 호소하는 것을 알 수 있다.

1980년대 후반, 당시 젊은 조교수로서 내가 처음으로 관심을 가진 환자가 이처럼 (운동마비 없이) 순수한 감각장애를 갖는 환자들이었다. 팔다리로부터 뇌를 향해 올라오는 감각신경은 일단 뇌의 깊숙한 곳에 자리잡은 구조인 시상(thalamus)이란 부위까지 도달한다(그

그림 2-1

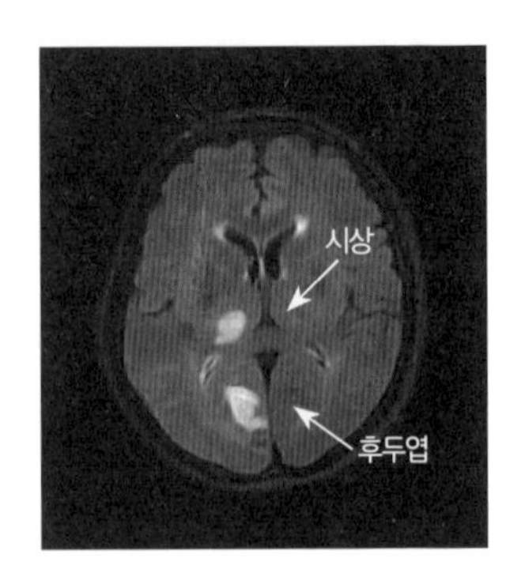


MRI상 오른쪽 시상(흰부분)에 뇌경색이 발생한 것이 보인다.

림 2-1). 여기서 배턴을 바꾼 감각신경세포들은 대뇌의 두정엽(parietal lobe)에 있는 감각중추라는 곳으로 향한다. 시상에서는 기본적인 감각을 느낀다. 여기서 대뇌의 감각중추로 다시 보내는 이유는 그 감각을 좀더 정확히 해석하기 위함이다. 감각정보들이 모이는 시상에 뇌졸중 같은 병이 생겨 감각신경세포 다발이 손상된다면 환자들은 운동능력에는 이상이 없는 순수감각장애를 갖게 된다.

그러나 내가 관찰한 바로는 다른 곳에 뇌졸중이 생겨도 순수감각장애가 발생할 수 있는 것 같았다. 나는 수 년간 이런 환자를 체계적으로 수집하여 그 증상과 이를 일으키는 뇌졸중의 위치를 분석해보았다. 그 결과, 시상 뇌졸중이 순수감각장애 뇌졸중을 일으키는 가장 중요한 부위인 것은 맞지만 그 이전(시상으로 가는 신경세포 다발)과 이후(시상으로부터 대뇌로 향하는 신경세포 다발)의 감각회로의 어디에 뇌졸중이 생겨도 그 크기만 작다면 순수감각장애 뇌졸중을 일으킬 수 있다는 사실을 밝혔다. 이 결과는 뇌졸중 분야에서 가장 권위 있는 잡지라 할 수 있는《스트로크》(Stroke)지에 게재되었다(Kim JS, 1992).

그림 2-2

원숭이 실험에서 시상에서 감각신경은 몸통에 비해 입술과 손가락이 유난히 더 많은 것을 알 수 있다. 입술과 손가락을 담당하는 감각신경은 서로 매우 가깝게 위치해 있다.

그런데 순수감각장애를 환자들을 연구하다 보니 나는 이중 특이한 증상을 보이는 환자들에 관심을 갖게 되었다. 한 예로 평소 당뇨병을 앓던 67세 남자 A씨는 갑자기 왼손 엄지손가락과 집게손가락의 끝, 그리고 왼쪽 윗입술에 '얼얼한' 감각 이상을 호소했다. 나는 보자마자 그가 시상 같은 곳에 아주 작은 뇌졸중이 발생했음을 짐작할 수 있었다. 뇌졸중 환자는 일반적으로 반신(오른쪽 혹은 왼쪽 얼굴, 팔, 다리) 전체에 감각장애가 나타나는 것이 보통이다. 그러나 손끝, 입술 같은 우리 몸의 발단 부위에만 국소적으로 감각장애가 생기는 경우가 있다. 이런 경우를 얼굴-손 증후군(Cheiro-oral syndrome, 그리스어에서 나온 말로 cheiro는 손끝, oral은 입이란 뜻)이라고 부르기도 한다. 왜 이런 식으로 증세가 생기는 것일까? 어느 곳에 뇌졸중이 생기면 이런 증세가 생기는 것일까?

이 증상은 예전에 생리학자들이 원숭이를 가지고 실험을 한 결과를 통해 해석할 수 있다. 그들의 결론에 의하면 원숭이의 시상 부위에서 손과 얼굴의 감각신경이 도달하는 부위가 서로 가깝다(그림 2-2).

따라서 이 부분이 뇌졸중으로 손상되면 얼굴-손 증후군이 생길 것이다. 그러면 내가 본 환자는 왜 윗입술과 엄지 및 집게 손가락에만 감각장애가 있는 것일까? 다시 한번 그림 2-2을 보면 설명이 된다. 감각중추의 구조는 3차원으로 되어 있는데 윗입술과 엄지/집게는 거의 맞닿아 있다. 세 번째 손가락부터는 약간 떨어져 있다. 따라서 아주 작은 시상의 뇌졸중은 이처럼 입술 일부-엄지/집게에만 국한된 감각 증상을 초래할 수 있는 것이다.

나는 이처럼 국소적인 감각장애를 갖는 환자들의 데이터를 전향적으로 수집하였다. 그 결과 두 가지 사실을 깨달았다. 국소 감각장애에는 얼굴-손 증후군만 있는 것이 아니었다. 이보다 분명히 적긴 하지

그림 2-3

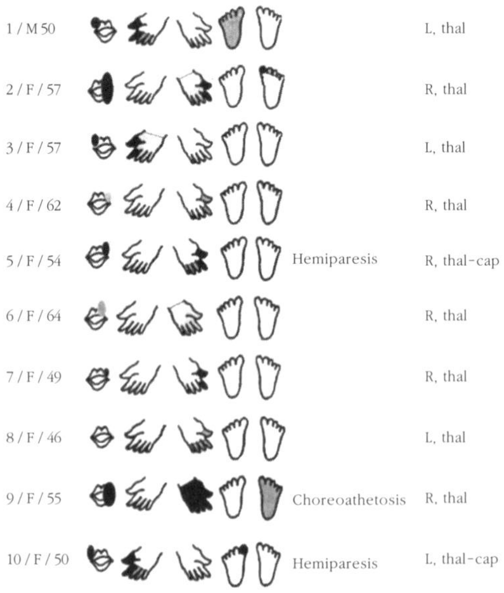

| | | |
|---|---|---|
| 1 / M 50 | | L, thal |
| 2 / F / 57 | | R, thal |
| 3 / F / 57 | | L, thal |
| 4 / F / 62 | | R, thal |
| 5 / F / 54 | Hemiparesis | R, thal-cap |
| 6 / F / 64 | | R, thal |
| 7 / F / 49 | | R, thal |
| 8 / F / 46 | | L, thal |
| 9 / F / 55 | Choreoathetosis | R, thal |
| 10 / F / 50 | Hemiparesis | L, thal-cap |

입술-손가락-발가락 증후군

만 입술-손가락-발가락 증후군도 있었다(그림 2-3). 이것은 감각중추에서 얼굴, 손 이외 발가락도 비교적 많은 부분을 차지하고 있는 것으로 설명된다. 다른 한 가지는 이러한 국소 감각장애가 시상 이외의 다른 부위의 감각신경회로가 손상되어도 (예컨대 뇌교, 신피질) 가능하다는 것도 새로운 발견이었다. 나는 수 년간 이런 환자들의 감각 이상 패턴을 노트에 기록해두었고 이 증상과 MRI에서 발견되는 뇌졸중의 위치를 상호 분석한 결과를 역시 《스트로크》지에 게재할 수 있었다(Kim JS, 1994).

그런데 이 논문의 결과는 유난히 일본 사람들이 관심을 갖는 것 같다. 당시 미국 학회에 참여했을 때 나보다 몇 살 젊은 도요타 교수가 말을 걸었다. "김 선생님 아니십니까?" "예, 그런데요" 하니 "'국소적인 감각장애'를 《스트로크》지에 게재한 바로 그분 맞으시지요?" 다시 "예" 하니 거의 90도로 인사를 하며 "너무나 재미있게 읽었다. 일본에서는 이 논문이 인기가 많아 학술 미팅 때 자주 이야기한다"고 했다. 나는 그 순간 입술이나 손끝에만 국한된 작은 뇌졸중을 철저하게 분석한 내용이 '축소지향'의 일본인들에게는 특별히 환영 받았던 것이 아닌가 하는 생각이 들기도 했다.

지금까지 나는 뇌졸중 환자에서 발생하는 감각장애를 이야기했다. 뇌의 질환으로 감각장애가 오는 것을 '중추성 감각장애'라 할 수 있다. 그런데 기본적으로 감각이란 우리 신체로부터 말초신경을 경유해 뇌까지 전달되는 것인데, 실은 말초신경의 장애가 더 흔하고 중요한 감각장애의 원인이다. 당뇨병, 요독증, 약물중독, 말초신경의 손상—이런 것들이 말초신경 손상에 의한 감각장애를 일으키는 중요한 원인들이다. 나는 중추신경 질환인 뇌졸중을 전문으로 하는 신경과 의사이므로 말초신경장애 환자가 오면 말초신경 전문가 교수에게 의뢰한다. 그러나 다른 주제로 넘어가기 전에 다음의 특이한 환자를 소개하려 한다.

# 통증이 없으면 행복할까? 2

치통 때문에 고생을 해본 사람들은 그 통증으로 몸서리칠지도 모른다. 하지만 역설적으로 통증은 인간에게 반드시 필요한 감각이기도 하다. '신이여, 우리의 고통을 없애주세요.' 우리는 흔히 이런 식으로 기도를 하지만 사실 통증은 외부의 위험한 상황을 피하기 위해 만들어진 감각이다. 그러니 고통이 없는 세상은 실은 위험한 세상이다. 그런 의미에서 신도 우리 기도를 반드시 들어주지는 않을 것이다.

후앙 카를로스 메디나 감독의 영화 〈페인리스〉(Painless, 2012)에는 선천적인 질환으로 통증을 느끼지 못하는 아이들이 나온다. 영화 제목을 영어로 '통증이 없다'는 의미의 'painless'를 사용했는데 원제는 '감각상실(insensibles)'이다. 통증이 없으니 아이들이 좋을 것 같지만 전혀 그렇지 않다. 아이들은 몸에 불을 붙이는 장난을 하고, 재미삼아 자신의 살을 잘라 먹기도 한다. 이러니 온 몸이 멍들고 데이고 엉망진창이다. 심지어 불놀이를 하다가 몸이 홀랑 타서 죽어버린 아이도 있다. 이런 것만 보아도 통증이 우리의 건강한 삶에 얼마나 중요한 것인가를 알 수 있다.

영화에 정확한 병명이 나오지는 않지만 이 병은 말초신경이 손상되는 유전병이다. 말초신경에는 대뇌의 운동중추로부터 출발하여 온몸의 근육에 명령을 내려 우리 몸을 움직이도록 하는 '운동신경' 그리고 피부의 온도, 통증 등의 감각을 대뇌로 전달하는 '감각신경'이 있다. 이 영화에서 아이들은 말도 잘 하고 손발도 잘 움직이는 모습을 보인다. 이런 점으로 보아 운동신경에는 이상이 없으며 감각신경만 선택적으로 손상된 것을 알 수 있다. 감각신경에는 통증, 온도 등 감각을 전달하는 얇은 신경(small fiber이며 c-fiber, A-detla fiber 등으로 나뉜다.)과 사지의 위치 감각을 알려주는 두꺼운 신경(large fiber, 손 발의 위치가 어디인지 알려주는 신경)이 있다. 위치 감각이 상실되면 자신의 손발의 위치를 몰라 손을 사용하는 것이 둔해지고 걸음걸이도 이상해진다. 이 아이들은 손을 잘 쓰고, 잘 뛰어다니는 것으로 보아 감각신경 중에서도 얇은 신경만 선택적으로 손상된 듯하다.

그렇다면 이 병은 '유전감각이상 병(hereditary sensory neuropathy, HSN)'인 것으로 생각된다. 현재까지 7가지 종류의 HSN이 알려져 있는데 태어날 때부터 증상이 있는 경우도 있고, 유년기/청년기부터 증상이 시작하는 경우도 있다. 눈물이 나지 않아 간혹 수분을 공급하지 않으면 눈이 잘 안 보인다는 것으로 보아 이 환자들은 자율신경계도 함께 손상되는 타입인 것으로 보인다. 이 병은 매우 드문데 스페인의 작은 고장에 환자들이 여럿 모여 있는 것을 보면 체성 우성(autosomal dominant)으로 유전되는 병을 앓고 있는 것 같다. 환자들이 통증, 온도

감각이 없으니 아프거나 뜨거워도 피하지 않으므로 항상 몸에 상처가 나고 궤양이 생긴다. 여기에 염증이 생기면 생명이 위험할 수도 있고, 심한 경우 사지를 절단하는 수술을 해야 할 수도 있다. 그러니 부모를 비롯한 주변 사람들이 항상 세심하게 보살펴주어야 한다. 영화에서 장성한 주인공 베르카노(토마스 레마르퀴스 분)는 추위를 모르기 때문에 늘 웃통을 벗고 다니는데 몸에 다친 상처가 수도 없이 많이 나 있는 것을 볼 수 있다. 영화에 나온 대로 아직 이 질환에 대한 치료 방법은 없다.

스페인의 정치적 격변 속에서도 살아남은 주인공 베르카노는 프랑코 정권 때 무정부주의자들을 고문하는 작업을 맡아 살아가게 된다. 본인이 통증 자극이 없으니 남을 칼로 찔러도 별로 느낌이 없기 때문에 이런 일을 맡기에는 적임자였을 것이다. 그러다가 고문 받으러 들어온 한 여인에게 사랑을 느껴 함께 살며 아들을 낳는다. 이런 특이한 의학적 소재를 발굴하고, 문제 많은 환자들과 고통스런 스페인의 근대 역사를 함께 엮어 서사시를 만들어낸 제작자의 창의성은 높이 살 만하다. 무엇보다 어린이들이 몸에 불을 내며 장난하는 맨 처음 장면과 타오르는 불꽃 속에서 생을 마감하는 주인공의 마지막 장면은 충격적이면서도 멋지다.

## 3 뇌는 통증을 만들기도 한다

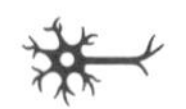

앞에서 나는 통증, 온도감각이 상실된 환자의 비극을 이야기했다. 그런데 운동기능과는 달리 감각기관이 느끼는 감각은 좀 더 주관적이다. 예컨대 친한 친구가 장난으로 등을 치는 것과 무서운 치한이 치는 것은 똑같은 강도임에도 불구하고 본인이 실제 느끼는 정도는 매우 다르다. 즉, 감각은 개체가 인지하는 상황, 그리고 이에 연관된 감정에 의해 그 세기와 질이 달라진다. 앞서 말한 대로 통증감각은 시상으로 전달되며 이 감각은 다음 '아몬드'에서 기술한 '편도체'란 부분이 '고통'으로 느낀다. 편도체는 우리의 감각에 감정을 입히는 기관이다. 그러나 편도체 이외 대뇌의 여러 부위 특히 섬엽과 대상회에 (그림 1-7) 의해 그 고통과 감정상태가 조절되기도 한다. 이러한 대뇌의 조직들은 편도체로부터 받은 감정을 조절하는 기관이기도 하다. 따라서 감각의 유쾌하거나 불쾌한 정도는 뇌의 여러 부위에 의해 조절된다. 아픈 배를 엄마가 쓰다듬어주면 한결 나은 것은 대뇌가 통증을 조절함을 보여주는 예이다. 뒤의 71쪽에서 나는 섹스를 하고 있는 동안에도 뇌가 통증을 조절한다는 이야기를 하려 한다.

그런데 아쉽게도 통증의 정도를 조절하기 위해 만들어진 대뇌의 시스템이 오히려 환자의 통증을 증가시켜 괴롭히는 경우도 있다. 앞서 말한 대로 감각중추가 뇌졸중 같은 병으로 손상되면 그 반대측에 감각장애가 생긴다(감각신경은 뇌의 반대쪽으로 건너가기 때문에 손상된 뇌의 반대쪽에 감각 이상이 생긴다). 처음에는 반대쪽 반신에 덥고 차고 아픈 것이 덜 느껴지는 정도이다. 그런데 세월이 갈수록 대뇌의 감각회로 조절 장치가 이상하게 작동하면서 감각이 둔해졌던 부위가 오히려 지나치게 예민해져 저린감, 화끈함, 시린감 혹은 통증이 발생한다. 이런 증상은 외부 환경에서 칼에 베일 때 손이 아픈 것과 달리 우리의 뇌가 스스로 만들어내는 것이므로 '중추성 통증(central pain)'이라고 부른다.

그림 2-1에 소개한 환자도 처음에는 왼쪽 감각상실 증세만 있었으나 수개월 지난 후 왼쪽 심한 저림증과 화끈거림을 호소했다. 사실 나는 '중추성 통증'이란 용어가 적절하지 않다고 본다. 실제로 환자는 '통증'보다는 '화끈함, 저린감, 시린감' 때문에 괴롭다고 하는 경우가 훨씬 더 많기 때문이다. 그러나 대다수 학자들이 그 용어를 사용하므로 나도 어쩔 수 없이 그렇게 표현할 수밖에 없다. 이러한 중추성 통증은 만만치 않은 증상이다. 운동마비(206쪽 〈가을의 전설〉 참조)는 몸을 움직일 때만 불편하지만 통증 혹은 시리고 저린 느낌은 자나깨나 지속되므로 환자는 하루 종일 고통스럽다. 결국 고통을 피하기 위해 만들어진 대뇌의 시스템이 오히려 고통을 만들고 있는 것이다. 치료

도 쉽지 않다. 일단 우리가 손을 베었거나 다쳐서 통증이 생기면 진통제를 먹으면 완화된다. 그러나 중추성 통증의 경우에는 대뇌가 통증을 (일부러) 만들어내는 상황이므로 진통제를 먹어도 통증이 가라앉지 않는다. 이런 환자에게 대뇌에서 통증 조절과 관련되는 신경전달물질을 조절하는 여러 약물을 사용하면 어느 정도 호전되나, 증상이 심한 환자들은 완전히 좋아지지 않는다.

앞서 말한 대로 내가 교수가 된 후 처음으로 학문적으로 관심을 가졌던 주제는 뇌졸중 환자의 감각장애 패턴이었다. 그런데 환자들을 오랫동안 추적해보니 이들의 일부는 점점 더 심해지는 중추성 통증에 시달리고 있었다. 이 환자들을 외래에서 자주 만나면서 나는 감각패턴을 이해할 수 있는 이론적 기전을 밝히는 것도 중요하지만 환자에게 현실적인 도움을 주는 연구가 절실함을 느꼈다. 그리고 그런 기회가 왔다. 뇌졸중 환자의 감각장애 연구를 많이 하다 보니 다국적 제약회사 P사에서 뉴욕 본사에서 열리는 연구 미팅에 와달라는 초청장을 내게 보낸 것이다.

뉴욕을 가보니 약 10명 정도의 전문가가 전 세계에서 초대되었는데 모두 백인이고 동양인은 나 하나였다. 그리고 참가자들은 모두 말초신경질환 전문가였고 뇌졸중을 전공하는 사람은 오직 나뿐이었다. 회의는 이틀 동안 계속되었는데 첫날은 중추성 통증, 다음날은 말초신경질환 환자의 통증이 주제였다. 나는 첫째 날 강의를 하고 P회사에서 개발된 약 P의 잠재적 효용성과 연구 방법 등에 대해 토의하였다. 그런데 그날 저녁 다음 날의 일정을 곰곰히 생각해보니 갑자기 답답해졌다. 나는 말초성 신경장애 전문가가 아니므로 내일 토론할 주제에 대해 별로 관심이 없고 회사에게 도움이 될 아이디어를 낼 자신도 없었다. 즉, 내가 둘쨋날 회의에 참석할 이유는 없을 것 같았다. 게다가 뉴욕 방문이 처음인 나는 메트로폴리탄 뮤지엄을 꼭 가보고 싶었다. 그리고 오후에 메트로폴리탄 무대에 열리는 오페라 〈돈조반니〉를 너무나도 보고 싶었다. 여기에는 우리나라 홍혜경 씨가 체를리나 역으로 나온다는 것도 알고 있었다. 그래서 첫날 저녁 P회사 임원들에게 이런 사정을 솔직히 말하니 정말 쿨하게도 그러면 그렇게 하시라고 허락해주었다. 짧지만 아름다웠던 나의 뉴욕 여행은 이렇게 이루어졌다.

그 회의 이후 나는 신경전달물질을 조절하는 약 P를 사용해 중추성 통증 환자를 대상으로 연구하는 계획을 세우고 연구에 돌입하였다. 중추성 질환 연구는 대개 말초질환 연구에 비해 복잡하다. 게다가 임상 실험이란 힘들고 돈도 많이 들기 때문에 당시까지는 실험 약을 8주까지만 투여하는 것이 대세였다. 그런데 P회사 사람들은 확실한 결론을 알려면 좀 더 길게 13주까지 투여하는 것이 좋지 않겠느냐고 했고, 나도 여기에 동의했다. 이 연구는 8개국에서 참여한 국제적 연구였는데 우리는 중추성 통증을 호소하는 뇌졸중 환자들을 두 그룹으로 나누어 13주간 P약과 플라시보(가짜약)를 각각 투여하였다. 그런데 그 결과가 희한했다. 이상하게도 8주까지는 분명 약의 효과가 있었다. 그런데 어쩐 일인지 그 이후에는 플라시보 효과가 더 강해지면서 (P약의 효과가 감소되는 것이 아니라) 13주째 약물로 인한 통증 완화 효과는 증명하지 못하게 되었던 것이다(Kim JS 등, 2011)

이런 이유로 아쉽게도 이 연구는 '효과가 있는 것인지 없는 것인지 애매하다' 정도의 결론을 낼 수밖에 없었다. 만일 예전 연구들처럼 8주까지만 투약을 했다면 효과가 있다는 결론을 내릴 수 있었을까? 만일 그렇다면 이 약이 효과적인 약으로 인정받고 보험처리가 되어 환자들에게도 손쉽게 사용될 수 있었을 것이다. 하지만 결과가 정말 그렇게 나올지는 알 수가 없다. 연구기간을 8주로 했다면 플라시보 효과가 4주 때부터 증가할 수도 있었을 테니까. 인생을 돌릴 수 없듯, 연구 결과를 돌릴 수는 없으니 결국 P약이 정말 효과가 있는 것인지 없는 것인지, 이 부분은 여전히 미제로 남아 있다. 그럼에도 불구하고 썩 마땅한 약도 없기에 현재 P약은 중추성 통증환자에게 많이 처방되고 있다.

나는 이제껏 통증감각을 설명했다. 그런데 우리의 피부에서 느끼는 감각이 통증이나 온도감각만은 아니다. 부르르 떠는 감각, 진동(vibration) 감각이란 것이 있다. 신경과 의사들은 쇠로 된 막대기 모양의 도구를 가지고 다니는데 이를 툭 치면 진동이 울린다. 이를 신체의 딱딱한 부위(주로 뼈가 튀어나온 부분)에 대면서 진동감각을 테스트한다. 진동감각이 통증, 온도감각처럼 우리 일상생활에 중요한 것은 아니다. 그래서 바쁜 전공의들은 진동감각 테스트를 흔히 생략하는데 교수들도 이를 뭐라 하지는 않는다. 하지만 다른 동물들 예컨대 악어한테는 굉장히 중요한 감각이다. 악어는 흙탕물 속에서 살기 때문에 앞을 잘 볼 수가 없다. 그래서 주변의 물고기, 혹은 물로 걸어 들어온 동물들이 물과 부딪히며 내는 진동을 느끼며 먹잇감이 어느 위치에 있는지 파악하여 접근한다.

그런데 우리 인간이나 다른 동물에게 중요한 또 하나의 감각이 있는데 바로 '섹스 감각'이다. 이는 생존보다는 우리의 후손을 남기는 데 반드시 필요한 감각이다. 그런데 섹스 감각은 대뇌의 감각 조절회로와 연관하여 가장 해석하기 복잡한 감각이기도 하다. 여성의 경우 아이가 젖가슴을 만지작거리면 안온한 모성애의 느낌이 들 것이다. 그러나 분위기 좋은 곳에서 애인의 손이 닿으면 섹슈얼한 느낌을 가질 것이다. 또 무섭게 생긴 도둑이 갑자기 손을 댄다면 소름끼칠 것이다. 섹스의 감각은 다른 감각과 달리 2세를 만들기 위한 작용으로 뇌에 발달되었기 때문에 사람의 정서와 상황에 그 감각의 질이 많이 달라진다. 이외 성 호르몬에 의해 달라지며, 배란기 여부에 따라 달라지기도 한다. 동물의 경우는 오직 배란기에만 섹스 감각이 증가하여 교미를 한다. 즉, 몸의 상태에 따라 달라지는 호르몬에 의해 섹스 감각이 둔했져다 예민해졌다 하는 것이다.

인간도 어느 정도는 비슷하지만 사회적 동물인 인간은 사회적인 목적으로도 섹스를 하며 섹스 감각은 이와 함께 변질되었다. 그러므로 섹스 감각은 배란기와는 큰 관계가 없어졌다. 덕택에 인간은 배란기 이외의 시간에도 섹스를 즐길 수 있게 되었다. 그러나 경우에 따라 제러미 아이언스, 줄리엣 비노쉬가 열연하는 영화 〈데미지〉(1992)에 나오는 것처럼 인생을 송두리째 망치는 마약과 같은 감각이 되기도 한다. 혹은 제니퍼 제이슨 리가 나오는 영화 〈브루클린으로 가는 마지막 비상구〉(1990)에 나오는 것처럼 폭력과 연관되기도 한다.

# 4 오르가슴: 감각의 제국

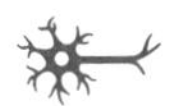

성적 흥분이 최고점에 다다르는 오르가슴을 느낄 때는 뇌의 어느 부위가 어떻게 작용할까? 오랫동안 사람들이 궁금해했지만 풀기 어려운 문제였다. 우리는 사람들이 성행위를 할 때 뇌의 변화가 어떠한가 알고 싶지만, 뇌 MRI는 머리를 꼼짝 않고 찍어야 하므로 실제 성교를 하면서 검사를 할 수는 없다. 어쩔 수 없이 성교를 대신해서 성기를 자극하는 방법 정도로 할 수밖에는 없다. 최근 기능적 MRI가 개발되면서 오르가슴 때의 뇌 상태에 대한 연구가 시작되었다. 그러나 연구방법이 통일되지 못했고, 지원자 수가 적어 남녀의 오르가슴 동안에 활성화되는 뇌의 위치를 찾는 연구는 그 결론을 내리기 어려웠다. 또 다른 문제는 MRI 찍을 때 머리를 움직이지 말아야 하는데 성적 흥분상태에서는 얼굴을 움직이는 사람들이 많아 MRI를 정확히 촬영하기 어려운 점도 있었다.

이런 어려움에도 불구하고 진행된 몇몇 연구에 의하면 성적 흥분에 이르는 동안 활성화되는 뇌의 부위는 대상회의 앞쪽, 소뇌, 측좌핵(nucleus accumbens) 같은 곳이었다. 편도체도 활성화되는데 여성의 경우 그 활성화가 지속되지만 남성에서는 사정한 이후 편도체의 활성이 급격히 떨어진다. 이 현상은 남녀의 차이—여성의 오르가슴은 지속적이고 반복적인데 반해, 남성은 금방 성적 흥분이 사라진다는 사실—와 관계 있는지도 모른다. 여성에게서 연구된 바로는 실험 도중 해마와 전두엽까지 활성화되는 것 같다. 이런 점에서 확실한 것은 아니지만, 여성은 오르가슴 도중 남성에 비해 좀 더 광범위한 뇌의 영역들이 관여되는 것 같다.

최근 미국 럿거스 대학의 낸 와이스(Nan Wise) 박사는 위에 말한 실험적 문제들을 해결하려 노력하며 연구를 진행했다(Wise NJ 등, 2017). 연구팀은 10명의 여성을 모집해 두 가지 방법—자신이 손으로 클리토리스를 자극하는 방법과 그녀의 애인이 그렇게 하는 방법—으로 대상자들이 오르가슴에 이르도록 했다. 오르가슴은 다이내믹한 감각이므로 오르가슴에 도달하기 전과 오르가슴에 도달한 이후의 뇌 상태를 연속적으로 촬영했다. 또한 고정대를 사용해서 머리를 움직일 수 없도록 했다. 결과에 의하면 오르가슴 전에 비해 오르가슴 때는 측좌핵, 심엽, 앞쪽 내상회, 소뇌 등은 더욱 많이 활성화되며, 여기에 더해 안전두엽, 두정엽의 일부, 해마, 편도체가 추가로 활성화되었다(그림 2-5). 즉, 오르가슴에 이를 때면 성적인 자극을 느끼는 부위가 강해질 뿐 아니라 뇌의 더욱 많은 부위가 활성화되는 것이다. 이런 결과는 본인이 클리토리스를 자극하는 경우나 파트너가 자극하는 경우, 별다른 차이가 없었다.

그림 2-5

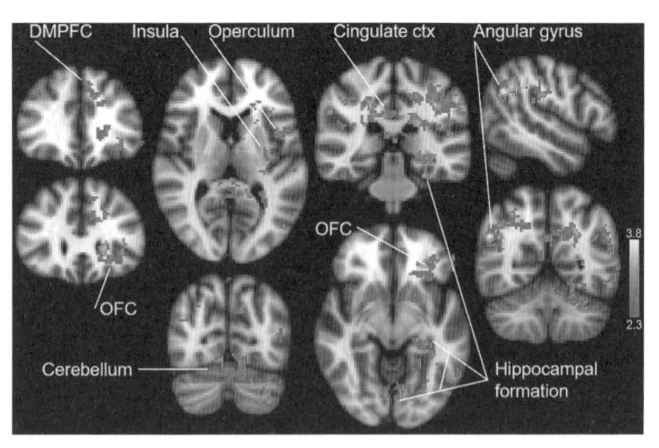


DMPFC: 등쪽 내측 전두엽 피질, OFC: 안전두엽 피질, Insula: 섬엽, Operculum: 덮개, Cerebellum: 소뇌, Cingulate: 대상회, Hippocampus: 해마, Angular gyrus: 각회

물론 이 실험에서 대상자들이 실제 섹스를 한 것은 아니고 성기를 자극했을 뿐이다. 게다가 어두운 조명, 조용한 음악이 흐르는 분위기 있는 방에서 아무런 방해를 받지 않는 환경도 아니었다. 기계 돌아가는 소리 요란한 MRI 통 속에서 다른 연구진들이 저쪽에 모여 자신들의 결과를 주시하고 있음을 아는 상황에서 실험한 것이다. 따라서 MRI에 나타난 뇌의 활성화는 실제 아무도 없는 곳에서 섹스에 몰두하는 남녀의 뇌에 나타나는 현상에 비해 저평가되었을 가능성이 있다. 즉 실제 섹스에서는 뇌의 더 많은 부위에서 더 많은 활성화가 이루어졌을 것이다. 그렇다면 섹스는 대부분의 뇌에서 번개가 치는 것과 비슷하다고 할 수 있을 것이다. 섹스 감각은 가히 '감각의 제국'이라 할 만하다.

또 한 가지 주목할 점이 있다. 오르가슴 때 뇌간의 일부(Dorsal raphe nucleus)도 활성화된다는 사실이다. 이 부분의 세로토닌 신경섬유는 통증을 조절하는 기능이 있는 것으로 알려졌다. 즉 섹스는 통증을 완화시키거나 변질시키는데, 이는 우리가 잘 아는 '사랑은 고통을 치유한다'는 말과 상응하는 듯하다. 그런데 이런 결과는 이미 동물 실험에서 알려진 바가 있다. 동물 실험에서는 질이나 자궁 경부를 자극하는 방법으로 섹스 감각을 만들어낸다. 고모라 같은 연구자의 실험에 의하면 이런 상태로 섹스 감각을 유발한 후 통증감각을 주면 그렇지 않은 경우보다 통증감각이 줄어든다. 마치 모르핀을 투여한 정도로 덜 느낀다고 한다. 이는 척수액에서 VIP(vasoactive intestinal peptide)라는 신경단백질이 증가하는 것과 관련된다고도 한다.

그렇다면 섹스는 왜 통증을 완화시키는 것인가? 질의 자극으로 인해 발생하는 통증을 줄여 섹스 감각을 증가시키기 위해서일 것이다. 그러나 59쪽 〈페인리스〉에서 토의했듯, 우리의 생존을 생각한다면 통증은 무조건 피해야 한다. 그러지 않으면 개체가 위험해지기 때문이다. 그렇다면 통증감각을 약화시키는 섹스나 사랑은 오히려 몸에 위험한 행위일 수도 있지 않을까? 이런 생각을 하면 나는 암컷들이 배란기가 되면 요란한 모습으로 자신을 과시하거나 춤을 추는 숫새들의 행동이 생각난다. 예컨대 공작새는 그 커다란 깃털을 펼쳐서 아름다운 무늬를 한동안 자랑한다. 무늬가 아름다운 것이 훌륭한 수컷의 증거가 되므로 이 특징을 갖는 수컷은 짝을 찾는 데 유리하다. 하지만 이처럼 눈에 띄는 행동은 정글에서는 아주 위험한 행동이기도 하다. 호랑이 같은 포식자의 눈에 쉽게 띄기 때문이다. 그럼에도 불구하고 새들은 유전자를 증식시키는 목적을 위해 어느 정도의 위험은 감수한다. 이와 마찬가지로 동물에서도 아주 심한, 즉 몸에 아주 위험한 통증이 아니라면 유전자 증식 행위에 집중하는 것이 더 유리할 것 같고, 이를 위해 섹스는 통증의 역치를 잠시 올리는 것 같다.

나는 섹스 도중 뇌의 광범위한 흥분을 이야기하였다. 그렇다면 이와 똑같은 부위에 자극을 주면 사람에게 성적인 환희를 느낄 수 있도록 할 수 있지 않을까? 실제로 이것이 가능한지는 모르겠지만 베르나르 베르베르의 소설 『뇌』에는 이런 이야기가 나온다. 장 마르탱은 컴퓨터 체스 선수와의 게임에 이긴 새뮤엘 핀처에게 상을 주는 의미로 원격 조절 장치를 이용해 기쁨의 자극을 준다. 그런데 불행하게도 새뮤엘은 죽고 말았다. 하필 그때 그는 섹스를 하고 있었기 때문이다. 즉, 이미 이런 뇌의 부위가 한창 활성화되고 있는 상태였는데 여기에 같은 자극이 더해지니 '과부하'로 사망해버렸다는 것이다. 아직 소설에 나오는 정도이지만 앞으로는 이런 뇌 전기 자극으로 인간에게 기쁨을 주는 세상이 올지도 모르겠다(307쪽 『안드로이드는 전기양을 꿈꾸는가』 참조). 그렇다면 세상사가 재미없다는 많은 사람이 그 기계 앞에서 줄을 설지 모른다. 마약처럼, 한번 자극을 받으면 계속 자극 받고 싶을 것이므로 이런 사업은 번창할 것이다. 다만 중독 문제가 있어 국가가 법을 만들어 이를 규제할 것으로 생각된다.

오시마 나기사 감독의 영화 〈감각의 제국〉(1976)에서 태평양전쟁을 눈 앞에 둔 1936년 도쿄의 한 요정에서 남자의 시체가 발견된다. 그는 목이 졸려 죽었고 성기가 절단되어 있었다. 남자는 요정의 주인 이시다 기치조(후지 다즈야 분). 범인은 그의 애인 아베 사다(마츠다 에이코 분)였음이 밝혀졌다. 요정 종업원인 그녀는 유부남인 시시다와

내연관계에 빠졌는데, 섹스에 탐닉한 둘은 점점 더 비정상적인 섹스 행위를 한다. 영화는 군국주의가 극에 달한 일본을 배경으로 남성의 우월함을 자랑해온 이시다와 아무 것도 가진 게 없는 여자와의 힘의 불균형으로부터 시작한다. 그러나 그 둘의 관계가 깊어지고 섹스에 탐닉하게 되면서 점점 그 관계는 바뀐다. 밖에서는 남자에게 복종하지만 성행위 시에 그녀는 더 적극적이고 파괴적이다. 성행위 중 그녀는 자신을 때려달라, 목을 졸라달라고 한다. 그러나 이시다가 이에 따르지 않자 오히려 자신이 그의 목을 조른다. 이시다는 그렇게 무력하게 죽어간다. 감각의 제국인 섹스처럼, 남성 위주의 제국주의가 실은 유약하고 허망한 실체였던 것이다. 혹은 아무 생각 없이 서양의 제국주의를 본받고 따라가는 일본을 상징한다는 해석도 있다.

그 해석은 관객 각자의 몫이고, 이 영화에는 주인공들의 새디즘(성적 가학증, sexual sadism)과 마조히즘(성적 피학증, sexual masochism)이 나온다. 전자는 남이 아파서 고통을 느끼는 것을 보고 성적인 즐거움을 느끼는 현상이며, 후자는 반대로 본인이 학대를 통해 성적인 즐거움을 느낀다. 둘 다 성적 흥분 상태에서 통증 자극을 즐거운 자극으로 치환한다는 점에서는 같다. 새디즘이나 마조히즘을 그저 특이한 성적 행동이라 치부하지만, 이런 행위를 좋아하는 사람들의 뇌에 어떤 기능적 차이가 있어 이런 행동을 보이는 것일 수도 있다. 그러나 이를 연구하기는 쉽지 않다. 새디즘의 경우 성적인 흥분상태에서 남을 때리며 뇌를 조사해야 하는데, MRI로 뇌를 촬영하려면 머리를 고정하고 있어야 하므로 이런 실험은 불가능하다. 따라서 미국의 하렌스키(Harenski) 교수 팀은 좀더 기본적인 질문에 대한 해답을 얻으려 노력했다. 즉 남이 통증을 느끼는 상황에서 새디스트의 뇌의 반응이 정상인과 다른가를 연구해본 것이다.

연구자들은 새디스트와 그렇지 않은 사람을 나누어 25개의 각기 다른 통증 유발 그림(예컨대 가위로 사람의 손을 찌르는 그림)과 25개의 비슷하지만 통증을 유발하지는 않는 그림(예컨대 가위로 책상을 찌르는 그림)을 보게 하고 본인이 느끼는 통증의 정도를 0~5점까지 표기하도록 하였다. 그러면서 이 상태에서 기능적 MRI를 촬영하였다. 그 결과 새디스트들은 남이 통증을 느낄 상황에서 정상인에 비해 편도체와 섬엽의 활성화가 더 증가하였다(Harenski, 2012). 뒤에 썼지만(94쪽, 아몬드), 편도체는 즐거움, 공포 같은 감정을 느끼는 곳이며, 섹스할 때 활성화되는 곳이기도 하다. 이 연구는 제한점이 많지만 이렇게 해석할 수 있을 것 같다. 앞서 말한 대로 오르가슴 상태에서는 편도체를 비롯한 뇌의 많은 부분들이 활성화된다. 남의 통증을 바라볼 때 편도체가 더 활성화되는 새디스트들은 성적인 흥분상태에서 이러한 통증을 성적 흥분으로 치환할 뇌의 준비가 되어 있는 사람들인 것 같다. 이미 나는 앞에서 오르가슴 상태에서는 통증을 조절해주는 뇌간의 일부도 활성화된다고 하였다. 새디즘/마조히즘 환자들은 섹스 도중 통증이 줄어들 뿐 아니라, 통증이 편도체의 활성화를 증진시켜 섹스 감각을 더욱 증가시키는 것이 아닐까 생각해본다.

그 옛날, 이처럼 강렬한 섹스 신을 소재로 발굴한 감독의 도전정신이 놀랍지만, '이상한 성행위'로만 말하자면 데이비드 크로넨버그 감독의 영화 〈크래쉬〉(Crash, 1996)와 비교되지는 못한다. 이 영화에서 방송국 프로듀서 제임스 발라드(제임스 스페이더 분)는 차량 충돌 사고가 난 후 충격을 받은 상태에서, 다른 차에 탔던 여인 헬렌을 보며 성적 충동에 빠진다. 그들은 함께 자동차 충돌을 통해 성적 쾌락을 추구하는 집단의 리더인 본(엘리어스 코티스 분)을 만나는데 이 사람들은 자동차 충돌 후 느끼는 성적 느낌을 극대화하기 위한 여러 가지 실험을 한다. 물론 실험 도중 여러 사람이 죽는다. 이처럼 자동차, 오토바이, 비행기 같은 기계를 보거나 여기에 몸이 닿으면 성욕을 느끼는 현상을 메카노필리아(mechanophilia)라고 한다. 이런 사람들에게 기계를 보여주거나 만지게 하면서 기능적 MRI를 찍어보면 편도체, 섬엽, 안전두엽 같은 곳이 흥분하지 않을까 한다.

그런데 아무리 생각해도 새디즘/마조히즘, 메카노필리아 같은 것은 섹스의 원래 목적인 새로운 생명(유전자)을 탄생시키는 것과는 연관성이 없어 보인다. 그렇다면 어떤 이유로 이런 행동이 생겨난 것일까? 이 주제를 계속 논의하기 전에 잠시 우리가 음식을 먹는 일부터 생각해보자. 원래 우리가 먹는 음식은 생존과 건강을 위한 것이다. 사람들은 누구나 단맛을 좋아하는데 우리가 몸을 움직이려면 탄수화물(당)이 필요하고, 따라서 우리가 당을 맛있는 것으로 인식하도록 맛감각이 진화한 것이다. 반대로 상한 음식은 피해야 하므로 역겨운 냄새나 쓴맛은 피하도록 진화했다. 그러나 한국 사람들은 매운 맛도 좋아한다. 김치 없으면 못 산다는 사람들도 많다. 진화론적으로 보아 매운 음식의 섭취가 우리 몸에 특별히 유리할 것 같지는 않다. 이런 점에서 매운 맛이란 순전히 즐기기 위해 진화된 맛 감각이 아닐까 한다. 매운 맛이 아니더라도 우리는 단지 즐기기 위해 수없이 많은 종류의 음식을 만들어냈다. 우리의 생존만을 위해서라면 당, 지방, 단백질, 무기질이 적당히 함유된 몇 가지 음식, 혹은 몇 알의 알약이면 충분할텐데 말이다.

이러한 음식과 맛의 진화는 사회의 변화에 맞추어 진행되어 온 듯하다. 움식의 맛을 알아내는 뇌의 위치 즉, 맛 중추는 섬엽 근처인 것으로 생각된다. 따라서 우리가 음식 맛을 보면 섬엽이 흥분된다. 그런데 분위기 좋은 식당에서 친한 사람들과 모여 훌륭한 식사를 하면 측두엽, 안전두엽 등 뇌의 광범위한 부분이 추가로 흥분한다. 어찌 보면 오르가슴 당시의 뇌의 모습과도 비슷하다. 음식은 이제 생존의 개념을 넘어 맛 중추 이외 뇌의 광범위한 부분을 활성화시키는 것이며, 특히 인간의 사회생활에 도움이 되는 쪽으로 발전했다. 인간의 생존과는 전혀 상관없는 '포도주 감별사'라는 직업이 있는 것을 보면 인간의 맛 감각은 생존의 차원을 넘어 앞으로도 더욱 발달한 것 같다. 음식 이야기를 끝내기 전에 섬엽과 그 주변에 뇌졸중이 생긴 분들 중 흥미로운 증상을 보였던 환자 몇 분들을 소개하려 한다. 그 중 한 여성은 뇌졸중이 생긴 이후 평소 좋아하던 김치는 보기도 싫고 고기만 당긴다고 했다. 짜게 먹었지만 요즘은 싱겁게 먹고 있으며 생선은 왠지 비린내가 나서 전혀 입에 대지 않는다고 했다(그림 2-6). 주부가 이러니 가족들도 어쩔 수 없이 모두 그렇게 먹고 있다고 했다. 반면 좀 더 최근 진찰한 다른 여성 환자는 평소 고기를 좋아하던 분이었는데 섬엽에 뇌졸중이 발생한 후 고기가 싫어져 전혀 먹지 않는다고 했다. 섬엽 및 그 주변의 대뇌가 평소 우리 맛의 선호도를 조절하는 역할을 하고 있다는 사실을 알려주는 예라고 할 수 있겠다(Kim JS 등, 2002).

이야기가 빗나갔는데 맛 감각이 생존을 넘어 더 넓은 단계로 진화

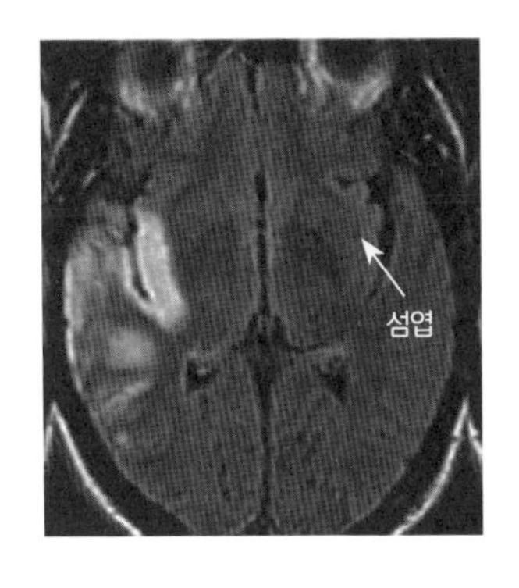


그림 2-6

뇌졸중 발생 이후 맛의 취향이 달라진 환자의 MRI 사진. 우측 섬엽을 손상시킨 뇌경색이 보인다(흰 부분).

한 것처럼 섹스도 마찬가지인 것 같다. 인간에게 섹스는 종족 보존을 넘어 사교의 의미가 있으므로 뇌의 아주 많은 부분이 흥분하는 것인지도 모른다. 섹스를 관계 개선의 목적으로 하는 동물이 인간만은 아니다. '사교'라 하기엔 좀 그렇지만 침판지 수컷이 작은 원숭이를 잡아먹고 있으면 암컷이 다가가 섹스를 제공하고 고기를 얻어가는 것을 볼 수 있다. 그래서 일부 학자들은 인간 사회에 있는 '창녀'의 근원이 침팬지로부터 시작했다고 주장한다. 인간을 제외하면 유일하게 서로 정면을 바라보면서 섹스를 하는 중앙아프리카의 보노보(중앙아프리카의 지각 변동에 의해 침팬지와 떨어져서 오랫동안 특이하게 진화해온 영장류)는 침팬지보다도 더욱 섹스를 사교 목적으로 사용한다. 암수 사이에 어떤 문제가 생기면 이를 해결하기 위해 그들은 일단 섹스를 하고 본다. 보노보를 가지고 이런 연구한 사람은 없겠지만 그들도 섹스하는 도중 인간과 비슷하게 뇌의 많은 부분이 활성화될 것으로 생각한다.

인간이 발달된 큰 뇌의 많은 부분을 섹스 도중 활성화하는 것을 보면 이제 섹스 행위는 종족 보전의 영역을 훨씬 더 뛰어넘은 행위로 진화한 것 같다. 그렇다면 새디즘, 페티시즘, 메카노필리아 같은 증상들을 '성도착증'이란 질병으로 볼 것이 아니라 본능을 벗어나고 있는 인간 진화의 과정에서 약간씩 이탈된 현상으로 생각해볼 수도 있지 않을까? 이런 점에서 인간의 생존에 당장 중요한 것이 아닌데도 인간만이 유일하게 발전시켜온 종교 (종교를 섹스와 같은 관점에서 토의하는 것 같아 종교계 분들께 죄송하지만) 행위와 상응하는 것은 아닌가 하는 생각을 해본다. 영화 〈크래쉬〉를 '종교적인 걸작'이라 칭한 베르나르도 베르톨루치 감독도 아마 그렇게 생각하지 않았을까 싶다.

# 너를 보고 싶어, 눈이 아닌 뇌로 5

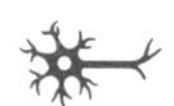

'본다는 것'은 우리에게 중요한 일이다. 우리는 연인이나 가족과 오래 떨어져 있으면 항상 '보고 싶다'고 말한다. 정글에 사는 포유동물들이라면 '네 냄새를 맡고 싶어'라고 말할 것이다. 그들에게는 후각이 가장 중요한 감각이기 때문이다. 약 500만 년 전 원숭이로부터 갈라져 나온 우리 조상은 원숭이 친구들을 숲에 두고 나무에서 내려와 벌판에서 살았다. 이처럼 탁 트인 벌판에서는 후각보다는 시각 감각이 훨씬 더 중요했을 것이다. 이런 점에서 아마도 우리에게 가장 중요한 감각은 시각이라 할 만하다. 우리가 알아내는 정보의 80%는 시각에 의존한다는 주장도 있다. 영어로 'You see?'는 '알겠니?'라는 뜻이기도 하다.

우리 뇌의 뇌간에는 12쌍의 신경이 붙어 있는데(그림 2-7) 맨 위에서부터 번호가 매겨져 있다. 영예롭게도 제1번 신경 자리를 차지한 것은 후각 신경인데 이는 단순히 다른 뇌신경들보다 더 위쪽에 있기 때문이다. 시각은 그 다음 번 주자인 제2번 신경이 담당한다. 2번 신경은 눈이 포착한 빛 신호를 전기신호로 바꾸어 뇌의 시각중추로 보내 이것이 무엇인지 알아낸다. 그럼 시각중추는 어디 있는가? 이상하게도 눈은 얼굴의 앞쪽에 달려 있지만, 시각중추는 뇌의 맨 뒤인 후두엽에 있다. 눈과 시각중추를 연결하는 것은 신경섬유다. 눈으로 들어온 신호가 시각중추까지 거리가 있어 도달하기까지 한참 걸릴 것 같지만 전기신호가 워낙 빠르므로 우리는 보자마자 앞에 있는 사람이 누구인지 알 수 있다. 우리 뇌의 시각중추가 아주 크지는 않다. 그렇지만 시각과 관련된 주변 부위는 꽤 크다. 후두부뿐 아니라 측두엽 두정엽의 뒤쪽까지 포함한다. 이는 우리 인간에게는 단순히 보는 것만이 아니라 보이는 것을 정확히 해석하는 것이 중요하며 그 정보 분석이 우리의 삶과 밀접하다는 것을 의미한다.

영화 〈거대한 강박관념〉(Magnificent Obsession, 1954)이 유명한 이유는 단연 미남배우 록 허드슨 때문일 것이다. 방탕한 부잣집 아들 밥(록 허드슨 분)은 고속 모터보트를 타다가 전복되는 사고로 인사불성 상태가 된다. 다행히 근처 명망 있는 의사 집에서 빌려온 인공호흡장비를 사용해 밥은 구사일생으로 소생된다. 그런데 하필 조금 후 심장발작을 일으킨 의사는 정작 인공호흡장비를 사용할 수 없어 사망한다. 살아난 밥 입장에서는 매우 미안한 일. 그는 의사의 아내 헬렌(제인 와이먼 분)에게 접근하여 호의를 베풀려 했으나 그녀는 교통사고를 당하여 혼수상태가 된다. 헬렌은 깨어났으나 후유증으로 앞을 볼 수 없게 된다. 평소 망나니였던 밥은 헬렌을 돌보다가 그녀와 사랑에 빠진다. 그는 중

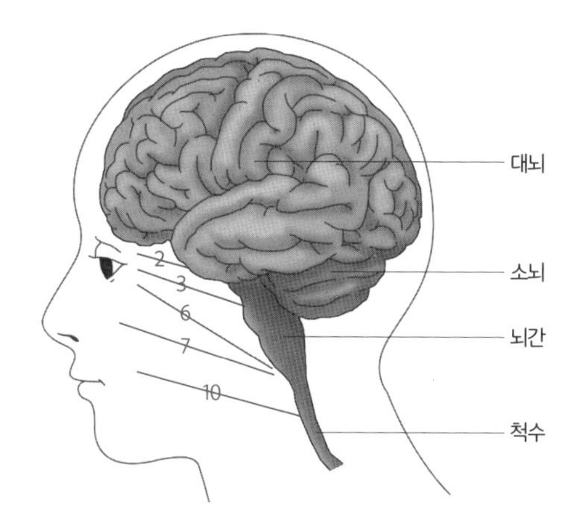


그림 2-7

뇌간과 얼굴의 여러 구조물(안구, 안면, 목구멍 근육, 혀 등)을 연결하는 12쌍의 뇌신경(일부는 생략함).

단했던 의학공부를 계속하여 신경외과 의사가 되고 몇 년 후 헬렌의 상태가 나빠져 위독해졌을 때 자신이 직접 수술을 집도한다. 헬렌은 의식을 되찾고 게다가 시력까지 회복되어 밥과 포옹한다.

영화는 의학적으로 중요한 것을 우리에게 알려준다. 헬렌은 눈에는 아무런 문제가 없다. 보통사람과 똑같이 뜨고 감는다. 그러나 아무것도 볼 수 없다. 후두엽의 시각중추가 양쪽 다 손상된다면 이처럼 장님 상태가 되는 것이다. 눈으로 들어온 시각정보는 복잡한 신경회로를 따라 시각중추까지 간다. 이 어려운 회로를 여기서 설명할 필요는 없을 듯하므로 나는 아주 단순화하여 말하려 한다. 운동신경이나 감각신경이 뇌의 반대쪽으로 건너가듯이 시각회로도 반대쪽으로 건너간다. 우리가 앞을 볼 때 왼쪽 시야에 있는 물체는 오른쪽 시각중추로, 오른쪽에 있는 물체는 왼쪽 시각중추로 향한다. 따라서 손상된 후두엽과 증상이 생기는 방향은 서로 반대이다. 즉, 왼쪽 뇌가 손상된다면 우리는 오른쪽에 있는 물체를 볼 수 없다. 세상의 왼쪽 반만 보인다. 의학 용어로 반맹(hemianopia)이라고 한다. 반대로 오른쪽 뇌가 손상되었다면 왼쪽에 있는 물체를 볼 수 없다. 오른쪽 반만 보인다. 마치 뇌졸중 환자가 왼쪽 뇌 손상으로 오른쪽 팔과 다리를 쓰지 못하는 것과 비슷한 이치이다.

헬렌의 경우 시각중추가 양쪽 다 손상되었기 때문에 세상 전체가 보이지 않았다. 그런데 실제로는 헬렌처럼 사고에 의한 뇌 손상보다는 뇌혈관이 막히는 질환(뇌졸중)이 더욱 중요한 시야 장애의 원인이다. 후두엽에 혈액을 공급하는 혈관은 좌, 우측 후대뇌동맥이며, 이 혈관이 막히면 시야장애 증상이 생긴다. 뇌졸중 환자는 대개 한쪽 혈관만 막히므로 왼쪽 혹은 오른쪽 후두엽 손상으로 각각 오른쪽 혹은 왼쪽 즉 반쪽 시야장애가 생기는 것이 보통이다(반맹). 만일 나이 든 분이 갑자기 반쪽 시야가 안 보인다고 호소하면 이는 뇌졸중의 증세일 가능성이 크므로 최대한 신속하게 병원으로 이송해 치료를 받아야 한다.

뇌졸중의 크기가 작다면 반쪽 시야의 반(위 혹은 아래), 즉 1/4만 안 보이는 경우도 있다. 물론 뇌졸중 때문에 완전한 장님이 되는 불행한 환자들도 있기는 하다. 75세 남자 환자 L은 5년 전 왼쪽 후두엽에 뇌졸중이 생겨 오른쪽 시야장애가 후유증으로 남았다(오른쪽 반맹). 왼쪽 후대뇌동맥이 막혔기 때문이다. 그런데 불행하게도 1년 후 갑자기 앞이 하나도 안 보인다고 호소하셨다. MRI를 찍어보니 이번에는 오른쪽 후대뇌동맥이 막혀 오른쪽 후두엽이 손상되었던 것이다(왼쪽 반맹이 생김). 이로부터 4년이 지났는데도 그의 증상은 차도가 없었다. 그는 불과 1미터 앞에 있는 물체만을 희미하게 볼 수 있는 정도이다.

따라서 항상 보호자가 따라다니며 돌봐주어야 한다.

영화는 감동적이지만 번역을 이상하게 한 것 외에, 의학적으로 중요한 문제를 드러낸다. 헬렌의 상태가 악화될 때 의사는 '뇌출혈이 있는 부위가 섬유종(fibroma)으로 변해 뇌를 압박해' 그렇다고 설명한다. 이것은 말이 되지 않는다. 202쪽 『드라큘라』에서 보듯 뇌 손상으로 출혈이 생기면 주변에 부종이 생기고 이것이 뇌의 중요한 부분을 눌러 사망할 수는 있다. 그러나 헬렌의 경우는 뇌 손상이 발생하여 눈이 보이지 않게 된 후 적어도 몇 년이 지난 상태이다. 출혈이 재발했다면 모르지만 수년이나 지난 오래된 뇌출혈이 갑자기 부종을 일으키고 생명을 위협한다는 것은 상상할 수 없다. 당연히 발생한 지 몇 년이나 지난 헬렌의 시각 장애가 출혈이나 부종을 제거했다고 좋아질 리도 만무하다.

영화 〈거대한 강박관념〉은 후두엽 손상으로 시력을 잃은 경우를 보여주고 있지만, 시력을 잃는 이유는 안질환 때문일 수도 있고 혹은 눈으로부터 후두엽까지 연결되는 시신경 손상에 의할 수도 있다. 시신경 이상으로 시각장애인이 되는 것을 우리는 영화 〈서편제〉(1993)에서 볼 수 있다. 등산하다 간혹 볼 수 있는 투구꽃은 그 예쁜 모습과 달리 초오라고 부르는 뿌리에 강한 독성이 있나. 옛 조상들은 뿌리를 다려 독약을 만들었는데 이는 죄를 지은 사람에게 내리는 사약으로 사용했다. 이 독약은 생체 반응이 사람마다 달라 조금만 먹어도 죽는 사람이 있는가 하면, 많이 마셔도 괜찮은 사람도 있다. 초오를 죽지 않을 정도로 적당히 먹으면 시신경세포 손상이 일어나 눈이 안 보이게 될 수 있는데 소리꾼 유봉이는 수양딸 송화의 눈을 멀게 만들기 위해 그녀에게 이 약을 먹인다. 시각 감각을 없앰으로써 청각 감각이 더 예민해지도록 하여 더 좋은 소리의 음악을 창조하기 위함이다. 이처럼 일부 신경계의 손상으로 다른 신경계의 기능이 항진되는 현상이 과학적으로도 해명되었는데 이런 현상을 역설적 기능항진(paradoxical functional facilitation)이라고 부른다. 다른 신경계에서 평소 제대로 작동하지 않던 시냅스를 탈억제(disinhibition)하거나 새로운 신경계의 회로를 생성하는 것이 그 기전으로 제시된다.

이제껏 설명했듯 눈이 보이지 않는다면 시각을 받아들이는 눈, 이를 전달하는 시신경 혹은 해석하는 대뇌가 잘못된 것이다. 그런데 안과, 신경과 의사들이 아무리 검사를 해도 이상이 없는데 눈이 보이지 않는다는 사람이 있다. 이처럼 눈이나 뇌에 기질적 문제가 없는데도 눈이 보이지 않는다고 호소하는 경우를 '비기질적(non-organic) 실명'이라고 한다. 비기질적 실명의 환자들은 두 가지로 나뉜다. 실은 잘 보이는데 어떤 이유로 (예컨대 군대에 가지 않으려 하거나 사고 후 보상비를 받아내기 위해) 보이지 않는 척하는 경우이다. 이런 경우 환자가 진짜 실명인지 아닌지 알아내기 위해 의사들이 사용하는 방법이 있다. 그 환자의 앞에서 거울을 빙빙 돌려보는 것이다. 거울에 자신의 얼굴이 나타났다 말았다 하며 이에 따라 안구가 움직이는 것이 관찰된다면 사실 이 환자는 보고 있는 것이다. 정신적 충격이나 기타 심리적 이유로 눈이 보이지 않기도 한다(psychogenic blindness).

로맹 가리(에밀 아자르)의 단편소설 『지상의 주민들』에는 정신적 트라우마로 인해 눈이 보이지 않게 된 소녀가 나온다. 소녀는 이렇게 말한다. "제가 정말 시력을 되찾아야 한다면 크리스마스를 보기 위해서예요. 크리스마스 때는 모든 게 너무나도 하얗고 깨끗하니까요" 노인은 말한다. "네가 볼 수 없는 건 심리적인 이유에서란다. 넌 큰 충격을 받았어. 하지만 그들은 군인들이었어. 전쟁 중인 야수들이었다고. 넌 진짜 눈이 먼 게 아니야. 네가 보려 하지 않기 때문에 볼 수 없는 거야." 그 둘은 눈 내리는 추운 겨울에 간신히 지나가는 트럭을 얻어 탈 수 있었다. 그러나 두 사람을 태워준 트럭 운전사는 노인을 내쫓고 처녀를 강간한다. 이처럼 잔인한 내용인데도 작가는 마치 아무 일 없었다는 듯 담담하게 눈 내리는 조용한 거리를 한 폭의 풍경화처럼 그린다.

명색이 의사이니 이 정도에서 한 가지 팁을 알려드리려 한다. 눈이 갑자기 안 보이면 이것이 눈의 질환인지 뇌의 질환인지 알기 어렵다. 이럴 때는 일단 한쪽 눈씩 가리고 바라볼 필요가 있다. 어느 한쪽을 가릴 때 잘 보이지 않는다면 그 반대쪽 눈에 이상이 있을 가능성이 크므로 안과 의사에게 진료 받으러 가야 한다. 단 나이 드신 분 혹은 고혈압, 당뇨 같은 병이 있는 분의 경우, 그 눈으로 가는 뇌혈관의 협착 때문에 눈이 안 보이는 경우도 있다. 특히 한쪽 눈이 잠시 안 보였다가 다시 괜찮아시는 증상이 반복된다면 뇌혈관 이상일 가능성이 높으므로 이 경우는 신경과 의사들이 진료할 필요가 있다. 반대로 한 눈씩 가려도 증상이 똑같다면, 특히 왼쪽 혹은 오른쪽 귀퉁이가 (어느 쪽 눈을 가리든지) 컴컴하다면 이는 뇌(후두엽)의 질환에 의한 시야장애(반맹)일 가능성이 많으므로 신경과 의사한테 진찰받아야 한다. 그런데 우리의 뇌는 오묘해서 뇌 손상으로 시야가 안 보이는 것이 이외 깜짝 놀랄 만큼 신기한 증상을 만들어내기도 한다. 그런 환자 2명을 소개하며 글을 마치려 한다.

64세 남자 K씨는 논에서 김을 매고 집에 돌아온 후 갑자기 사람을 알아보지 못했다. 예컨대 마루에 앉아 있는 부인을 보고도 누군지 몰라 갸우뚱거렸다. 무슨 옷을 입었는지 어떤 머리 모양을 했는지 키가 얼마인지는 알 수 있었으나 얼굴을 보고 누구인지 알아볼 수가 없었던 것이다. '어서 와요'라는 아내의 목소리를 듣고서야 그는 앞에 있는 여성이 아내임을 확인할 수 있었다. K씨는 다른 사물을 보는 데는 문제가 없었다. 오직 얼굴을 구별하고 사람을 알아보는 일을 하지 못했다. 사람뿐 아니라 기르던 개도 알아보지 못했다. 보고 있는 것이 사람인지 개인지는 구분할 수 있었지만, 얼굴의 선과 굴곡을 합쳐 누구인지 파악하는 것을 하지 못했다. K씨가 입원해 있을 때 주치의였던 나 또한 알아보지 못했다. 내가 말을 걸으면 그제야 비로소 '아, 의사 선생님 오셨군요' 하면서 반겼다. 이를 '안면인식불능증(prosopagnosia)'이라 부른다.

최근에 진찰한 54세 여자 환자 L씨는 이와는 다른 흥미로운 증상을 호소하였다. 그녀는 세상이 보이기는 다 보인다고 했다. 예컨대 사람도 알아보고 글도 읽을 수 있었다. 그러나 사물의 좌측이 좀 더 크고, 부풀고, 찌그러져 보인다고 했다. 회진 도중에 내 얼굴을 그려보라고 했더니 내 얼굴의 좌측 반쪽을 좀 더 크고 두텁게 그렸다. 이런 증상을 변시증(metamorphopsia)이라고 부른다.

이 두 환자의 증세를 어떻게 설명할 수 있을까? 독자들은 후두엽이 손상되면 아예 안 보일텐데 어떻게 이런 증세가 생길 수 있을지 궁금해할 것이다. 이런 증세를 갖는 분들도 물론 대부분 시야장애 증세는 있다. 다만 그 정도가 심하지 않아 (예를 들어 상방 1/4만 안 보임) 전체적으로 보는 것 자체에는 문제를 못 느끼는 것이다. 일반적으로 사람의 얼굴을 인식하는 기능은 후두엽과 가까운 우측 측두엽의 일부(superior temporal sulcus, temporal pole)에 존재하는 것으로 알려졌다. 후두부와 이곳을 연결하는 부위가 손상되면 안면인식불능증이 올 수 있다. K씨도 이 부위에 뇌졸중이 있었으며 좌측 상방 1/4에 시야장애를 가지고 있었다. 변시증의 기전은 좀더 불확실하지만 사물로부터 오는 시각정보의 크기, 모양, 각도 등을 조정, 해석하는 기능이 잘못된 것으로 생각되며, 후두엽과 연관된 두정엽, 뇌량 등의 일부의 손상과 관련된다고 알려져 있다..

나는 뇌 손상으로 인해 사람을 못 알아보거나 한쪽이 찌그러져 보이는 환자를 소개했지만 그 외에도 많은 흥미로운 증례들이 있다. 어떤 환자는 모든 것이 잘 보이지만 색을 구분할 수 없어 흑백으로만 보인다고 하며, 잘 보이는 것 같은데도 길 찾기는 전혀 하지 못하는 환자도 있다. 시각중추는 우리 뇌의 맨 뒤인 후두엽에 있는데, 후두엽으로 모인 시각정보는 주변의 두정엽, 측두엽과 연결되어 제대로 해석되어야 한다. 인간 사회의 수많은 복잡한 정보를 정확히 해석하며 살 수 있는 경이로운 메커니즘이 우리 뇌에 숨어 있다는 사실을 뇌의 특정한 부분이 손상된 환자들을 통해 유추해볼 수 있다.

# 3부
# 사랑 기억 그리고 종교

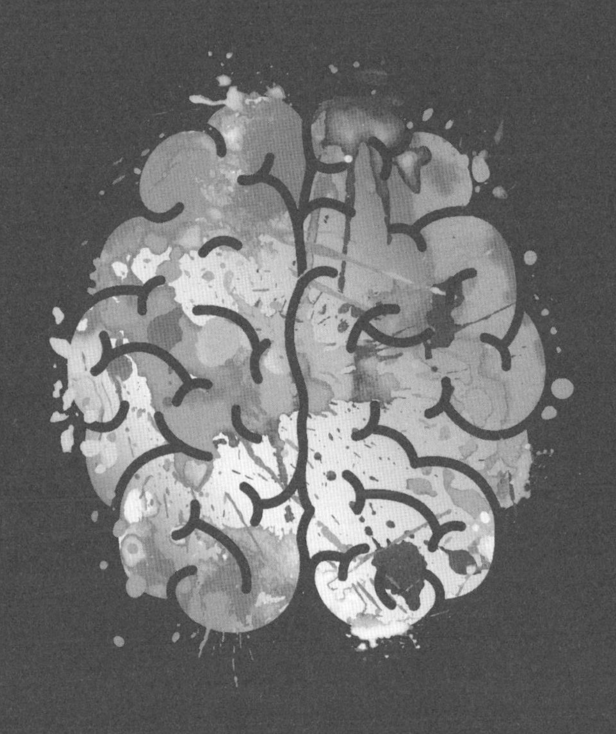

BRAIN INSIDE

# 공명하는 뉴런, 공감하는 인간: 아몬드에 대한 단상

1

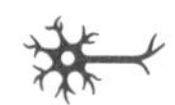

그리스 신화에 의하면 아테네의 영웅 테세우스는 크레타에서 공주 아리아드네의 도움을 받아 반인반수의 괴물 미노타우루스를 죽이고 아테네로 향한다. 아리아드네는 테세우스를 사모해 크레타로부터 그를 쫓아왔으나 테세우스는 그녀를 낙소스섬에 버리고 동생인 파이드라와 결혼한다. 파이드라는 테세우스의 전처의 아들인 히폴리토스와 불륜의 관계를 맺지만, 테세우스의 아들도 하나 낳았다. 이 아들이 트로이 전쟁에 나가 10년간 소식이 없으니 아내인 펠레스가 남편이 전사한 것으로 생각하고 자살했는데 죽어서 나무가 됐다. 그 후 돌아온 남편이 그 소식을 듣고 나무를 껴안으니 나무는 반가워서 꽃을 피웠는데 이 나무가 바로 아몬드 나무이다. 다른 버전으로는 펠레스는 트라키아 지방의 여성인데 전쟁에서 돌아오던 테세우스 아들과 사귀었고, 꼭 돌아온다 했는데 돌아오지 않아 아몬드 나무가 됐다는 이야기도 있다. 벨리니가 이런 전설을 바탕으로 '사랑하는 펠레의 슬픈 모습'이란 가곡을 지어 서덜랜드, 호세 카레라스 같은 성악가들이 노래로 경주했었다.

그런데 아몬드(almond)는 나 같은 신경과 의사에게는 친숙한 이름이다. '감정의 중추'라고도 말하는 '편도체'의 학명이 'amygdala'인데 편도체의 생김생김이 아몬드와 비슷하기 때문에 그렇게 붙여졌다. 밖으로부터 받아들이는 수많은 감각은 '시상(thalamus)'이란 곳으로 모이는데 편도체는 이런 감각들에 대해 기쁘게 혹은 두렵게 느끼도록 한다. 못에 찔려 피가 난다면 아플텐데 편도제는 이를 '괴롭다'고 인식한다. 향긋한 과일 냄새를 맡으면 '기쁘다'고 인식한다. 편도체는 단기 기억 중추인 해마(hippocampus) 바로 옆에 있어 우리가 기억하는 내용에 감정을 입혀주는 뇌조직이다. 편도체와 해마는 우리가 '변연계(limbic system)라 부르는 뇌 가운데의 둥그런 부분에서 가장 기본이 되는 구조물로 감정의 회로라 할 수 있다.

프롤로그에서 나는 뇌는 생물의 효과적인 움직임을 위해 만들어졌다고 썼다. 그렇다면 움직여야 할 이유는 무엇인가? 59쪽 〈페인리스〉에서 말했듯, 일단 통증이나 뜨거움같이 우리 몸에 해로운 상황을 감각기관이 간파하고 운동중추에 알려 이를 피하는 것이 중요하다. 하지만 생물, 특히 고등 생물이 움직여야 하는 이유는 이보다 훨씬 더 복잡하다. 앞에 같은 예를 들었지만 어린 사슴이 무서운 사자가 뛰어와 동료를 잡아먹는 것을 봤다고 가정한다면, 사슴은 이 장면을 공포심과 더불어 기억하고 있어야 할 것이다. 만일 이를 기억하지 못하거나 기억하더라도 공포심이 더해지지 않는다면 나중에 사자가 튀어나와도 달아나지 않을테니 그 동물의 생존에 불리하다.

반대로 어느 지역에 아주 맛있는 과일나무가 있었다면 그 지역을 기분 좋은 느낌과 함께 기억하고 있어야 할 것이다. 이런 이유로 동물의 뇌에는 기억과 감정을 관장하는 기관이 필요하다. 사람의 경우, 뇌의 깊은 곳에 자리잡은 편도체와 해마가 그런 역할을 한다. 해마는 무슨 기억이든 간직하는 장치이고 편도체는 여기에 감정을 입히는 기관이지만 이 둘은 사실 함께 일하고 있다 해도 과언이 아니다. 인간은 하루하루 수많은 에피소드를 경험하지만, 우리 뇌의 용량은 한계가 있기에 중요치 않은 것은 금세 지워버린다. 그러나 중요한 것은 감정의 색깔을 입혀 기억한다. 일반적으로 감정의 강도가 깊을수록 그 기억은 더 단단하게 유지된다.

지금 이 책을 읽고 있는 독자 중 글이 재미있고 유익하다고 생각하는 분들이 있다면 그들의 해마와 편도체는 글을 좋은 느낌으로 입력하게 될 것이다. 만일 그렇다면 여러분들은 나중에 내가 쓴 다른 책을 관심 있게 펼쳐볼 것이다. 혹은 내 강의를 들으러 찾아오실지도 모른다. 물론 그 반대의 경우도 있을 것이다. 책이 재미없고 내용도 없다면서 실망한 분들은 저자인 나를 좋지 않은 느낌으로 기억할 것이다. 내 책이 서점에 꽂혀 있다면 그냥 지나칠 것이고 강의하는 곳에 찾아올 리는 더욱 없을 것이다. 즉, 감정과 기억으로 입력된 것이 대뇌에 축적되어 여러분들의 운동중추를 사용한 미래의 행동을 결정하는 것이다. 그럼 이제 편도체와 해마의 기능이 잘못된 환자의 모습을 보기로 하자

앞서 말한 대로 편도체는 밖으로부터 오는 수많은 감각을 기쁘게

혹은 두렵게 느끼도록 한다. 이외 인간 사회에서는 단순한 감각 외에 복잡한 사회적 경험도 포함된다. 다른 사람이 칭찬해주면 기쁠 것이고 회사에서 상관한테 야단맞으면 기분이 나빠진다. 단순한 통증이나 냄새를 넘어서는 복잡한 사회적 기쁨과 고통은 편도체를 넘어 대뇌의 여러 부분과 협력하며 만들어낸다. 이 과정은 생각보다 복잡하다. 예컨대 험상궂은 사람이 등을 툭 치면 공포스럽겠지만 똑같은 세기의 충격일지라도 친한 친구가 그러면 기분이 좋을 것이다. 분명 등에 닿는 느낌이 정도는 동일하겠지만 편도체와 대뇌가 협력해서 만드는 감정의 정도는 달라진다.

뿐만 아니다. 우리의 뇌는 남의 감각도 우리의 것으로 받아들인다. 원칙적으로 자신이 아니라 남이 맞으면 본인의 통증감각이 자극된 것은 아니므로 아프지도 슬프지도 않아야 한다. 그러나 우리는 마치 자신이 맞은 것처럼 고통스럽다. 남의 고통을 인지하고 마치 자신이 아픈 것처럼 느낄 때 활성화되는 신경세포를 '거울 뉴런'이라 부른다. 거울 뉴런은 전 운동중추, 두정엽의 아래쪽, 측두엽 그리고 섬엽 등에 분포한다. 인간처럼 발달하지는 않았지만 거울 뉴런은 원숭이도 있는데 실은 인간이 아닌 원숭이에서 처음 발견되었다. 이런 신경세포들은 인간이나 원숭이처럼 군집을 이루며 사는 생물의 사회성 유지에 중요한 것으로 알려졌다. 이런 점에서 기본적인 감정을 이루는 편도체도 중요하지만, 인간의 복잡한 사회에서 사회적인 감정을 이루는 데는 뇌의 여러 다른 부분과 편도체와의 연결 또한 중요하다.

푸치니의 오페라 〈토스카〉에는 전제군주에 충성하는 로마의 경시총감 스카르피아가 자신의 목적을 위해 거울 뉴런을 교묘하게 이용하는 장면이 등장한다. 화가인 카바라도시는 친구이며 공화주의자인 안젤로티를 숨겨준다. 이 사실을 안 스카르피아는 카바라도시에게 모진 고문을 가하며 안젤로티가 어디에 있는지 묻지만, 그는 털어놓지 않는다. 그러자 스카르피아는 화가의 애인인 토스카를 데려와 카바라도시가 고문당하며 지르는 비명을 듣게 한다. 애인의 절규에 몹시 고통스러워진 토스카는 "아아, 내 영혼을 고문하는구나"라고 울부짖다가 결국 안젤로티가 숨은 장소를 실토하고 만다. 본인의 고통보다도 거울 뉴런을 통해 전달되는 사랑하는 이의 고통이 오히려 더 극심했기 때문이다.

이런 점을 소재로 한 손원평의 소설 『아몬드』는 독특하고 신선하다. 아이는 태어난 후 몇 주 내에 웃는 것이 보통이다. 그러나 소설의 주인공 윤재는 웃지 않는다. 아이 앞에서 손뼉을 치고, 춤을 추는 등, 엄마가 아무리 노력을 해도 소용없다. 그저 점잖게 바라볼 뿐이다. 아이는 엄마를 볼 수 있고(시각), 손뼉 소리를 들을 수 있지만(청각), 그로부터 '즐거움'을 느끼는 감정 기능이 결여되어 있다. 뿐만 아니라 공포 감정도 느끼지 못한다. 만약 어떤 아이가 빨간 주전자의 물에 데었다면 그 뒤로는 빨간 주전자가 무서워 가까이 가지 않는다. 그러나 윤재는 주전자에 손을 덴 뒤로도 여전히 주전자에 손을 내민다. 심지어 이빨을 드러내며 으르렁거리는 검정 개에게도 손을 내민다. 이 아이는 행복과 공포를 느끼는 구조인 편도체에 문제가 있음을 알 수 있다.

그런데 윤재의 문제는 단순히 즐거움과 공포를 느끼지 못하는 것을 넘어선다. 사람들의 표정을 보면 그 감정을 이해할 수 있어야 하는데 윤재에겐 이조차 어려웠다. 우리가 살아가는 데 있어 주변 사람과 반응하며 미소를 짓는 것은 중요한 사회적 테크닉이다. 우리는 다른 사람이 어려운 일에 처했을 때 같이 슬퍼해주고 좋은 일이 생겼을 때 함께 웃어준다. 별일이 없어도 일단 미소를 짓고 아침 인사를 주고받는다. 즉 우리의 감정은 바깥에서 오는 통증이나 공포는 물론이지만 사회적 상황과도 상응해야 한다. 이런 기능은 편도체의 기능이 온전해야 할 뿐만 아니라 편도체가 사회의 상황을 파악하는 대뇌의 여러 부위와 적절히 연결되어 있어야 가능하다. 윤재의 경우 편도체의 기능도 부족하지만, 그 연결 부분도 작동이 되지 않는 것이다. 어쩔 수 없이 엄마는 "너는 이런 경우면 웃어야 하고 이런 경우는 미소라도 지어야 한다"며 수많은 경우의 수를 가르친다. 윤재는 이걸 기억해 간신히 기본적인 생활을 유지한다.

『아몬드』에는 윤재의 대칭점에 있는 아이도 등장한다. 윤 교수의 아들인 곤이다. 곤이는 어릴 적 부모의 실수로 미아가 되는 바람에 이 가정 저 가정에서 길러지다가 소년원에 다니며 살아온 품행이 거친 아이인데 현재는 자신을 이해해주지 못하는 엄격한 아버지와 재회하여 함께 살고 있다. 학교에서 곤이는 윤재를 괴롭히고 폭행한다. 그러나 별다른 반응을 보이지 않는 윤재한테 오히려 질린다. 곤이가 묻는다. "넌 아무것도 못 느끼니? 춥다거나 덥다거나 배고프다거나 아픈 거." 윤재는 대답한다. "그런 건 나도 느껴. 하지만 기쁘거나 슬프지 않아." 곤이는 윤재의 감정을 시험해보고자 윤재가 보는 앞에서 있는 힘을 다해 파드득거리는 나비를 찢어 죽인다. 그러나 윤재는 아무 감정이 없다. 오히려 곤이의 마음이 아파진다. 얼핏 보아 폭력배처럼 보이는 곤이의 거울 뉴런은 제대로 기능을 하는데, 윤재는 그렇지 않은 것이다.

의사들은 윤재를 감정표현불능증(알렉시티미아, Alexíthymia)이란 병으로 진단한다. 편도체가 작은 데다 편도체와 전두엽 사이의 연결이 원활하지 못해 그렇게 된 것으로 설명한다. 사실 알렉시티미아는 독립된 병명이라기보다는 우울증이나 여러 정신질환 환자에서 보이는 증상을 말한다. 뇌졸중, 다발성 경화증 같은 뇌 손상 환자에게도 이런 증상이 간혹 보인다. 프로코피예프의 오페라 〈세 개의 오렌지에 대한 사랑〉에 나오는 왕자는 태어나서 청년이 될 때까지 한 번도 웃지 않는데 예컨대 궁중 광대 트루팔디노가 온갖 광대짓을 해도 웃지 않았다. 원인은 확실치 않지만 이 왕자의 증세도 감정인식불능증인 것 같다.

최근 연구에서는 이 증상과 관련되는 뇌의 기능적 이상들이 발견되었다. 연구 결과들이 항상 일치하지는 않았지만 이런 환자는 우선 감정적 자극에 대한 편도체의 활성화가 저하되어 있다. 그 외에도 전두엽, 운동보조영역(supplementary motor area), 두정엽, 측두엽, 대상회 안 전두엽, 편도체, 섬엽, 소뇌 같은 곳도 활성화가 부족하다. 이런 부분은 인간의 감정과 사회와 관련된 구조물들의 나열이며 또한 대부분 거울 뉴런에도 해당된다. 즉, 이런 환자들은 편도체와 거울 뉴런의 작용이 저하된 것이나. 그 외 세로토닌과 도파민 같은 신경전달물질의 조절 능력과 관계되는 유전적 성향이 관여한다는 연구 결과도 있다.

윤재처럼 만일 편도체와 대뇌의 연결이 원활하지 않다면, 그리고 거울 뉴런이 활성화되지 않는다면 우리는 고통스럽지 않을 것이다. 팔다리를 다쳐도 덜 공포스러울 것이고, 부모님이 돌아가셔도 슬프지 않을 것이다. 그러나 서로의 아픔과 기쁨을 나누며 살아가는 사회생활은 하지 못할 것이다. 곤이의 경우는 정상적인 뇌를 가지고 있지만 어릴 적 부모를 잃어버리고 사랑받지 못하며 자라 편도체와 전두엽이 제대로 발달하지 못했다. 그럼에도 거울 뉴런의 기능은 남아 그는 자신의 상황에 지속적인 고통을 느낀다. 곤이는 이를 극복하기 위해 강한 사람인 척 주먹을 휘두르지만 실은 따스한 엄마의 손길을 그리워하는 연약한 소년이었다.

이 소설은 우리에게 중요한 질문을 던진다. 문제아인 곤이 때문에 윤 교수는 많은 고통을 받는다. 그러면서 간혹 곤이를 낳은 것을 후회한다. 그렇다면, 만일 시간을 되돌릴 수 있다면 윤 교수는 곤이를 낳지 않는 쪽을 선택할까? 그러면 부부가 그 애를 잃어버리는 일도 없었을 것이고, 곤이가 저지른 골치 아픈 일도 애초에 일어나지 않았을 것이다. 이런 것을 생각하면 어쩌면 곤이는 태어나지 않는 편이 나았을 것 같다. 무엇보다도 그 애가 아무런 고통도 상실도 느낄 필요가 없었을 테니 말이다. 하지만 그렇게 생각하면 모든 삶은 의미를 잃는다. 세상은 건조해진다. 책에서 윤재도 이렇게 말한다. "그러면 목적만 남지. 앙상하게."

다행히 윤재는 감정을 느끼는 정상인으로 돌아온다. 그 변화는 바로 성장, 그리고 두 종류의 사랑이었다. 10대 후반으로 성장하면서 윤재에게 처음으로 '감정'이란 것이 일어난 것은 여학생 이도라를 만나면서부터이다. 소설에서는 이렇게 묘사한다. '갑자기 가슴속에 무거운 돌덩이가 하나 내려앉았다. 무겁고 기분 나쁜 돌덩이가.' 이후 윤재는 도라를 볼 때마다 '관자놀이가 지끈거렸고, 심장이 고동쳤다'. 또 다른 하나는 깊어가는 곤이와의 우정 때문이었다. '톡 내 얼굴 위에 눈물방울이 떨어진다, 델 만큼 뜨겁다. 그 순간 가슴 한가운데서 뭔가 탁하고 터졌다. 울컥, 내 안의 무언가가 영원히 부서졌다.' 내가 속삭였다. '느껴져.' 실뱅 쇼메 감독의 아담한 프랑스 영화 〈마담 프루스트의 비밀정원〉(2013)에서 어릴 적 충격으로 말과 표정을 잃어버린 주인공 폴이 그를 사랑하는 여자 미셸을 만나면서 비로소 말이 터졌던 장면과 비슷한 결말이다.

편도체는, 그리고 편도체와 연결된 대뇌의 거울 뉴런들은 우리에게 고통을 느끼게 한다. 그러나 이를 극복한 사랑의 기쁨을 느끼게 하기도 한다. 우리의 삶이 멋진 이유는 바로 이러한 뇌를 가지고 있기 때문일 것이다.

## 2 기억과 망각의 메커니즘: <메멘토>와 <이터널 선샤인>

〈배트맨 비긴즈〉, 〈인셉션〉, 〈인터스텔라〉… 크리스토퍼 놀란 감독의 작품들은 경이롭다. 초기 영화 〈메멘토〉(Memento, 2000) 또한 주목할 만한데 이는 내가 신경과 의사라서 더 그럴 수 있다. 이 영화에서 악당들로부터 폭행을 당해 뇌를 다친 레나드(가이 피어스 분)는 모든 일을 단 10분밖에 기억하지 못한다. 따라서 그는 해야 할 일을 몸통이나 메모지에 적어둔 후 매번 이를 확인하며 살아간다. 만난 사람도 역시 기억하지 못하므로 이들을 폴라로이드 사진으로 찍어둔다. 그리고 이 사람에 대한 감정과 느낌도 기억하지 못하므로 사진의 아래쪽에 그 인상을 적어둔다. 만일 자신에게 기분 나쁜 인상을 주었다면 사진 밑에 '다음에 만나면 때릴 것', 자신을 사랑해준 여인이라면 '다음에 만나면 키스할 것'이라 적는다. 그는 만나는 사람을 사진으로 확인하고 적혀 있는 그대로 때리든가 키스하든가를 결정한다. 이 영화를 보며 내가 놀란 것은 이 작품이 뇌의 메커니즘을 정확하게 설명해주고 있기 때문이다.

우리의 인생이란 이런 기억/감정/망각이 연속적으로 뇌에 쌓이는 과정이다. 이런 과정을 통해 우리는 각기 다른 한 개성적인 인간으로 성장한다. 맛있는 음식 냄새, 해로운 음식 냄새, 이런 것은 거의 일정한 정보를 입력시키지만 복잡한 사회에서 겪는 많은 경험과 이에 따른 감성은 개인적, 주관적인 경우도 많다. 예컨대 얼굴이 세모난 남자한테 사기를 당했다면 '세모난 남자는 나쁜 놈'이란 식으로 뇌 회로가 연결될 것이며 나중에 세모난 얼굴의 남자를 보면 경계할 것이다. 물론 얼굴이 세모난, 착한 남자도 많을 것이고, 네모난 나쁜 남자도 많을 것이니 이는 개인적 경험일 뿐이다. 이런 점에서 우리는 누구나 어느 정도는 주관적인 착각 혹은 망상(delusion)을 가지고 살아간다. 즉, 우리는 수많은 경험을 통해 어느 정도 공통된 인격을 형성하지만, 동시에 주관적인 차이도 갖게 된다.

영화로 돌아가 보면 레나드는 자신을 폭행하고 아내를 죽인 범인을 찾아다니지만, 그 범인에 대한 정보도 매번 잊어버리는 위태로운 삶을 산다. 그의 왜곡된 기억을 경찰 서장과 마약 사범들은 서로 이용한다. 이는 그의 뇌에서 기억/감정의 조각들이 입력되어 나름의 뇌의 체세를 만들지 못하기 때문이다. 레나드는 아니 감독은 이런 과정이 잘못되면 제대로 세상을 판단하고 헤쳐나가는 사람이 되지 못함을 보여주는 것이다. 이 영화는 놀랍게도 에피소드가 원래 시간과는 반대로 흘러간다. 처음에 저녁에 일어난 에피소드, 다음에 점심, 그리고 맨 나중에 아침 에피소드가 나온다. 기억과 감정을 제대로 뇌 속에 간직하지 못하는 레너드의 혼돈스런 삶을 그렇게 표현한 감독의 능력이 탁월하다.

이 영화는 뇌과학자 입장에서 '경이로운' 작품이긴 하나, 의학적인 개연성으로 본다면 말이 안 되는 지점도 있다. '단기 기억'을 전혀 못 하는 것으로 보아 레나드는 기억의 중추인 해마가 양쪽 모두 손상된 것으로 생각된다. 그런데 그가 악당들에게 머리를 가격당하여 이런 상태가 되었다면, 특히 뇌의 깊은 곳에 있는 해마가 양쪽 다 손상될 정도로 심각한 뇌 손상이었다면, 뇌의 다른 여러 부위가 함께 망가지지 않을 수 없다. 『드라큘라』의 렌필드처럼 운동중추가 손상되었다면 신체 마비가 생겼을 것이고(202쪽 『드라큘라』), 언어중추가 손상되었다면 언어 구사가 안 될 것이다. 만일 전두엽이 손상되었다면 20쪽에서 설명한 것처럼 멍청해졌을 것이고(무감동증), 후두엽이 손상되었다면 영화 〈거대한 강박관념〉에서 보았듯 시야장애가 생겼을 것이다.

그러나 레나드의 경우 단기 기억력은 완전 소실되었는데 다른 모든 뇌 기능은 모두 정상인 것으로 보인다. 잘 걷고, 뛰고, 정확히 보고, 운전도, 싸움도, 정밀한 사격도 잘 한다. 물론 말도 잘 하니 언어중추에도 이상이 없다. 의학적으로 이럴 가능성은 단연코 없다. 그러나 나는 여기서 이런 문제로 감독에게 시비를 걸 생각은 전혀 없다. 이 영화는 있는 그대로를 세밀히 그리는 구상화가 아니다. 추상화 같은 영화이다. 감독은 이런 추상화 같은 영화를 통해 그의 메시지를 절묘하게 보내고 있는 것이다.

이번엔 기억만큼이나 중요한 기능인 망각에 대해 이야기해보자. 연인 사이에 문제가 생겨 헤어져야 한다면 마음이 아프다. 마치 중병

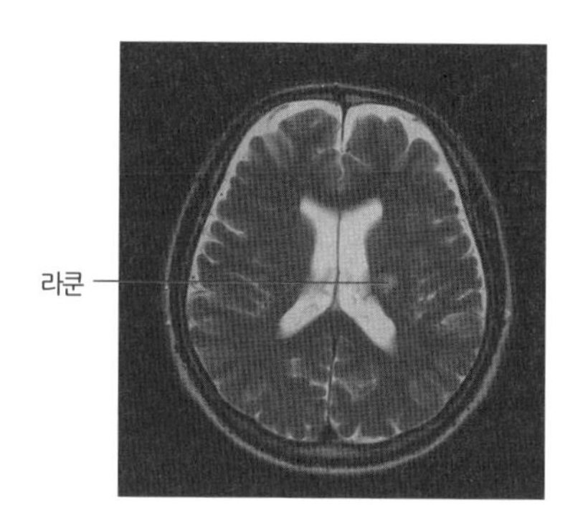

그림 3-1

을 앓는 사람처럼 한동안 전전긍긍한다. 일도 제대로 하지 못하고 심지어 식욕까지 없어진다. 알코올이나 마약처럼, 사랑도 '중독'이므로 금단 증세가 생기는 것이다. 이러한 이별의 고통 없이 서로 쉽게 헤어지는 방법은 없을까? 상대방에 대한 기억을 선택적으로 지워버릴 수 있다면 가능할 것이다. 연인의 사랑이 아니더라도 뭔가 괴로운 기억이 있다면 이를 빨리 지워버리는 것이 어쩌면 맘 편히 세상을 사는 방법인지도 모른다.

미셸 공드리 감독의 영화 〈이터널 선샤인〉(Eternal Sunshine of The Spotless Mind, 2005)에서 특정한 기억을 선택적으로 지워주는 '라쿠나 회사'*가 나온다. 사랑했지만 날이 갈수록 티격태격 싸우며 서로에게

* 우리 대뇌는 큰 혈관들이 혈액을 공급한다. 이 큰 혈관으로부터 가지 친 작은 직경들의 혈관들이 뇌의 깊은 곳으로 들어가 혈액을 공급한다. 고혈압이 있는 사람은 이런 작은 직경의 혈관들이 손상되기 쉽다. 이처럼 손상된 혈관이 막히게 되면 뇌의 깊은 곳에 작은(직경 1.5cm) 뇌경색이 발생한다(그림 3-1). 뇌경색이 작으므로 흔히 별다른 증상을 일으키지 않지만, 뇌의 중요한 부분, 예컨대 팔다리를 움직이는 신경세포 다발을 손상시키면 반대편에 반신마비를 일으킨다. 이처럼 뇌 깊은 곳의 작은 뇌졸중을 라쿤(lacune)이라 한다. 우리말로는 '소경색'이라 한다. 고령의 환자가 고혈압을 잘 조절하지 않으면 라쿤이 뇌의 여

상처를 주기도 했던 조엘(짐 캐리 분)과 클레멘타인(케이트 윈슬렛 분)은 상대방에 대한 기억을 없애려 이 회사를 찾는다. 라쿠나 회사가 특정 기억을 없애는 방법은 다음과 같다. 사람을 반 정도 마취시킨 상태에서 어떤 특정한 기억을 회상할 수 있는 큐를 준다. 그때 활성화되는 부위가 뇌 MRI에 잡히면 이를 파괴한다. 예컨대 둘이 데이트했던 장소를 보여주면 거기서 서로 나누었던 추억이 떠오를 것이고 이때 이 부분을 없앤다는 것이다. 영화에는 이미 이런 방법으로 상대방에 대한 기억이 지워진 채 살아가는 사람들도 나온다. 예컨대 라쿠나 사에서 일하는 한 직원은 회사 중역의 애인이었는데 그 기억이 지워진 채로 회사에서 근무한다.

이처럼 연필로 쓴 글자를 지우개로 지우듯 기억을 지우는 것이 가능할까? 우선 우리 뇌가 어떤 식으로 기억회로를 만드는지 살펴보자. 앞서 말한 대로 기억을 담당하는 부위는 측두엽 안쪽에 있는 해마이다. 이 해마 안에 있는 신경세포들이 어떤 방법으로 기억을 형성하는가는 오랫동안 학자들의 관심사였다. 이중 에릭 캔들의 '신경전달물질설'이 있다. 그는 여러 번 반복된 경험에 의한 지속적인 기억 자극이 있다면 신경세포와 세포를 연결해주는 시스템이 단순화되어 신경전달물질이 더 쉽게 도달한다는 견해를 주장했다. 기억형성에는 특히 글루타민 신경전달물질이 중요한 것으로 알려졌다. 기억회로 형

러 군데 발생하게 된다. 이처럼 뇌의 여러 곳에 소경색이 생기면 환자는 점점 치매 상태에 빠지며 이를 혈관성 치매(vascular dementia)라 부른다. 〈이터널 선샤인〉에서는 흥미롭게도 라쿤을 따와서 회사 이름을 '라쿠나 사'라고 표기한 것이다.

성에 대해 이보다도 더 중요한 것은 CREB(cAMP-response element binding protein)라는 단백질이 관여한다는 사실이다. 여러 동물 실험에서 CREB을 강화시킨 동물은 기억력이 향상되는 것으로 밝혀졌다. 이를 이용하여 기억력 증진 약을 개발할 가능성이 있으나 아직 임상에 사용되는 약으로 개발되지는 못했다(Han JH 등, 2007).

그런데 컴퓨터 용량을 초과하여 데이터를 집어넣을 수 없듯, 우리 뇌의 용량에도 한계가 있어 매일 경험하는 수많은 소소한 사건을 모두 기억할 수는 없다. 따라서 덜 중요한 것들은 지워버려야 한다. 자극이 반복되지 않는다면 저절로 기억이 사라지게 된다. 이것은 수동적인 망각 시스템이다. 한 번 본 사람을 오랫동안 만나지 않는다면 나중에 봐도 그를 기억하지 못하는 이유가 이것이다. 그러나 우리 뇌에는 적극적으로 불필요한 기억을 지우는 시스템도 있는 것으로 밝혀졌다. 만일 내가 요즘 깜박깜박한다면 기억 기능의 쇠퇴일 수도 있지만 망각 기능의 활성화 때문일 수도 있는데 이왕이면 후자로 생각한다면 좀 더 마음이 편할 것 같다. 망각 시스템에도 글루타민이 중요하다고 하며 변연계의 카나비노이드 물질도 관여한다고도 한다(Han JH 등, 2009).

그러나 요즘 더욱 주목받는 망각 관련 난백질은 바로 Ras-related C3 botulinum toxin substrate 1(Rac1)이다. 이 단백질은 초파리들의 후각 기억을 지워버리는 물질로 실험실에서 연구되어왔다. 척추동물에서도 그런지는 최근까지도 논란이 있었으나 중국 연구팀에 의하면 Rac1이 척추동물의 망각에도 관여한다고 한다. 예컨대 생쥐의 해마에서 Rac1 발현을 억제시키면 망각하는 기능이 저하되고, 따라서 기억력이 증가한다는 것이다. Rac 시스템 이외 최근 cdc42 단백질도 망각 기능과 관계되는 것으로 알려졌다(Liu Y 등, 2016).

다시 영화로 돌아가 보자. 라쿠나 사 직원들은 기억의 회로를 활성화시켜 이를 지우려 시도한다. 그러나 사실 이는 말이 되지 않는다. 만일 이 연인이 3년을 사귀었다면 그 많은 기억을 어떻게 다 지운단 말인가? 3년 동안 열 번 정도만 만났다면 몰라도. 물론 생쥐를 가지고 한 실험에서 기억을 공고화하는 단백질로 알려진 CREB가 많이 발현하는 세포들을 선택적으로 손상시키면 이미 학습한 기억을 없앨 수 있었다는 보고는 있다. 그러나 인간에게서 특정한 기억을 지운다는 것은 아직도 요원한 일이다.

이처럼 기억을 지우는 방법에 대한 모호함이 있지만 〈이터널 선샤인〉은 기억을 다룬 다른 영화에 비해 상쾌한 부분이 있다. 조엘은 클레멘타인에 대한 기억을 없애려 라쿠나 사를 찾았지만 그래도 그녀와의 추억을 모두 없애고 싶지는 않다. 서로의 아름답고 소중한 기억만은 남기고 싶어한다. 반수면상태로 침대에 누워 있지만, 그는 라쿠나 직원의 의도와는 달리 최대한 다른 기억을 회상하는 방법으로 라쿠나 사가 원하는 뇌의 부위를 들키지 않으려 애를 쓴다. 기억을 지우려는 라쿠나 사 직원들과 이를 보존하려는 조엘의 싸움을 보노라면 중요한 한 가지 질문이 떠오른다. 과연 우리 뇌는 어떤 기억을 보존하고 어떤 기억을 지우는 것일까? 여기에 대해 알려진 바는 전혀 없지만, 타고난 진화론자인 나는 여기에 조심스럽게 다윈의 진화론을 접목해보려 한다.

우리의 삶이 적자생존 법칙을 따른다면 기억끼리도 적자생존의 법칙을 따라 투쟁하며, 개체의 궁극적인 생존에 유리한 기억이 남고 그렇지 않은 기억은 지워지는 것이 아닐까? 하지만 이런 논리에는 문제가 있다. 뇌세포가 점쟁이처럼 우리의 미래를 보는 것이 아니라면, 그 기억이 우리 미래의 생존에 중요한 것인지 아닌지 어떻게 판단한다는 말인가? 설명하기 곤란하지만, 뇌 신경세포는 통증, 공포, 기쁨 같은 강한 감정과 함께 기억된 것을 오래 기억하는 것이 아닐까 싶다. 예컨대 나는 사슴이 자신의 동료를 잡아먹는 사자를 커다란 공포심과 함께 기억하는 예를 든 적이 있다. 이러한 기억은 생존에 매우 중요한 것이므로 사슴은 그 기억을 절대 지워서는 안 될 것이다.

실제로 우리도 자신이 현재 뭘 기억하고 있나 생각해보면 큰 기쁨이나 슬픔이 동반된 사건을 기억하고 있음을 알 수 있다. 예컨대 결혼식 올릴 때, 부모님이 돌아가셨을 때, 애인과 헤어질 때 등 강렬한 감정이 동반된 사건들이다. 이런 기억이 우리에게 유리하다는 진화론적 해석이 가능할까? 연인과 헤어질 때 슬픈 기억을 갖게 되는 이유는 앞으로 다른 사람과 사귈 때는 관계를 잘 이루어 서로 맺어지라는 유전자의 전략일지도 모른다. 그러나 아버지가 돌아가시면 슬픈 이유는 잘 설명이 되지 않는다. 우리가 이 슬픈 기억을 명심하며 조심을 해도 나이 드신 어머니는 결국 돌아가실 것이다.

게다가 우리는 얼토당토않은 쓸데없는 내용을 아까운 뇌 속에 간직하고 있기도 하다. 나는 젊었을 때 친구들과 노래방을 간 적이 있었는데 노래방 주인이 자신이 한번 불러보겠다고 하더니 아주 슬픈 노래를 멋들어지게 불렀다. 이상하게도 나는 아직도 그 장면을 생생하게 기억한다. 물론 노래를 잘 불러 내가 감동받아 그랬을 수도 있겠지만 도대체 이걸 기억하는 것이 내 삶에 무슨 보탬이 된단 말인가? 강한 감정이 섞인 내용을 뇌가 기억하긴 하지만, 뇌세포가 그 내용의 효능까지 고려할 정도로 영리한 것은 아닌 것 같다. 그러나 반대로 우리보다 우리의 뇌 신경세포가 더 현명한지도 모른다. 우리는 우리 주변의 복잡한 사회를 제대로 이해하지 못한다. 어쩌면 이런 강렬한 감정이 섞인 기억은 우리의 사회성 증진에 도움을 주도록 하는 현상인지도 모른다.

우디 앨런이 감독한 영화 〈맨하탄〉(1979)에서 수많은 지식을 늘어놓으며 여러 걱정을 하는 매리(다이안 키튼 분)를 사랑하게 된 이삭(우디 앨런 분)은 그녀에게 이렇게 말한다. "매리, 뇌는 우리 몸에서 가장 과대평가된 장기야." 인생을 이해하기 위해 우리는 머리를 쥐어짜지만, 그래도 알 수 없는 경우가 많으니 당신의 지식을 너무 믿지 말라는 뜻일 것이다. 이삭이 한 말 그대로 사랑했던 두 연인은 예상과 달리 맺어지지 못한다. 암튼 뇌가 우리의 기억과 망각을 어떻게 적절히 조절하는지 아직 모르는 부분이 많다.

이번에는 우리가 아픈 기억을 잊지 못해 괴로움에 시달리게 되는 현실적인 문제들을 살펴보자. 이치현과 벗님들이라는 밴드는 〈사랑의 슬픔〉에서 이렇게 노래한다. '아 속삭이듯 다가와 나를 사랑한다고, 아 헤어지며 하는 말, 나를 잊으라고…' 사랑했던 애인에게 고통을 주지 않겠다는 뜻이겠지만 아픈 기억을 어떻게 맘대로 잊으라는 말인가? 사랑하던 애인도 그렇지만 다른 충격적인 기억을 지우지 못해 우울증이나 불안증에 시달리는 경우도 많다. 트라우마가 될 만한 한 기억을 지우거나 혹은 약화시키는 방법이 있다면 적어도 이런 사람들에게는 도움이 되지 않을까 싶다.

전쟁, 살인, 강간 등 충격적인 사건을 경험한 후 이 기억을 지울 수 없어 오래 고생하는 대표적인 병은 뇌손상후증후군(posttraumatic stress disorder) PTSD이다. 25쪽에서도 썼지만, 이때 환자는 자신의 괴로운 기억을 자꾸만 회상해 내며 괴로움에서 벗어나지 못한다. 어쩌면 이 병은 망각 기능이 저하된 사람이 잘 걸리는지도 모른다. 망각 기능을 향상시키는 치료법이 개발된다면 이런 환자들에게 유용하게 사용될 수도 있을 것이다. 한편 기억 조절 시스템의 불완전한 작동이 조현병이나 자폐증 같은 질환의 원인일 가능성이 제기된다. 없앨 기억은 빨리 없애야 하는데 그렇지 못해 이들이 여러 번 말이나 행동을 반복한다는 주장이다.

기억과 망각과 관련해 이보다 실제로 더 중요한 질환이 있는데, 바로 21세기 인류의 재앙이라 일컫는 알츠하이머병이다. 아밀로이드 단백질이란 것이 뇌에 축적되는 것이 이 병의 특징이다(232쪽 참조). 그런데 세포 배양 실험에 의하면 아밀로이드가 앞에서 말한 Rac1를 활성화시킨다고 한다. 또한 유전자 변이를 통해 아밀로이드가 뇌에 침착하게 만든 알츠하이머 실험 동물 모델에서 Rac1 활동을 저하시키면 이 동물들의 기억력이 향상된다. 이런 실험 결과를 잘 응용한다면 알츠하이머병에 걸린 환자의 기억력을 향상시키는 약물이 개발될 가능성도 있다.

## 3 모정 vs. 이성간의 사랑: Ace of Sorrow

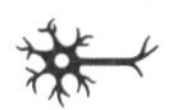

I love my father, I love my mother

I love my sister, I love my brother

I love my friends and relations too,

But I'll leave them all and go with you

아버지와 어머니를 사랑하고,

누이와 동생도 사랑하며,

친구와 이웃들도 사랑하지만

그들과 헤어지고 그대와 함께 떠나렵니다.

한국인이 좋아하는 팝 중 하나인 이 곡 〈슬픈 운명〉(Ace of Sorrow)은 지난 63년 발표된 이래 국내에서는 많은 사랑을 받아온 곡이다. 브라운과 다나(Brown and Dana)는 미국 보스턴터프트대학에서 50년대 후반에 만나 학비 보조를 위한 음악활동을 시작, 졸업 무렵인 61년에 본격적으로 활동했다. 이때 만든 'It was a very good year'라는 앨범 속에 이 곡이 수록되어 있다. 애절하고 매력적인 이 노래를 학창 시절 흥얼거리며 따라 부르곤 했지만, 요즘 생각해보면 이 노래에는 이성간의 사랑, 부모의 사랑, 형제의 사랑, 사회적인 사랑 들이 모두 나오는 걸 알 수 있다. 이런 점에서 '사랑'이란 무엇인가를 한번 살펴볼 필요가 있다. 노래 속에 푹 빠지기 전에 이러한 사랑 중에도 중요한 순서가 있는 것인지? 하는 질문에 대해 생각해보고 싶다. 사랑의 강도를 계산기로 측정하듯 할 수야 없겠지만 말이다.

우선 우리는 우리 자신을 가장 사랑한다(자기애). 진화론을 생각해봐도 우리의 모든 행위는 자신의 생존(survival)을 위해 맞춰져 있다 하니 다윈 선생도 이렇게 생각했을 것 같다. 하지만 좀더 최근의 '유전자 진화론자'들의 의견에 의하면 우리의 주인은 우리 몸이 아니라 유전자라고 한다(리처드 도킨스 2018). 몸은 그저 껍데기일 뿐이라는 것이다. 진화론을 전공하지 않은 내가 이것이 맞다 틀리다 논할 자격은 없지만 나는 이 의견이 그럴듯하다. 이것으로 우리가 죽어야 하는 이유를 설명할 수 있기 때문이다. 개인의 생명이 가장 중요한 것이라면 우리는 죽지 않는 것이 가장 유리할 것이다. 그렇다면 왜 죽음이라는 게 있을까? 개체의 면에서 보면 우리가 영원히 사는 것이 좋겠으나 유전자 입장에서는 그렇지 않을 것이다. 우리가 사는 동안 신체는 손상되고 유전자도 손상된다. 손상이 너무 심하지 않은 상태에서 유전자를 복제하여 더 젊은 개체가 태어나게 할 수 있다면 건강한 유전자 보존 면에서 더 유리할 것이다. 그러나 손상된 유전자를 복제해봐야 똑같이 결손이 있는 생명이 태어날 테니 이왕이면 우리의 유전자에 다른 개체의 유전자를 반반씩 섞는 게 좋을 것이다.

예컨대 우리 유전자 a c f에서 손상이 있는데 다른 개체의 유전자에는 b, g, m에 손상이 있다고 가정한다면 그 둘을 서로 붙였을 때 유전자 손상의 정도는 반 정도이므로 실제적인 문제가 되지는 않을 것이다. 다른 유전자를 택해야 하는 또 다른 이유로, 우리는 끊임없이 박테리아나 기생충 같은 생물에 공격당하며 사는데 다른 개체와 결합하여 유전자 변형을 시도해야 그런 공격으로부터 더 안전하다는 주장도 있다. 아무튼 이런 이유로 생물은 어느 정도 성장하면 다른 유전자를 제공할 수 있는 짝을 찾게 된다. 우리 인간 역시 '사춘기'란 시간을 지나면 이성에 대한 관심이 생기고 열심히 짝을 찾기 시작한다. 한창 사랑의 싹을 키우고 있는 젊은이들에게 이런 말을 하기는 미안하지만, 사람이 짝을 찾기 시작한다면 벌써 우리는 죽을 준비를 하고 있는 것이라 할 수도 있다.

그렇다 하더라도 일단 이 세상에 자신의 유전자를 온전히 갖고 있는 생물은 자신밖에 없을 것이니 우리는 우리 자신을 가장 사랑할 것이다. 부모는 어떨까? 우리는 부모의 유전자를 반씩 가지고 있다. 그렇다면 산술적으로 부모와 아이들의 사랑은 자신에 대한 사랑에 비해 반 정도일 것이다. 즉 우리는 우리 자신의 반 정도로 부모를 사랑할 것이고 그 반대도 마찬가지일 것이다. 그런데 부모와 우리는 그 관심의 방향이 다르다. 부모는 자신의 유전자를 증식시키느라 의도적으로 자식을 만든 것이다. 게다가 자식은 부모보다 더 건강한 유전자를 가지고 있다. 따라서 산술적으로는 사랑의 세기가 동일하겠지만 실제 부모의 자식 사랑은 그 반대에 비해 훨씬 더 강하다. 자식은 부모의 유전자를 반만 가지고 있음에도 부모는 자신을 희생해서 자식을 구하려 한다. 페드로 알모도바르 감독의 〈하이힐〉(1991년), 마이클 커티스 감독의 〈밀드레드 피어스〉(1945년) 같은 영화를 보면 살인을 저지른 자식을 보호해주기 위해 자신이 죄를 지은 것처럼 행동하는 엄마의 모습을 볼 수 있다. 그 반대의 경우도 없지는 않겠지만, 지극히 드물 것이다. 이런 유전자적 전략에 맞도록 유전자는 우리의 뇌의 구조를 만든 것 같다. 즉 우리 뇌에는 '부모의 사랑'을 만드는 부분이 있는데 이는 잠시 후 설명하겠다.

이번에는 애인과의 사랑을 생각해봐야겠다. 적당한 나이가 되면 우리는 유전자를 반씩 교환할 사람을 찾아야 한다. 이때 최대한 좋은 유전자를 찾아야 하는데 유전자를 검사할 수는 없으니 (미래에는 이렇게 될지도 모른다. 305쪽 〈가타카〉 참조) 유전자가 만들어낸 인간의 바깥 모습이 대신 그 지표가 된다. 대개 남자는 건강하고 잘생긴 혹은 능력이 있는 사람, 여자의 경우는 예쁜 사람이 선택된다. 이처럼 선택의 기준에 있어 남녀의 차이가 있는 이유는 남자는 훌륭한 유전자(건강하고 잘생기고 능력 있는)를 갖느냐가 중요하지만 여성은 임신해서 아이를 잘 먹여 키워야 하는 즉, 생물적인 양육의 임무도 가지고 있기 때문이다. 남자들은 여성의 유방과 히프 그리고 매끈한 피부를 보고 예쁘다고 끌리지만 그 남자의 유전자는 이들을 모두 유전자를 잘 간직하고 보존할 (아이를 잘 낳아 기르는) 요인으로 간주할 것이다. 암튼 이렇게 남녀가 적당한 짝을 찾아 연애하고 결혼했다면 어떻게 될까? 만일 아이를 둘 낳았다면 부모는 자신만큼의 유전자를 생성해낸 것이다. 그렇다면 앞서 소개한 〈Ace of Sorrow〉의 가사가 이해된다. 주인공과 애인은 유전자가 같은 것이 없지만 그들에게는 그들만큼의 새로운 유전자를 여럿 만들 수 있는 희망이 있는 셈이다. 그러니 이젠 부모님을 떠날 수 있는 것이다.

암튼 애인과는 전혀 유전자의 동질성이 없지만 유전자의 반을 취해 자신의 유전자를 증식시키는 것이 유전자의 전략일 것이고 우리는 이를 '이성간의 사랑'이라 부른다. 이를 위해 유전자는 우리 뇌에 그런 사랑의 장치를 설치해두었다. 일단 사춘기가 되면 성 호르몬이 왕성해져 남자는 여자에게, 여자는 남자에게 끌리게 된다. 마음에 드는 사람이 있으면 깊은 사랑의 감정이 생긴다. 벌써 여러 해 전에 영국의 바르텔과 제키 교수팀은 방금 사랑에 빠졌다는 젊은 여성들을 모집한 후 그 애인의 사진을 보여주면서 기능적 MRI를 찍었는데 소위 감정의 회로이며 보상의 회로인 기저핵, 섬엽, 앞쪽 대상회 등이 활성화 되는 것을 확인하였다(Barthel A and Zeki S, 2000, 그림 1-7).

그런데 일단 임신 후 아이를 분만하면 이번에는 연애하는 마음보다는 이 아이를 보살피는 모정이 더욱 필요할 것이다. 모정의 기전을 연구하기는 쉽지 않지만 앞서 말한 세티 팀을 비롯한 몇몇 실험실에서 이런 연구를 했다. 어머니가 자신의 어린아이를 보면서 기능적 MRI 촬영한 결과와 다른 아이 혹은 모르는 어른을 바라보며 촬영한 MRI 소견을 비교하여 자신의 아이에 대한 특별한 모정을 만들어내는 부위를 찾으려 했다. 이렇게 진행한 연구에 의하면 감정/보상의 회로인 섬엽, 앞쪽 대상회, 안전두엽, 미상핵 등이 흥분되었다. 즉 모성을 일으키는 뇌는 애인을 바라볼 때 활성화되는 뇌의 부위와 별

다른 차이가 없었다. 그러나 도수관 주변 회백질(periaqueductal gray, PAG), 중격핵 같은 부분이 더욱 활성화된다는 사실이 약간 다른 듯하다. 이 부분은 모정의 호르몬이라 부르는 옥시토신이 생산되는 곳이다. 즉 이제는 여성 호르몬이 아닌 보살핌의 호르몬 옥시토신이 분비된다. 결국 여성의 뇌는 출산을 하면서 연애의 뇌에서 모성의 뇌로 바뀌는 것이고, 여기엔 도수관 주변 회백질, 중격핵 같은 부위의 활성화가 중요한 것 같다.

물론 도수관 주변 회백질과 중격핵은 통증과 수면을 조정하는 기관이기도 하며 다른 종류의 사랑의 회로와도 관계되므로 '모정'에 특화된 기관이라 할 수는 없다. 그러나 이 부위가 다른 곳에 비해 옥시토신의 수용체가 높은 것은 사실이다. 아무튼 자식을 향한 어머니의 끝없는 사랑은 이렇게 생성되는 것 같다. 『생의 다른 곳에서』란 책에서 체코 작가 밀란 쿤데라는 남녀간의 사랑이 모성으로 변하는 과정을 이렇게 묘사했다. '출산을 한 다음 어머니의 육체는 또 다른 단계로 접어들었다, 더듬거리며 찾는 아들의 입이 그녀의 젖가슴에 와닿는 감촉을 처음 느꼈을 때는 감미로운 전율의 파장이 내면 깊숙이 흥분감을 전했다. 그것은 남녀의 사랑과 비슷하긴 했지만 연인의 애무를 초월하는 차분하고 크나큰 행복을, 그리고 고즈넉함을 가져다주었다.'

그러나 사랑이라는 것이 이러한 유전자학, 뇌과학만으로 잘 설명되지는 않는다. 인간은 여러 사람과 함께 살아가는 사회적 동물이므로 그렇다. 베르베르의 『아버지들의 아버지』를 읽어보면 누가 이런 질문을 한다. '원시 시대에는 쓸모도 없고 먹을 것만 축내는 노인들을 왜 쫓아내지 않고 집단에 놔뒀는가?' 대답은 이렇다. '포식자들이 공격할 때 이 사람들이 맨 뒤에 처질 테니 먹이가 될 것이고 젊은 사람들이 그만큼 안전해지니까'. 포식자가 없는 지금 우리가 노인을 돌보는 것은 이 때문은 아닐 것이다. 복잡한 사회에서 젊은이에게 없는 지혜를 나누어줄 수 있기에 노인은 여전히 중요한 존재이고 사랑하고 모실 분인 것이다. 특히 동양인인 우리는 자고로 효도의 가치를 중요시했다. 심청은 눈먼 아버지만 바라보다가 아버지를 위해 인당수에 몸을 던지는데 유전자의 계략으로는 이런 행동을 절대 해석할 수 없다. 또한 인간에게는 소속된 사회, 국가, 더 나아가 인류에 대한 사랑이 있다. 이는 사랑/감정의 회로인 변연계를 넘어 전두엽의 아래쪽(안전두엽)과 관계된다. 사회적 동물인 인간은 기본적으로는 사회와 국가를 지켜야 자신이나 가족도 안전하기에 이러한 사회적 사랑이 생겼다. 이 사랑은 자신의 생명을 바칠 정도로 강하기도 한다. 이는 동물과는 다른 사회적인 뇌를 갖고 있는 인간의 행동이다.

그런데 아이를 낳은 후에도 계속되는 부부간의 사랑도 유전자적 계략으로는 설명하기 힘들다. 자신들의 유전자를 가지고 있는 자식을 함께 지키기 위해 배우자도 서로 아끼는 것이겠지만, 배우자를 위해 자신의 목숨을 바친다는 것은 좀 이상하다. 왜냐하면 자신이 없어진다면 나머지 배우자 혼자서는 유전자 증식을 할 수 없기 때문이다. 따라서 만일 이런 상황이 있다면 이는 유전자를 뛰어넘는, 대뇌에 의한 부부의 커다란 사회적 사랑으로 생각해야 한다. 그리스 신화에 의하면 아드메토스란 왕이 중병에 걸렸는데 신탁에 의하면 누군가가 대신 죽는다면 아드메토스가 살아날 수 있다고 했다. 이때 이미 늙어

살날이 얼마 안 남은 부모도, 평소 충성을 맹세하던 총애하는 신하들도 왕을 위해 죽겠다는 사람은 없었다. 아드메토스를 위해 죽겠다고 나선 사람은 오직 그의 아내인 알케스티스뿐이었다. 결국 알케스티스는 중병에 걸렸고 남편 아드메토스는 건강해졌다.* 유전자의 법칙을 뛰어넘은 지고의 사랑이라 아니할 수 없다. 마지막으로 남녀간의 사랑의 본질을 이야기해주는 것 같은 영화를 한편 소개하며 이 꼭지를 마치려 한다.

로저 도널드슨 감독의 영화 〈스피시즈〉(Species, 1995)는 시작부터 황당하다. 호주의 과학기지에 외계로부터 발신된 생물의 DNA합성에 관한 정보가 입수되자 정부는 실험에 착수한다. 그리고 인간과 외계인의 합성 DNA를 가진 여자아이 실(Sil)이 태어난다. 실의 성장이 지나치게 빨라 위험할 수 있다고 생각한 실험팀은 실을 가스 중독으로 살해하려 하나 실은 달아난다. 얼마 후 실은 성숙한 여인(나타샤 헨스트리지 분)으로 성장하여 나타난다. 실의 외모에 이끌려 많은 남자들이 접근한다. 그런데 문제가 있다. 실의 목적은 오직 하나, 남자와 섹스를 하여 아이를 낳는 것. 물론 남자들도 섹스를 원한다. 하지만 사람들은 시간을 들여 일단 대화를 하고, 키스를 하고, 분위기가 충분히 무르익은 그 다음에 섹스를 원한다. 게다가 아이 갖는 문제는 한참 후에나 생각할 일이다. 결혼과 육아는 수많은 가정, 경제, 사회적 고

* 사실 알케스티스는 죽지 않았는데 지하세계의 여왕인 페르세포네가 다른 사람을 위해 죽은 사람은 받아들일 수 없다고 쫓아냈다는 설과 헤라클레스가 죽음의 신 타나토스를 완력으로 쫓아냈다는 설이 있다. 이 내용을 가지고 장 바티스트 룉리와 글룩은 각각 오페라를 만들었다.

려 끝에 이루어지는 것이 세상사가 아닌가? 하지만 실은 보자마자 대뜸 섹스를 그리고 아이를 갖기를 원하니 아무리 아름다운 여인이라 하더라도 뭔가 좀 괴이하다. 따라서 남자들은 실을 거부할 수밖에 없지만 그 즉시 실에게 죽임을 당한다. 결국 실은 변장을 한 채, 그녀를 제거하려 파견된 과학기지 임원 중 한 명인 아덴(알프리드 몰리나 분)과 섹스에 성공한다. 섹스 직후 아덴은 이 여성이 바로 실임을 깨닫게 되나 즉시 죽임을 당한다.

좀 더 최근에 나온 에일리언 영화들과 비교하면 영화는 구성이 허술하다. 그러나 이상하게도 이 영화는 나한테는 흥미로웠다. 일단 엄청나게 섹시한 미녀가 우리와 전혀 다른 생각을 가지고 있는 무서운 외계 생물이라는 그 대비가 묘한 느낌을 주었다. 더 중요한 것은 나의 평소 지론인 남녀 사랑의 본질은 유전자의 증식을 위한 유전자의 전략이라는 것을 말해주고 있기 때문이다. 우리 인간은 오랜 세월 동안 연애, 결혼의 전략을 세우며 살아왔다. 여기에는 변연계와 전두엽의 수많은 감정, 보상 회로가 관여한다. 그러나 이러한 뇌의 회로가 발달되지 않았던 실은 섹스의 목적에 준하는 행동을 그대로 실현했던 것이다. 지구인의 뇌 회로를 가지고 있는 우리들의 시선으로는 그녀의 행동이 괴이하지만 사실 실의 행동이 인간의 행위보다 더 솔직하고 정직한 것이 아닌가 하는 생각이 든다.

영화의 실처럼 섹스와 임신을 한 후 가차없이 남편을 죽이는 동물로 사마귀가 있다. 암컷 사마귀는 한창 섹스를 하면서 불쌍한 남편을 머리부터 먹어버린다. 머리가 아파 섹스가 중단될 것 같지만 오히려 그렇지 않다, 중추신경을 손상시킴으로써 오히려 말초의 섹스 행위는 방해 받지 않고 더 잘 이루어진다. 게다가 남편을 잡아먹으면 엄마의 영양상태 부족이 해결되어 자식을 낳기 용이해진다. 실은 남편 입장에도 그리 억울할 것은 없다. 사마귀는 어차피 1년생이므로 가을에 교미를 하고 얼마 후 죽기 때문이다. 또한 엄마 사마귀도 알을 낳은 후 죽으므로 '남자만 억울하다'라 말할 수도 없다. 호랑이나 표범 같은 동물은 교미 직후 암컷이 냉정하게 수컷을 쫓아버린다. 인간의 경우 아이를 낳은 후 오랫동안 키워야 하므로 (인간은 뇌를 오랫동안 발달시켜야 하므로 남녀가 가족을 이루어 함께 키우는 사회가 성립되었다) 남자가 가정에 그대로 남아 있는 전략을 취한다. 남자로서는 오랜 시간 고생스럽기는 하지만 그래도 사마귀, 호랑이, 표범보다는 나은 것 같다.

연출자에게 과연 이런 의도가 있었는지는 모르겠지만, 이 영화는 진화론의 본질을 말하는 듯하다. 그런데 어쩌면 여성들의 본성은 실과 다르지 않을 수도 있다. 사랑한다면서 미소를 띄우며 접근하는 여성의 본능은 나를 원하는 것이 아니라 바로 나의 정자를 통해 2세를 혹은 새로운 유전자로 만들어진 생명체를 만들기 위한 것은 아닌가, 남자들은 생각해봐야 할 것 같다.

# 4 측두엽 뇌전증: 무엇이 아름다운 선택일까?

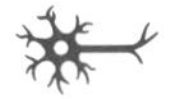

팔의 움직임은 팔을 담당하는 운동중추의 흥분으로 인해 일어난다. 그런데 만일 운동중추의 신경들이 지나치게 발작적으로 흥분하면 어떻게 될까? 그 팔이 마구 떨릴 것이다. 그 흥분이 다리를 담당하는 신경 쪽으로 퍼지면 다리까지 떨릴 것이다. 좌우 뇌로 마구 퍼지면 전신을 떨 것이고 결국 의식을 잃을지도 모른다. 이처럼 잠시 동안 손발을 떨고 의식을 잃은 후 다시 원상태로 돌아오는 것, 이를 '간질'이라고 한다. 요즘은 간질이란 말이 어감이 안 좋다 하여 '뇌전증'이란 단어를 사용한다.

운동중추에만 이런 일이 생기는 것이 아니라 뇌의 다른 부위에서도 뇌신경이 손상되어 간질이 발생할 수 있다. 예컨대 감각중추의 신경세포에서 과흥분이 일어난다면 손발의 저린 감각이 일시적으로 나타났다가 사라진다. 측두엽의 안쪽인 변연계 특히 해마와 편도체가 있는 부위는 비교적 간질 파가 잘 생기는 부위이다. 이런 경우를 측두엽 뇌전증(간질)이라 부른다. 변연계의 해마와 편도체는 기억과 감정을 담당하므로 (3부 1, 2장 참조) 발작 동안 기억과 감정이 왜곡되는 증상이 생긴다.

예컨대 갑자기 무서운 공포가 밀려들거나 즐거움이 오는 경우가 있다. 기억이 왜곡되어 자신이 처음 본 장소가 어디선가 와본 것 같기도 하고(데자뷔라고 한다), 혹은 잘 알던 지역이 생소하게 느껴지기도 한다(자메뷔). 측두엽에서 발생한 간질파가 다른 부위로 번져 나가면 측두엽 뇌전증 증세에 더해 다른 발작 증세가 추가된다. 예컨대 간질파가 운동중추까지 번지면 손발을 떠는 전신 발작 증세를 함께 나타낸다. 저산소증, 뇌염, 뇌졸중, 종양등 측두엽에 생기는 어느 질병이나 이러한 측두엽 뇌전증 증세를 일으킬 수 있다. 이런 환자들에게 뇌전증 약을 복용시키면 이런 발작이 없어지거나 많이 줄일 수 있다. 약물효과가 부족하다면 간질을 일으키는 부분을 수술적으로 제거하는 수술을 해야 하는 경우도 있다.

마크 실츠만의 소설 〈아름다운 선택〉의 주인공 요한 수녀는 두 가지 신경과적 질병을 가지고 있다. 이중 가장 그녀가 걱정하는 병은 두통이다. 두통은 간헐적으로 찾아오는데 한 번 오면 몇 시간 혹은 하루 종일 지속된다. 두통 때문에 간혹 기도시간에 빠지곤 하며 심할 때는 '서둘러 걸을 수조차 없다'라고 표현한다. 요한 수녀의 병은 편두통으로 생각되는데 이 병은 아마도 세상에서 가장 흔한 신경과 질환이 아닐까 한다. 여자의 10% 남자의 3%가 편두통 환자이다. 편두통 환자의 약 1/5 정도는 두통 직전에 전조증상이 나타나는데 시각적 증상이 가장 흔하다. 예컨대 한쪽 시야가 어두워지거나 지그재그로 보이거나 혹은 물체가 두 개로 보이고 이어 전형적인 두통 증상이 발생한다. 두통이 심할 때는 구토 증세도 동반된다.

편두통의 원인은 아직 모르고 있다. 한때는 뇌혈관이 주기적으로 수축/확장을 하는데 수축시에는 전조증상이, 확장시에는 두통이 발생한다는 설이 유력했다. 하지만 이후 발전된 검사법으로 실제 전조증상과 두통시 뇌의 혈류를 측정해보니 반드시 그렇지는 않다는 사실이 밝혀졌다. 이후 삼차신경(안면의 감각을 맡는 뇌신경)의 말단에 염증 반응이 주기적으로 생기면서 두통이 발생한다는 설이 대두되었다. 이때 혈관 말단의 세로토닌이 관여한다고 하는데 그래서인지 세로토닌 수용체를 자극하는 약물인 수마트립탄 같은 약들을 두통 초기에 복용하면 두통을 완화시킬 수 있다. 아마도 월경 주기에 따른 호르몬 변화 혹은 음식 등 환경요인이 세로토닌 수용체의 변화를 일으켜 두통 증세가 간헐적으로 나타나는 것으로 생각되나, 아직도 왜 주기적으로 두통이 찾아오는지는 정확히 밝혀지지 않았다. 다만 뇌 안에는 아무런 문제가 없는 흔한 병이며, 간헐적인 두통만 제외하면 환자에게 중대한 문제가 생기지는 않는다. 요한 수녀는 다른 수녀에게 정확히 말한다. '편두통은 주기적으로 찾아오는 것이고 아무도 그 원인을 모르죠. 그저 불편할 뿐 위험하지는 않습니다.'

어릴 적 가정불화 때문에 수도원으로 오게 된 요한 수녀는 이곳에서 하느님을 맞이하기 위해 무척 노력하는데 간혹 하느님으로부터 영적인 축복을 받는다. 책에는 이렇게 적혀 있다. '두통을 이겨내고 흠모의 마음이 차오르자 나와 연인 사이의 간격이 좁혀졌다. 이 연인은 영원이란 시간의 흐름도 자기 속으로 휘말려 들어가게 했다. 연인에 대한 나의 사랑이 솟아오르는 것은 아니었다. 그의 사랑이 나를 끌어당겨 올리는 것이었다. 나는 광휘 속으로 빨리며 치솟아 올랐다. 그리고 그 속에서 모든 고통을 잊었다. 그리스도의 목소리가 들렸다—나는 현존하노라. 나는 음성에 응답하려 했지만 호박에 갇힌 벌처럼 아름다움 속에서 얼어붙었다.' 이런 영적인 경험을 한 요한 수녀는 자신이 경험한 내용을 가지고 열심히 글을 쓰곤 했다.

요한 수녀가 수도원 밖으로 나가 신경과 의사 셰파드를 만난 주된 이유는 두통이었다. '두통이 얼마나 자주 오나요?' '어떤 때는 한달에 두 번 어떤 때는 이틀에 한 번꼴입니다. 주기적인 것 같아요'. '수녀님은 편두통일 가능성이 제일 큽니다. 그러나 다른 질환을 배제하기 위해 뇌파(EEG)와 CT를 촬영해볼 겁니다.' 그런데 검사를 마친 후 셰파드 박사는 이렇게 말한다. '뇌파 검사에 의하면 수녀님은 뇌전증(간질) 질환을 앓고 계십니다. 발작 증세는 측두엽 뇌로 국한됩니다. 아직까지는 총체적 발작 즉 뇌 전체로 퍼져 경기를 일으키지는 않았습니다. 건포도만한 작은 혈관종이 측두엽에 있는데 이것이 원인일 겁니다. 수술로 제거하기는 어렵지 않습니다.'

요한 수녀는 의사의 진단명을 받아들였다. 그런데 문제가 생겼다. 의사의 해석에 의하면 요한 수녀가 느낀 신비로운 영적 체험이 뇌전증 증세라는 것이다. 그렇다면 뇌 수술을 하면 이 증세는 없어질 것이다. 그러면 그녀는 더 이상 신비로운 체험을 할 수 없게 된다. 요한 수녀는 고민한다. '이전의 나로 돌아간다는 건 생각만 해도 견딜 수 없어… 수술로 내 꿈이 사라져버린다면 지금까지 내가 얻어낸 모든 것이 무의미해져.' 그러나 요한 수녀는 좀 더 생각한다. '그렇지만 내 꿈이란 게 뭐지? 정말로 하느님을 얻고자 하는 건가, 아님 개인적인 행복을 얻으려는 것인가? 내 발작이 다른 수녀들에게 부담이 된다면 그들을 위하여 자신의 황홀경을 포기한다는 것은 영적인 결심은 못 된다 하더라도 적어도 명예로운 결정은 되지 않을까?' 이런 고민 끝에 결국 요한 수녀는 수술을 하기로 결심한다.

여기서 나는 한 가지 단순한 질문과 한 가지 복잡한 질문을 가지게 되었다.

단순한 질문은 이렇다. 요한 수녀는 주기적으로 두통 증세가 있었다. 그렇다면 이것도 편두통이 아니라 일종의 간질 증상인가? 책에는 여기에 대한 해석이 나오지 않지만 내 생각에 그렇지는 않은 듯하다. 전신 뇌전증 발작 환자들이 심한 발작을 한 후 깨어나면서 두통 증세를 느낄 수는 있다. 전신을 과격하게 흔들었으니 그만큼 머리나 목의 근육 긴장도가 높아져 그럴 것이다. 측두엽 간질 환자도 발작 증상 동안 혹은 증상이 끝난 후 두통이 생길 수는 있다. 그러나 요한 수녀의 경우는 뇌전증 발작 증상과 관계없이 주기적으로 두통만 찾아오는 것으로 기록되어 있다. 따라서 요한 수녀는 두통과 간질 증상을 각각 따로 가지고 있는 사람인 듯하다. 다음으로 복잡한 질문을 던져보겠다. 요한 수녀가 느꼈다는 종교적인 느낌이 정말 간질 증상일까? 그리고 그녀는 평소 글을 많이 쓰고 또한 잘 쓴다. 이처럼 글을 자세히, 많이 쓰는 현상을 하이퍼그라피아(hypergraphia)라고 하는데, 그렇다면 하이퍼그라피아가 측두엽 뇌전증과 관계가 있을까? 이는 위 질문보다 어렵지만 흥미롭기 때문에 여기에 대해 좀 더 자세히 쓰겠다.

측두엽 뇌전증 발작과 종교와의 관계에 대해서는 연구결과가 여럿 발표되었다. 일부 측두엽 뇌전증 환자는 (7~23%) 간질 발작 도중 굉장한 즐거움, 만족 같은 것을 경험한다(ecstacy seizure). 종교적 경험은 이보다 드문 증세로 환자의 불과 1~3% 정도만 경험한다. 예를 들어 눈앞에 신이 나타나기도 하고, 그가 '내 앞에 무릎을 꿇어라'라고 명령하기도 한다. 혹은 이런 종교적 느낌이 실제 간질 발작 이전에 전조 증상으로 나타나기도 한다. 종교적 증상은 주로 간질파가 오른쪽 측두엽에서 시작하는 환자들에게서 발생한다. 이와 관련된 증상으로 '발작성 자신 바라보기(Ictal autoscopy)'라는 증세가 있는데 이는 간질 발작 동안 자신이 또 다른 자신을 바라보는 느낌을 갖는 것이다. 나중에 (270쪽) 다시 말하겠지만 심장마비에 의한 저산소증 등을 경험하고 깨어난 환자들이 말하는 소위 '임사체험'을 한 환자들도 거의 반수가 이러한 '자신 바라보기' 증상을 경험한다(Noyes R 등, 1976). 간질 증상 이후 종교적 느낌을 갖는다는 환자들도 있는데 간질 발작 증세로서의 종교적 경험이 수초에서 수분밖에 지속되지 않는 것에 반해 간질 발작 후의 증세는 몇 시간 혹은 며칠씩 지속된다.

또한 측두엽 뇌전증 환자들은 간질 발작이 없는 평소에도 종교적인 생각을 많이 하는 편이다. 영국 런던의 트림블 교수팀은 33명의 측두엽 뇌전증 환자를 대상으로 간질 발작 중간에 종교적 마음을 갖거나 행동을 하는 정도를 척도 점수로 평가하고 MRI를 찍어 해마와 편도체의 크기를 측정해보았다. 그 결과 오른쪽 해마의 크기가 작을수록 종교적 마음/행동을 하는 정도가 빈번했다(Trimble M 등, 2006). 즉 환자의 상태가 위중할수록 종교적 생각을 더 많이 한다는 것이다. 이런 점으로 보아 요한 수녀의 영적 체험이 뇌전증 발작이었을 가능성은 있다. 그러나 실제 임상에서 그 빈도는 매우 낮아 발작과 종교적 마음은 별개의 것일 가능성도 많다. 뇌전증의 원인을 제거한 후 뇌파에 발작파가 없어지면서 동시에 이러한 영적 체험이 사라지는 사실이 확인된다면, 그제야 비로소 그녀의 증상은 뇌전증 발작 때문이었다고 확신할 수 있을 것 같다.

이번엔 측두엽 뇌전증과 하이퍼그라피아와의 관계를 살펴보자. 1974년 왁스만과 게슈빈트는 측두엽 뇌전증 환자에서 글을 강박적으로, 자세하게 그리고 많이 쓰는 경향을 관찰했다. 그들은 이 현상을 환자의 기억력 소실을 보충하기 위한 보상 현상으로 이해했다(Waxman SG, Geschwind N, 1974). 그렇지만 기억력이 저하된 다른 질병에서는 이처럼 하이퍼그라피아가 관찰되지 않았다. 따라서 이보다는 측두엽 뇌전증 환자가 다른 사람과의 감정이 끈끈한 경향이 있으므로 글도 이렇게 쓰게 된다는 해석도 있다. 그런데 이 결과는 이후 연구에 의해 지지 받지 못했다.

1983년 헤르만과 그 동료들은 측두엽 뇌전증 환자, 정상인, 그리고 측두엽 뇌전증이 아닌 뇌전증 환자 세 그룹으로 나누어 그들에게 편지를 보냈다. 글쓰기를 좋아하는 하이퍼그라피아 환자는 편지에 대한 답장을 할 것이고 편지의 길이도 길 것이라는 가정하에, 그들이 편지에 답장을 하는지, 답장하는 편지의 길이는 어떠한지를 조사하였다. 그 결과 측두엽 뇌전증 환자라고 특별히 답장을 더 많이 하거나 더 길게 쓰지는 않는다는 사실을 밝혔다(Hermann 등, 1983). 그러나 게슈빈트의 환자와 헤르만의 환자의 증상의 경중도가 다르기 때문에 그 결과가 달랐을 것이라는 의견이 제시되었다.

1993년 오카무라와 그 동료들은 하이퍼그라피아 증세가 있는 15명 환자와, 없는 32명 뇌전증 환자를 비교했다. 전자가 정신과 진료를 받은 적이 더 많고 감정적으로 적응을 더 어려워하고 CT 영상 사진에 발견되는 뇌 손상 소견을 더 많이 가지고 있었다(Okamura T 등, 1993). 즉, 비슷한 간질 환자에서도 뇌의 손상이 좀 더 심한 환자들이 감정적 적응을 잘 못하고 따라서 하이퍼그라피아를 보인다는 것이다. 연구된 환자의 수가 적어 결론이 확실한 것은 아니지만, 측두엽 뇌전증 환자가, 특히 증세가 심한 환자가 글을 자세히 쓰는 경향이 있기는 한 것 같다.

마지막으로 하이퍼그라피아 이외 측두엽 뇌전증 환자가 성적인 관심이 줄어든다는 주장이 있는데 여기에 대해서도 살펴보자. 사실 뇌전증 환자의 성생활 장애는 흔해서 거의 절반이 이를 호소한다. 여성의 경우 성욕이 저하되는 것, 남성의 경우 발기가 안 되는 것이 주된 이유이다. 뇌전증 환자의 성생활 장애는 여러 가지 복합적인 원인이 있다. 이중 중요한 것은 간질 약의 부작용, 그리고 간질 환자들이 가지고 있는 우울증이다. 여기에 더하여 뇌의 간질 현상이 시상하부-뇌하수체-성호르몬 계에 영향을 미쳐 성욕이 줄어든다는 의견도 있다. 요즘 개발되어 나오는 새로운 간질 약들은 옛날 약보다 성욕 저하 현상을 덜 일으키므로 약에 의한 성욕감퇴 현상은 줄어들고 있는 것으로 생각된다. 일반적으로 간질이 조절되지 않거나, 자주 발생하거나, 여러 가지 간질 약을 복용하는 환자가 성생활 장애도 심하다. 내가 보기에 성에 대한 관심이 적은 것은 측두엽 간질에 의한 증세라기보다는 여러 복합적 원인에 의해 간질 환자들이 보편적으로 가지고 있는 문제인 것 같다(Rathore C 등, 2019).

이처럼 측두엽 뇌전증 환자의 성격적 특성은 흥미로운 주제이긴 하지만 여전히 논란은 있다. 노만 게슈빈트 박사는 이러한 '측두엽 뇌전증 성격'에 딱 맞는 예로 도스토옙스키를 들었다. 도스토옙스키의 아내인 안나가 기술한 평전 내용을 보면 도스토옙스키가 측두엽 뇌전증을 앓은 것은 확실하다고 생각된다. 백치나 카라마조프의 형제들 같은 그의 작품에도 정확하게 측두엽 뇌전증의 증세가 기록된다. 또한 이처럼 장대한 장편소설에서 묘사가 지나치게 세밀하고 반복적인 것, 그리고 엄청난 다작을 한 것을 보면 하이퍼그라피아 증세가 있다고 할만도 하다. 하지만 도스토옙스키가 평소 도박 중독으로 늘 빚에 시달렸으므로 단순히 돈을 벌기 위해 글을 많이 쓴 것일 수도 있다. 또한 결혼도 두 번 하고 여러 여성과 염문을 뿌린 것으로 보아 성적 관심이 적었다고 할 수도 없을 것 같다. 아무튼 게슈빈트 박사의 '측두엽 뇌전증 성격'은 흥미로운 이론이지만 요즘 의사들은 이를 잘 안 믿거나 큰 관심을 갖지 않는 경향이 있다.

# 테레사 수녀의 영적 체험: 뇌신경 발작?

5

그렇다면 측두엽 뇌전증 환자가 아닌 정상인이 경험하는 종교적 체험이나 관심은 어떻게 생각해야 할 것인가? 요한 수녀처럼 영적인 체험을 하는 환자가 모두 측두엽 뇌전증 환자는 아닐 것이고, 건강한 일반인도 흔히 종교적 기쁨을 경험하지 않는가? 영적인 기쁨을 느낄 때의 뇌의 변화에 대해서 교회의 수녀님들을 대상으로 한 연구가 여러 차례 이루어졌다. 그러나 연구에 참여한 사람의 숫자가 많지 않아 신뢰할 만한 자료는 별로 없다.

최근 미국 유타대 팀은 독실한 모르몬 교도 그룹을 대상으로 대상자들이 성령을 느끼도록 종교적 강론 같은 환경을 조성했다. 이런 상태에서 19명의 신자들에게 기능적 MRI 검사를 실시했다. 참가자들은 한때 선교에 전념했던 독실한 신자들로, 이런 환경 속에서 "당신은 성령을 느낍니까?"라는 질문을 받으며 이를 "느끼지 못한다(1점)에서부터 "매우 강하게 느낀다"(4점)까지의 강도를 점수로 적도록 했다. 대부분 참가자들은 이 조사에서 강렬한 성령의 느낌을 경험한 것으로 보고했으며, 검사가 끝날 때 눈물을 흘렸다. 또한 참가자들에게 영적인 느낌이 절정에 달할 때 버튼을 누르도록 했는데, 영적인 절정감을 느끼는 뇌의 활동은 참가자가 버튼을 누르기 1~3초 전에 일어났다. 연구팀은 기능적 MRI 결과를 바탕으로 이러한 강력한 영적 느낌은 뇌에서 보상작용과 관계하는 중요한 영역인 대뇌 측좌핵(nucleus accumbens), 그리고 내측 측두엽(변연계)을 활성화시키는 것을 확인했다(Furguson MA, 2018).

다른 연구에서는 오른쪽 편도체와 측두엽, 전두엽, 복측 기저핵, 측좌핵도 활성화된다는 보고들이 있었다(Deeley PQ, 2004; Schjoedt, 등, 2009;). 이중 기저핵, 측좌핵의 활성화는 모성 혹은 로맨틱 사랑을 느낄 때도 활성화되며(Bartels 과 Zeki, 2000), 음악을 감상할 때(Blood and Zatorre, 2001;Salimpoor VN 2011) 혹은 코카인이나 암페타민 같은 마약을 사용해 본인이 황홀감을 느낄 때 활성화되기도 한다(Pontieri 등, 1996). 즉 종교적 체험은 사랑이나 섹스, 도박, 마약 및 음악과 유사한 방식으로 뇌의 보상회로를 활성화한다. 다시 말하면 종교적 기쁨을 일으키는 뇌의 부위는 다른 종류의 기쁨을 느끼는 부위와 큰 차이는 없다. 게다가 기능적 MRI로 연구한 결과에 따르면 정상인의 영적 체험과 측두엽 뇌전증 환자의 간질 증상 사이에도 큰 차이가 없다. 그렇다고 영적인 체험을 했다는 일반인을 측두엽 뇌전증 환자로 몰아세울 필요는 없다. 그분들은 보통 사람보다 측두엽 회로가 좀 더 예민한 분들이 아닐까 한다. 다만 그 정도가 좀 심한 분들은 혹시 뇌전증 환자가 아니었을까 의심을 해보는 것도 필요할 것 같다. 그런 의구심을 갖게 하는 사람으로 스페인의 테레사 수녀가 있다.

스페인 마드리드에서 서북쪽으로 버스를 타고 약 1~2시간 가면 성벽으로 둘러싸인 아름다운 마을 아빌라가 나온다. 스탠리 크레이머 감독의 영화 〈자랑과 열정〉(Pride and Passion, 1957)은 이 도시를 배경으로 나폴레옹이 스페인을 침략한 당시의 사건을 보여준다. 아빌라성은 이미 프랑스 군의 수중에 넘어갔다. 스페인 민병대들은 성을 탈환하려 애를 쓰지만 무기의 성능 차이가 너무나 커 도저히 적수가 되지 않는다. 민병대의 지도자 마구엘(프랭크 시나트라 분)과 조안나(소피아 로렌 분)는 연인 사이인데, 스페인 북부로부터 대포 한 정을 가지고 이들을 도우려 온 영국 대위 안소니(캐리 그랜트 분)와 삼각관계에 빠진다. 마구엘은 안소니에게 자신의 소망은 아빌라 성을 탈환하여 성당의 테레사 수녀상 앞에서 기도하는 것이라 말한다.

성녀 테레사는 아빌라에서 태어난 수녀. 어릴 적 카르멜 수녀회에 들어갔으나 몸이 허약해 수녀 활동을 중단하였다. 그러나 신의 재림을 몇 차례 체험한 후 로마 교황의 도움을 받아 세속화 한 카르멜회의 개혁에 박차를 가했고, 엄격한 규율을 갖는 카르멜 수도원을 스페인에 여러 개 설립하였다. 이후 카르멜 수도원은 전 세계에 지어졌는데 앞서 '아름다운 선택'에서 언급한 요한 수녀가 다니던 LA의 수도원도 그중 하나이다. '카르멜'은 이스라엘 북서쪽에 위치한 산으로 카르멜 수도원의 이름은 여기에서 비롯된 것이다. 사막에서 높이 솟은 데다가 다른 곳과 달리 나무도 많은 카르멜 산은 고대 이집트 시대부터 신성한 산으로 여겨졌다. 선지가 엘리아가 '참 하나님'을 증명한 장소이기도 하다. 가뭄이 심해지자 그는 제단을 쌓고 제물을 올린 후 바알 예언자와 맞서 서로 믿는 신을 테스트하기로 했다. 바알 예언자가 아무리 기도해도 응답이 없었으나 엘리아가 기도하자 하나님이 불로 답하셨고 이후 비를 내려 주셨다고 한다.

테레사 수녀는 교리에 얽매이고 세속화된 교회를 공격했고, 이론이나 형식보다는 순수한 신과의 교감이 중요하다 웅변했다. 우리의 영혼에는 7가지 수준의 방이 있다고 주장했다. 처음 3개 단계는 사람이 공부하고 노력하면 이를 수 있지만, 나머지 4개의 방은 오직 끊임없는 기도와 신과의 영적인 교감이 있어야만 다다를 수 있다고 하였다. 앞서 기술한 요한 수녀처럼, 흥미롭게도 테레사 수녀는 이를 하나님과 결혼하는 과정으로 표현한다. 다섯째 방에서는 하나님과 하나됨을 경험하고, 여섯째 방에서 하느님과 약혼 관계에 들어간다. 일곱번째 방에서 완전한 평화와 안정을 가지고 하느님과 혼인 관계 속으로 들어가는데 이런 사람이 바로 성인이라고 한다.

성령의 느낌을 몸소 체험하는 것이 중요하다고 설파한 그녀는 본인 자신이 이런 체험을 수시로 했다. 어떤 때는 예수님이 금으로 된 화살로 가슴을 찌르는 것 같다고 표현하기도 했다. 베르니니가 이러한 테레사의 모습을 조각했는데 현재 로마의 산타 마리아 델 비토리아 성당에 있다(그림 3-2). 이 〈테레사의 법열〉(1846)에서 그녀는 기쁨인지 고통인지 모를 묘한 표정을 짓고 있다. 이러한 착각, 환각을 자주 이야기해서 테레사 수녀도 요한 수녀처럼 측두엽 뇌전증을 앓은 것이 아닌가 생각하는 사람들이 많다. 그러나 영적인 느낌이 많은, 혹은 감수성이 예민한 사람이라면 격렬한 감정의 한가운데에서 이런

그림 3-2

로마의 산타마리아 델라 비토리아 성당 안에 있는 베르니니의 테레사 수녀 조각. 하느님의 화살을 심장에 맞아 고통스러운지 환희스러운지 애매한 얼굴 표정을 짓고 있다.

특이한 감정을 가질 수도 있지 않을까 생각한다. 앞서 말한 대로 오른쪽 측두엽의 활성화가 많이 이루어지면 이런 영적 감각을 느낄 수 있을 것 같다. 반드시 측두엽 뇌전증 환자가 아니라도 말이다.

다시 영화로 돌아가 보자. 영국 대위는 성을 향해 대포를 쏘기 시작한다. 결국 철벽 같은 성벽의 일부가 무너지고 민병대들이 돌진하여 성을 탈환한다. 하지만 프랑스 군의 거센 반격으로 주인공 마구엘과 조안나는 둘다 사망한다. 안소니가 마구엘의 시체를 들고 성 안으로 걸어 들어와 시체를 놓은 장소는 테레사 수녀상 앞. 테레사 수녀상 앞에서 기도하려던 마구엘의 소원은 죽어서야 이루어진 것이다. 이 영화를 보면 스페인 사람들이 얼마나 테레사 수녀를 사랑하고 존경하는지 알 수 있다.

그림 3-3

프랑스 루앙에 위치한 잔다르크가 화형 당했다고 알려진 자리에 세워진 교회

한편 15세기 백년전쟁 때 영국과의 전쟁에서 프랑스를 구한 잔다르크는 신과 대화를 했다고 주장했다. '프랑스를 구하라'는 신의 음성을 들었다는 것이다. 이 목소리를 듣고 고향을 떠나 시농성의 샤를 황태자를 만나러 갔다. 그녀는 그에게서 받은 군대를 이끌고 영국군을 격파하고 오를레앙을 해방시켰다. 그러나 영국과 협력 관계에 있는 브루고뉴 파 군사에 사로잡혀 영국군에 넘겨졌고 '사악한 마녀'라는 이유로 화형 당했다. 그녀가 화형 당한 자리에는 커다란 교회가 서 있는데 이곳에는 언제나 세계 각지에서 찾아온 기독교인들이 와서 기도한다(그림 3-3).

일부 의사들은 잔다르크도 측두엽 뇌전증 환자였을 가능성이 있다고 주장한다. 그러나 뇌전증에 의한 환각 증상은 대체로 짧으며, 구체적인 목소리나 명령이 들리는 경우는 지극히 드물다. 잔다르크는 매우 경건하고 감수성 예민한 여성으로서 프랑스가 위기에 처해 있던 그 순간에 종교적 체험을 했을 가능성이 더 많다. 물론 부족한 정보를 가지고 그녀의 병명을 추정하기는 어렵다. 이외 다마스쿠스에서 빛을 보고 예수의 목소리를 들은 바울도 간질 환자일 것이란 이야기가 있다. 그러나 예수님의 빛을 보고 눈이 며칠간 안 보였다고 하니 (자료의 신빙성을 알 수 없으나) 간질 증상은 아닌 것으로 생각된다 (간질 증상은 더 짧을 것이므로). 어쩌면 후두엽에 뇌졸중(80쪽 〈거대한 강박관념〉 참조)이 생겨 시력장애가 발생했을 가능성도 있다.

## 6 종교와 뇌과학: 종교는 왜 우리 곁에 있는가?

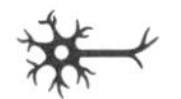

인간이 동물과 다른 점이 있다면 종교를 믿는다는 사실이다. 아무리 똑똑한 개나 원숭이도 기도를 드리거나 절을 하지는 않는다. 이 점에서 인간은 '종교의 동물'이라 할 수도 있겠다. 인간과 다른 동물과의 가장 큰 차이점이 뇌의 기능임을 생각하면 종교 역시 뇌가 발달한 동물만이 일궈온 문화라 생각한다.

약 500만 년 전 침팬지로부터 갈라져 나온 인간의 조상은 직립으로 걸어 다니며 사회생활을 하면서 점점 더 뇌의 크기가 커졌다. 그러면서 여느 동물들과는 다른 행동을 하기 시작했다. 10만 년 전 아프리카의 호모사피엔스는 구멍 뚫린 조개 껍데기 목걸이를 사용하여 자기 몸을 치장했다. 즉, 이맘때 인류는 '자의식'을 가지고 있었으며 타인이 자신을 어떻게 보느냐에 주목하기 시작했던 것이다.

침팬지도 거울에 비친 자신을 알아볼 수 있지만 몸을 치장하지는 않는다. 또한 남이 보는 앞에서 자신의 행동을 자제하지도 않는다. 동시에 인간은 이즈음부터 언어능력이 발달하기 시작했다. 이러한 자기 성찰적 자아와 언어의 발달은 인간의 전두엽, 두정엽의 발달과 병행했을 것이다. 원숭이나 대형 유인원도 대화를 (우리보다 훨씬 단순하지만) 주고받기는 한다. 그러나 그들의 언어 영역이 뇌의 깊숙한 곳에 (변연계, 뇌간)에 흩어져 있는 반면, 인간은 뇌의 전두엽, 두정엽, 측두엽을 모두 포함한 넓은 신피질에 소위 '언어 영역'이란 부위를 확보하여 뚜렷하게 자리 잡았다.(207쪽, 그림 5-2 참조)

또한 약 1만 년 전부터 식물의 작물화, 동물의 가축화 등이 시작되면서 수렵채집에서 정착 농경으로 전환되었고, 이에 따라 인간은 더욱 크고 복잡한 사회를 이루게 되었다. 뇌가 발달하고 무기가 발달함에 따라 우리는 천적을 제압할 수 있었고, 따라서 '자연사'가 가능해졌다. 이에 따라 '사후'의 문제도 대두되었다. 이는 동물의 세계에서는 특이한 일이다. 다른 동물들은 수명을 다하기 전에 천적에 의해 죽기 때문에 사후 문제를 생각할 겨를이 없다. 그저 천적을 어떻게 피할 것인가. 이것만이 그들의 걱정이었다. 반면 자연적 수명을 충분히 누릴 수 있게 된 인간은 죽음에 대한 생각을 하기 시작했다. 또한 나는 어디서 왔다가 어디로 가는가라는 고민도 하게 되었다. 이런 생각은 우리 인생을 포괄적으로 이해하는 데는 도움이 되었으나 동시에 부작용도 수반되었다. 죽어가는 사람들을 보면서 나도 곧 죽을 것 같은 생각이 들었고 이에 따라 죽음에 대한 불안, 공포증이 생긴 것이다. 이에 따라 사람들은 사후세계를 믿게 되었고, 죽은 후 다시 환생하면 좋겠다는 생각이 들었을 것이다(257쪽 '영생은 있는가' 참조').

또한 채집, 수렵 생활 시에는 그럴 수 없었으나 한 장소에 모여 살다보니 조상을 근처에 매장하는 풍습이 생겼다. 이를 통해 인간들은 조상을 애도할 수 있고 고인과 정서적 유대를 유지하는 조상 숭배 의식이 생겼다. 조상들의 웅장한 무덤과 더불어 그들에게 열심히 기원한 인류의 흔적을 우리는 세계 어디서나 볼 수 있다. 그들은 조상들이 사후의 삶을 평안히 누리기를, 그리고 좋은 곳에서 환생하기를 기원했다. 그러면서 조상들에게 풍작과 다산을 내려주고, 가뭄, 태풍 같은 자연재해를 막아달라고 빌었을 것이다. 뇌가 발달함에 따라 타인의 생각에 대한 인식이 생긴 인간은 이어 인간의 삶에 밀접한 영향을 미치는 홍수, 가뭄, 천둥, 번개, 해, 달 같은 것을 누군가가 내려주는 것으로 간주하고, 그들이 우리의 삶에 영향을 미치는 행동을 한다고 생각하기 시작했다. 아마도 최초의 종교인 다신교는 이렇게 시작되었을 것이다.

현대과학의 입장에서 볼 때 천둥, 번개 같은 것을 누군가의 메시지, 즉 대개는 신이 내리는 벌로 인식했다면 실은 이것은 망상(delusion)이다. 또한 천둥, 번개, 홍수, 가뭄을 내려주는 신에게 빌어 풍작을 이룰 수 있다는 생각은 자기 자신에게 일종의 최면을 거는 행위이다. 즉, 종교는 세상에 대한 불안, 부조리에 대한 원망, 사후세계에 대한 불안 등을 해결하기 위해 인간의 뇌가 만들어낸 거대한 망상이다. 물론 그렇게 생각하지 않는 분들도 많겠지만, 뇌과학적으로 바라본다면 그렇다는 말이다. 그러나 '망상'은 대개 뇌 질환에 의한 증상을 의미하므로 나는 정상적인 사람의 종교심을 이렇게 표현하기엔 무리라고 생각한다. '생각의 과잉' 정도가 더 적절한 단어일 것이다.

풀러 토리 박사의 『뇌의 진화, 신의 출현』에 의하면 종교의 유래에 대한 이론으로 '심리적 위안론'이 있다. 말 그대로 힘든 세상을 살다가 위안을 얻고 싶은 욕구 때문에 사람은 자상한 아버지 같은 신을 찾는다는 것이다. 실제 우리의 삶은 억울하고 원통한 것투성인데, 자비로운 신이 현실에서든 내세에서든 다 알아서 해결해준다는 믿음이 인간에게 필요했던 것이다. 이런 생각에 이르면 이창동 감독의 영화 〈밀양〉(2007)이 생각난다. 이 영화에서 신애(전도연 분)의 아들 준은 납치 후 살해되고, 그녀는 아들을 잃은 슬픔과 범인에 대한 분노로 괴로워한다. 그러나 신애는 교회를 열심히 다니면서 하나님을 영접할 수 있었고 위안을 찾을 수 있었다. "세상 일에는 모두 주님의 뜻이 있다. 햇살 한 조각에도 주님의 뜻이 숨어 있다."면서 교회에 나오라는 집사의 권유에 "있긴 뭐가 있어요? 이건 그냥 햇볕이에요." 하던 신애는 결국 종교의 힘으로 변화했다. 그녀는 "이제 평화를 얻었어요. 제가 겪은 모든 일들이 하나님의 뜻 가운데 있다는 것을 분명히 믿게 되었어요." 하며 행복한 표정을 짓는다. 바로 이것이 수많은 사람들이 종교를 믿는 이유일 것이다. 인간의 힘으로 어찌할 수 없는 불행을 경험했다면, 이를 궁극적으로는 좋은 길로 인도하려는 신의 뜻이라 믿으면 한결 마음이 편해지고 위안을 받을 수 있을 것이다. 그러나 이 영화의 내용은 그리 단순하지 않다.

감옥에 갇힌 범인을 용서할 수 있겠다는 자신이 생긴 신애는 감옥을 찾아가 범인 박도섭(조연진 분)을 면회하며 말한다. "하나님 사랑을 알고 마음의 평화를 얻었어요. 그래서 내가 온 거예요. 그분의 사랑을 전해주기 위해서요." 그런데 비참한 모습으로 자신의 행동을 뉘우치며 살 것으로 예상한 범인은 오히려 차분한 미소를 짓고 있었다.

그는 말한다. "고맙습니다. 그런데 실은 저도 교도소에 들어온 이후 믿음을 가지게 되었어요. 하나님이 죄 많은 인간에게 찾아와주셨어요. 하나님은 제 죄를 용서해주셨답니다." 이 말을 듣는 순간 신애는 다시 원 상태로 돌아간다. "아니 내가 그 인간을 용서하기 전에 어떻게 하나님이 마음대로 그를 용서할 수 있어요? 난 아직도 이렇게 괴로운데. 그 인간은 구원 받았대요. 어떻게 이럴 수 있죠?" 영화는 신에게서 구원을 받았다고 하는 사람들도 실은 진정한 감정을 신의 이름으로 누르고 있는 것일 뿐임을 시사한다. 히틀러의 세뇌가 아이히만의 인간적인 감정을 눌렀듯 말이다(41쪽 아이히만 참조). 또한 이 영화는 인간의 종교 행위는 여전히 인간의 이기적 계산에 기원하고 있지 않은가 하는 의문을 던져주고 있다.

종교가 발생한 또 하나의 이론은 '사회적 이론'이다. 인간이 대규모의 집단을 이루고 생활이 복잡해지니 거대한 조직을 다스리기 힘들어 종교를 이용했다는 것이다. 즉, 신을 정점으로 하여 자신 개개인의 이해보다는 그 신 아래에 함께 생활하는 집단의 이익을 우선으로 하는 구조가 만들어진다는 것이다. 이는 현재 전 세계에 유일신을 믿는 종교가 우세한 것과 상응한다. 고대 이집트에서 강, 바람, 하늘, 번개 등 모든 것은 신이었다. 그런데 신들이 너무 많아지고 사제들의 권력이 상승하고, 사회가 복잡해지면서 더 강력한 통치가 필요해졌다. 이에 처음으로 유일신을 만든 사람은 아크나톤 왕이었다. 그는 태양을 상징하는 신 아톤만을 유일신으로 경배하도록 종교개혁을 단행하고 테베로부터 델 아므라로 수도를 옮겼다. 그러나 일찍 사망하는 바람에 개혁은 실패했고 이집트는 다시 다신교 사회로 되돌아갔다.

이집트 문명을 이어받은 그리스와 로마도 다신교 사회였다. 특히 로마는 피지배 측을 포섭하기 위해 그들의 종교도 허락했으므로 더욱 신들이 많았다. 거대한 로마를 효과적으로 통치하고자 소수민족 유대인들의 기독교를 공식 로마 종교로 인정하여 313년 밀라노 칙령을 반포한 이는 콘스탄티누스 황제였다. 일설에는 콘스탄티누스가 황제의 계승을 둘러싸고 다투던 막센티우스와의 전쟁시 꿈에서 십자가 형상을 보고 승리했기에 기독교를 공인했다고 하지만 얼마나 신빙성 있는 이야기인지는 모른다. 이보다는 로마란 나라가 너무 커지고 각 지역의 총독들에 의해 쪼개질 것 같은 위기에 종교를 하나로 통일하여 중앙 집권을 도모했다는 것이 더욱 설득력 있는 이유이다. 아무튼 이때부터 유일신(기독교, 이슬람교)은 전 세계를 지배하는 종교로 성장하게 되었을 것이다.

그로부터 많은 세월이 흘렀다. 앞 130쪽에서 토의했듯 종교적 환희는 우리 뇌의 아주 많은 부분을 활성화시키면서 우리에게 커다란 기쁨을 준다. 그러나 반면 배타적인 가르침도 가지고 있는 종교, 특히 유일신을 믿는 종교는 인류 역사상 타인을 살해하는 가장 큰 원인이 되기도 하였다. 거대한 뇌 신경세포를 가지고 있는 인간이 천사가 되기도 하고 악마가 되기도 하듯, 인간의 뇌가 만든 종교도 그러하였다. 신기하게도 과학이 찬란하게 발달한 현재도 종교는 여전히 우리 곁에 존재한다. 위의 심리적 위안론에서 말했듯, 종교는 삶이 괴로운 우리 인간들을 위로해준다. 종교가 우리 곁에 있다는 사실은 역설적으로 세상에는 억울하고 원통한 일들이 수없이 일어난다는 것을 의미한다. 그런데 오히려 순수하고 청렴하게 신을 믿자는 신교가 꽃을 피웠던 북유럽의 네덜란드, 덴마크, 스웨덴 같은 나라는 요즘은 가장 종교에 관심이 없는 나라로 바뀌었다. 이런 나라에 교회나 성당은 많지만, 주말에 주민들이 나오질 않기 때문에 교회는 관광상품으로 사용된다. 혹은 돈 있는 외국인들의 가족에게 결혼식 장소로 대여해주기도 한다. 이런 선진국에서는 사회적 시스템이 잘 갖추어져 억울하고 원통한 일이 적으니 '신의 필요성'도 적어진 것 같다. 종교의 힘이 약해지면 역설적으로 전쟁의 위험도 줄어들지도 모른다. 자크 프레베르가 〈하느님 아버지〉란 시에서 '하늘에 계신 우리 아버지, 거기 그냥 계시옵소서, 그러면 우리도 땅위에 남아 있으리다'라 노래한 것이 점점 더 현실화되는 듯하다.

결국 뇌과학자인 내가 해석하기에 종교는 뇌가 매우 발달한 인간이 만들어낸 '과잉 생각'이다. 그 기원은 불완전한 자신과 사회에 기인한 문제, 미래에 대한 불안감, 죽음의 공포 등이었을 것이다. 누구나 그렇게 생각하겠지만 우리 자신은 늘 모자란다. 쉽게 상처받고, 오해하며, 자신에게나 타인에게나 자비롭지도 못하다. 또한 미래를 제대로 예측할 줄도 모른다. 반면 인간이 믿는 '신'이란 모든 것이 완벽해서 언제나 현명하고, 자비롭고 또한 미래를 예측하고 보장해준다. 그런데 우리 인간처럼, 신이 이런 현명한 행동을 하려면 신도 '뇌'를 가져야 한다. 즉, 우리가 기도하는 분 혹은 구원자는 바로 '가장 완전한 뇌'를 가진 분일 것이다. 우리가 그에게 기도한다는 것은 신의 완전한 뇌로 우리의 불완전한 뇌 기능을 보충하고 싶은 욕구일 수도 있다. 이런 뇌를 가진 존재는 있을 수 없기에 나는 종교를 '생각의 과잉'이라 표현했지만, 그렇다고 종교의 효용을 부정하는 것은 아니다. 우리에게는 모두 아버지가 한 분 계시지만, 늘 현명하고, 우리의 잘못을 꾸짖어주며 결국은 용서하시는, 완벽한 뇌를 가진 한 분의 아버지가 더 계신다면 당연히 좋은 일이다.

개인적인 이야기를 하자면 나는 불교 집안에서 태어났다. 어린 시절, 불교를 많이 공부하신 할머니는 절을 가지고 계셨는데 머리를 깎지는 않으셨지만 사실상 비구니와 마찬가지셨다. 일요일이면 동네 아주머니들이 여럿 찾아와 목탁을 두드리며 염불, 설법을 하시던 할머니 말씀을 경청하고 함께 부처님께 절을 하곤 했다. 그 중간에는 어린 나도 끼어 있었다. 그러나 중 · 고교 시절, 세상이 부조리하다는 생각이 들었을 때, 나는 이 세상을 구원하는 데 불교는 부족하다는 생각이 들었다. 의대에 진학하여 나는 어느 기독교 서클에 가입하였고 곧 기독교에 깊이 빠져들었다. 나는 열심히 종교 활동을 했고, 성경책을 많이 읽었다. 소위 성령이 임하는 기쁨을 체험하기도 했다. 그러나 이 단체는 노선이 지나치게 극단적이었으므로 나는 다시 현실세계로 돌아올 수밖에 없었다.

열렬하게 믿던 종교를 떠난다는 것은 마치 중독자가 술을 끊는 것과도 같아서, 당시 내가 경험했던 금단 증세는 만만치 않았다. 의대 고학년에 진입하면서 내가 좋아하는 뇌과학에 끌려 들어갔던 것이 그나마 나로서는 금단 증상에서 빠져나올 수 있었던 계기가 되었다. 이후 신경과를 전공하면서 많은 연구를 하고 논문을 써온 나로서는, 반드시 논리적으로 증명된 것만을 참으로 믿는 마음으로 무장되었고, 지금 나는 나의 옛 종교 경험을 모두 '과잉 생각', '과잉 감정'으로 생각한다. 그러나 그것은 분명 긍정적인, 행복한 경험이었다. 고요한 절에서 목탁소리 들으며 스님의 열법을 들을 때, 한창 기독교에 빠져 열렬히 기도를 할 때 나의 뇌를 기능적 MRI를 찍었다면 분명 130쪽에 기술된 뇌의 부위들이 활성화되었을 것이다. 인간의 뇌 활동은 광범위해서 '예술'이나 '종교'처럼 생존과는 직접 관계가 없는 행위들도 만들어낸다. 예술이 시쳇말로 '밥 먹여'주지는 않지만 그래도 예술은 좋은 것이고 우리가 빠질 만한 것이다. 종교도 마찬가지다. 종교는 인간의 잉여 생각에서 출현했지만, 우리에게 필요하고 좋은 것일 수 있다. 정치등 다른 의도와 연결되거나, 종교인들이 타 종교에 대해 지나치게 배타적인 생각으로 무장하지만 않는다면 말이다.

마지막으로 어떤 인간의 종교 성향이 우리 뇌의 상태에 따라 다르다는 의견도 대두되고 있어 이를 소개하고자 한다. 스웨덴의 보리(Borg) 박사는 15명의 중년남자에서 PET를 사용해 뇌간, 해마, 대뇌의 세로토닌 수용체(serotonin 5-HT1Areceptor)를 측정하였다. 그리고 이들에게 사람의 종교적 성향을 측정할 수 있는 도구(Temperament and Character Inventory self-report questionnaire)를 사용하여 검사해보았다. 그 결과 이러한 뇌 부위에 세로토닌 수용체가 적을수록 종교적 성향이 더 강하다는 결과를 얻어냈다. 즉, 종교를 쉽게 받아들이고 이에 빠져드는 성향이 있었다. 저자들은 세로토닌 함유 세포의 활동이 적으므로 오히려 바깥에서 오는 자극이 걸러지지 않아 이 사람이 외부로부터 경험하는 느낌을 더 강하게 받아들이며 따라서 종교적인 신비한 체험에 더 쉽게 빠진다는 의견을 내세웠다(Borg J 등, 2003). 그러나 이는 아직 가설 수준이며 불과 15명을 대상으로 한 실험이므로 그 결과를 완전히 신뢰할 수 있는 것은 아니다. 그럼에도 불구하고 이 결과는 뇌의 세로토닌 시스템의 차이가 인간의 종교적인 성향을 결정할 가능성을 제시하였다. 이 결과는 뇌의 세로토닌 시스템을 변화시킨다고 알려진 LSD, 메스칼린, 엑스타시(3,4-methylenedioxymethamphetamine) 같은 마약을 복용한 사람들이 강렬한 종교적 느낌을 갖는 경우가 많다는 사실과 상응한다. 또한 앞서 이야기한 대로 측두엽 뇌전증 환자가 종교적 성향을 갖는다는 (125쪽 참조) 견해와도 일맥상통한다.

# 4부

# 중독, 광기, 천재

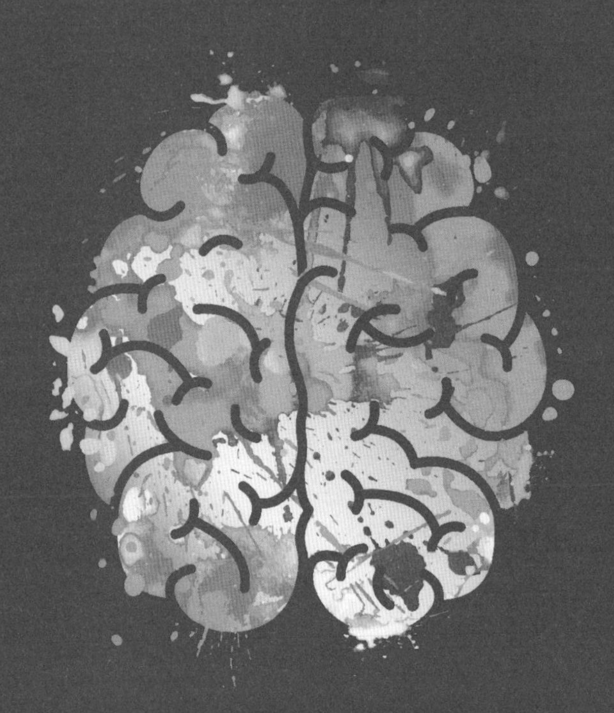

BRAIN INSIDE

# 중독과 인간 1

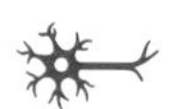

## 알코올 중독: 잃어버린 주말, 잃어버린 나

오래전에 진찰했던 60대 남자 환자 P씨의 증세는 워낙 특이해서 나는 아직도 그의 모습을 기억한다. 평소 세탁소를 운영하던 그는 갑작스럽게 왼쪽 팔과 다리가 마비되고 발음장애가 생겨 병원에 입원했다. 진단은 뇌졸중(뇌경색)이었다. 다행히 그 정도가 심하지 않아 P씨의 증세는 이틀 정도 지나 모두 좋아졌다. 환자는 다음날 퇴원하기로 했다. 그런데 퇴원 전날 저녁부터 뜻하지 않은 문제가 생겼다. P씨가 괜히 안절부절못하면서 병동을 배회하는 것이었다. 말이 많아지고 다른 환자들의 침대에 올라가서 그들에게 말을 걸기도 했다. 밤새도록 잠을 거의 못 자고 부스럭거렸다.

다음날 그는 완전히 다른 사람이 되어 있었다. 횡설수설 이야기하는데 전혀 상황에 맞지 않았다. 보호자인 아내도 못 알아보고 손발도 떨기 시작했다. 그가 워낙 돌아다니니 보호자들이 말리면 완력으로 밀쳐내고 이곳저곳에서 소란을 피웠다. 뭐가 보인다는 듯 손을 휘젓기도 했다. 특히 벽 위에 벌레가 있는 듯 "저거, 저거 봐" 소리치며 잡으려 손을 휘둘렀다. 그는 간혹 양손을 이상하게 움직이는 행동을 했는데 이는 세탁물을 처리하는 평소의 동작이라고 보호자가 알려주었다.

P씨는 쉴새 없이 중얼거렸는데 보호자한테 물어보니 옆 병상의 환자를 동생인 줄 알고 하는 말이라고 했다. 결국 다른 환자들에게 피해가 가지 않도록 침상에 팔다리를 묶어두었지만 소리소리 지르며 하루 종일 야단쳤다. 보호자한테 물어보니 P씨는 오랫동안 거의 매일 소주를 하루에 두 병씩 마셨다고 했다. 환자의 뇌에 다른 문제가 생겼나 알아보기 위해 수면제로 재운 상태에서 뇌 CT를 찍어봤는데 별다른 이상은 없었다. 사실 뇌 CT를 반드시 찍을 필요도 없었다. 환자의 증상은 술 중독 환자들이 갑자기 술을 끊어 생기는 금단증상 중 가장 심한 형태인 '진전섬망(delirium tremens, DT)임이 분명하기 때문이다. 요즘은 좀더 이해하기 쉬운 '떨림섬망'이란 표현을 쓰기도 한다.

'진전섬망'이란 단어가 생소한 분들이 많을 것 같아 여기 간단히 설명하려 한다. 술을 많이 마시던 사람이 갑자기 끊으면 발생하는 증상을 '알코올 금단증상'이라 한다. 알코올은 중추신경 억제제이므로 지속적으로 알코올을 섭취하면 이에 대한 보상작용으로 뇌의 교감신경계가 과다하게 흥분된 상태로 있다. 이때 갑자기 술을 끊으면 교감신경의 과도한 흥분상태가 그대로 증상으로 나타난다. 이때 대뇌의 흥분성 신경전달물질인 노르에피네프린, 글루타민 등이 증가한다. 환자는 떨림증세와 함께 초조, 불면, 빈맥, 식욕부진, 구역질 등의 증세를 보인다. 대개 금주 후 24~36시간 때 가장 증세가 심하다. 이때 증상이 매우 심한 중한 상태를 진전섬망이라 표현한다. 환자는 빈맥, 동공 확대 등을 보이며 심하게 불안해하며 땀을 많이 흘리고 몸을 떤다. 특히 섬망(delusion), 환시가 심해 앞에 아무도 없는데도 사람이 있다고 하며 대화를 하거나 무서워 피하기도 한다. 벌레가 기어간다며 손으로 잡으려 하는 것도 흔한 증세이다. P씨처럼 평소 직업에 관련된 동작을 반복하기도 한다. 심한 경우 전신 간질 발작을 일으킨다. 잘못하면 사망할 수도 있는 중한 상태이므로 반드시 병원에 입원하여 치료해야 한다. 환자에게 계속 안정제를 투여하고 전해질 및 수분을 공급해주어야 한다. 경련을 하는 경우는 항경련제를 투약한다. P씨는 무사히 치료되어 퇴원하였지만, 제대로 치료하지 않으면 사망률이 약 10% 정도에 달한다. P씨를 소개한 김에 여기 유명 예술가 두 분을 더 소개하려 한다.

어셔가의 몰락, 황금충, 검은 고양이, 아몬딜라도의 술통…공포스러운 그러나 미학적인 글을 쓴 애드거 앨런 포는 심한 술 중독자였다. 그는 일찍이 아버지를 본 적이 없고, 게다가 두 살 때 어머니도 사망했다. 이후 포를 맡은 하녀는 아이를 잠들게 하기 위해 술을 적신 빵을 먹였다고 하니 술중독은 아주 어릴 때부터 시작된 것 같다. 심약한 소년으로 자라던 포는 10대 때 처음 사라 엘미라를 좋아했지만 사랑이 이루어지지 않자 우울증에 빠졌고 술을 마시며 지냈다. 사촌인 버지니아와 13세 때 결혼했으나 그녀는 결핵으로 사망했다. 이후 사라 휘트만과 술을 끊는 조건으로 약혼했지만 몰래 술 마시는 장면을 들켜 결혼 이틀 전 파혼 당했다. 마지막으로 10대 때 처음 좋아했던 엘미라(남편과 사별)와 결혼하기로 했으나 결혼식 한달 전에 거리에서 진전섬망 상태로 발견되어 병원으로 옮겼으나 사망하였다. 포는 간간히 간질 발작을 일으켰는데 입맛 다시기, 순간적인 감정 변화 같은 측두엽 뇌전증 비슷한 증상들이 있다 하여 그가 측두엽 뇌전증 질환을 가진 것이 아닌가 하는 의견도 있다. 그러나 과도한 술 섭취는 그 자체로 뇌를 손상시켜 간질을 일으킬 수 있다. 또한 술꾼들은 전해질 이상 혹은 술 취한 상태에서 알게 모르게 생긴 뇌손상 같은 것들도 자주 가지고 있는데 이런 것들도 간질 발작의 원인이 된다. 이런 상태를 모두 고려해보면 포는 측두엽 뇌전증보다는 술 중독과 관련된 간질 증상이 있었다고 보는 편이 더 타당할 것 같다.

러시아의 작곡가 무소르그스키도 젊을 때부터 술 중독자였다. 그는 결혼한 적도 아이를 가진 적도 없고, 어른이 된 후에도 가정을 갖지 못하고 어머니, 형제 혹은 친구들 집을 전전하며 살았다. 이것은 그의 자유롭고 개성적인 성격 때문이기도 했지만 무엇보다도 술 중독 때문이었다. 그는 나름 수준 있는 집에서 태어났으나 1861년 러시아의 농노해방 후 집안이 가난해졌고 이어 어머니가 돌아가셨다. 이때 무소르그스키는 매우 심한 정신적 혼돈 증세를 일으켰는데 이것이 실은 진전섬망 증세였던 것으로 추측된다. 이러한 증세를 간혹 보이며 친구의 집에 얹혀 살던 그였지만 그는 '보리스 고두노프', '전람회의 그림' 등의 뛰어난 곡을 작곡했다(그림 4-1). 그러나 술 중독으로 그는 점점 더 황폐해졌고 결국 병원에 입원했다. 아쉬운 것은 무소르크스키는 음주가 절대 금지인 병원에서 직원을 25루블로 매수하여 술을 가져와 몰래 마셨다는 사실이다. 결국 그는 술을 많이 마시다가 혼수상태에 빠지며 사망했다. 그의 사망원인은 다음 페이지에 적은

그림 4-1

러시아의 작곡가
무소르그스키

'베르니케 뇌증'으로 생각된다.

또나 무소르그스키처럼 술을 끊기로 약속하고도 몰래 술을 마시는 장면은 술 중독자 가족에게서 자주 볼 수 있는 현상이다. 내가 아는 한 이런 장면이 가장 인상적으로 그려진 영화는 빌리 와일더 감독의 수작 〈잃어버린 주말〉(Lost Weekend, 1948)이다. 여기서 소설가 돈(레이 밀랜드 분)은 알코올 중독자. 중독을 치료하기 위해 동생 윅과 함께 시골농장으로 가서 주말을 금주 상태로 지내기로 했지만 기어코 술을 숨겨 가져가려다 들키고 만다. 실망한 동생은 떠나버리고 돈은 술값을 마련하려고 소설가로서는 목숨 같은 타자기를 팔러 나간다. 단 한 잔의 위스키를 구하려 죽기살기로 애를 쓰는 술 중독자의 처절한 모습과 진전섬망의 광적인 증상을 열연한 레이 밀랜드는 아카데미 남우 주연상을 받는다. 알코올 중독에 관해 이에 못지 않은 훌륭한 영화는 블레이크 에드워즈 감독의 〈술과 장미의 나날〉(Days of Wine and Rose, 1962)이다. 회사의 홍보과장인 조(잭 레몬 역)는 업무상 술을 마셔야 하므로 시간이 흐를수록 주량은 점점 늘어난다. 술을 전혀 못하던 그의 아내 크리스틴(리 레믹 분)은 남편한테 술을 배우게 되고 혼자 있는 지루한 시간에 홀짝거리다가 술 중독의 나락으로 빠진다. 우여곡절 끝에 조는 술을 끊는 데 성공한다. 그러나 아내는 이 더러운 세상이 술을 마셔야 깨끗하게 보인다는 이유로 금주하지 못하고 집을 떠난다. 홀로 남은 조의 방 창문을 통해 바깥세상의 'BAR' 네온사인이 보인다.

사교적인 음주 정도야 괜찮겠지만, 다음 중 적어도 3가지 이상에 해당된다면 '알코올 의존 증후군'에 해당된다고 볼 수 있다. 술을 끊으면 금단증상이 생기거나, 많은 양의 술을 오랜 기간 마시거나, 술을 조절할 수 없거나, 음주 때문에 아주 많은 시간을 보내거나, 음주 때문에 중요한 일을 하지 못하거나, 신체적, 심리적 문제에도 불구하고 술을 끊지 못할 때이다. 우리나라에서 알코올 의존(남용)의 빈도는 남자가 25% 여자가 6%로 남자가 훨씬 많다. 가족 중에 알코올 중독 환자가 있는 경우 그 사람도 술 중독에 이를 가능성이 3~4배 더 많으므로 유전적 경향이 강하다고 할 수 있다. 가족력이 있는 술 중독 환자의 경우 알코올 섭취는 더 일찍 시작되며, 증상이 심하고, 우울증이나 반사회적 성격을 갖는 경향이 있다.

〈술과 장미의 나날들〉에서 홍보 직원인 주인공은 사회생활에 꼭 필요해서 술을 마시기 시작했다. 아내인 크리스틴은 원래 안 마시던 사람이지만 홀로 집에서 적적함을 달래려 마시기 시작했다. 즉, 나이 들어 마시면서 서서히 술 중독으로 빠져 들어간 경우이다. 〈잃어버린 주말〉에서는 처음부터 주인공이 알코올 중독 상태로 나오므로 이를 알 수는 없으나 술을 마신 상태에서도 행동이 점잖고 신사적인 것으로 보아 작가로서 마음을 안정시키기 위해 술을 마시기 시작한 것으로 보인다. 반면 애드거 앨런 포나 무소르그스키의 경우는 어릴 적부터 술을 과량으로 마신 점으로 보아 유전적 요인이 있는, 좀 더 심한 형태의 술 중독인 것으로 생각된다. 네 경우 모두 술을 끊었을 때 금단증상인 진전섬망 증상을 보였다.

치료로는 상담, 교육, 인지 기법을 이용한 재활치료가 중요하며 술을 끊는 데 도움이 되는 몇 가지 약물이 사용되기도 한다. 영화에도 나오지만 자신의 술 중독 치료 경험을 공유하는 알코올 중독자 모임 같은 곳에 나가는 것도 도움이 된다. 재활치료에 의해 약 60% 정도는 1년 이상 술을 끊을 수 있다. 그러나 여러 이유로 다시 술을 입에 대면 쉽게 다시 중독 상태에 빠진다. 〈잃어버린 주말〉에서 주인공의 술 중독을 치유케 한 것은 애인의 사랑이었지만, 사실 사랑만으로 그토록 어려운 술 중독을 끊을 수 있는 것인지, 의학적으로는 석연지 않다. 〈술과 장미의 나날〉에서도 아내는 남편의 사랑에도 불구하고 술을 끊지 못했다. 이처럼 치료에 실패한 만성적인 술 중독 환자로 남는 경우, 치매, 심장병, 간질환, 뇌졸중 등에 걸릴 위험이 정상인보다 훨씬 더 많다. 따라서 이런 분들은 정상인보다 평균 수명이 약 15년 정도 단축된다.

앞에 소개한 P씨처럼 신경과 의사들은 신경과 문제로 입원하는 바람에 저절로 술을 끊게 되어 생기는 진전섬망 환자를 간혹 마주친다. 그러나 '알코올 중독' 자체는 주로 정신과에서 치료하므로 알코올 중독 치료에 적극적으로 관여하지는 않는다. 다만 신경과 의사들은 알코올 섭취에 의해 뇌가 손상되어 발생하는 다음과 같은 신경계 질환을 주로 진료한다.

**베르니케 뇌증:** 식사나 안주를 제대로 섭취하지 않고 술을 한동안 많이 마시면 비타민B가 부족해져서 뇌의 일부가 손상된다. 이때 손상이 심한 부위는 안구를 움직이는 신경조직의 일부이므로 환자는 눈을 아래 위로 잘 돌리지 못하며, 복시(사물이 두 개로 보이는 것)를 호소한다. 운동 실조도 발생하는데 일어서려 하면 좌우로 비틀거려지므로 서거나 걷지 못한다. 동시에 혼미, 무감동, 기억장애 등의 인지능력 저하도 보인다. 이런 환자에게 비타민(특히 티아민)을 다량 공급하면 증세가 많이 호전된다. 그러나 치료하지 못하면 사망에 이른다. 뉴욕에서는 행려병자로 길거리에 쓰러져 죽는 환자 중 베르니케 뇌증이 2%에서 발견된다는 논문도 있었다.

**코르사코프 건망증:** 술을 과다하게 마시면 술을 마시던 당시 수 시간 동안의 기억이 없는 경우가 있다. 이것도 과도한 알코올 섭취에 의해 해마 등 기억 기능에 관여하는 뇌조직이 손상되어 생긴 증상이다. 이처럼 일시적인 경우라면 큰 문제가 아니지만, 만성적인 음주에 의해 기억회로의 손상이 누적되고 기억력 장애가 지속되는 경우를 코르사코프 건망증이라고 부른다.

**치매:** 술을 오랫동안 많이 마시는 사람들은 흔히 만성 기억력 장애와 치매 증상을 일으킨다. 230쪽에 썼듯 치매에는 알츠하이머병, 뇌졸중 등이 가장 중요한 원인이지만 만성적인 음주도 뇌를 위축시키며 치매에 이르게 하는 중요한 원인이다.

**뇌졸중:** 한두 잔 정도 마시는 것은 괜찮으나 과도한 음주, 예컨대 소주를 매일 한 병씩 마신다면, 이는 혈압도 올리고 뇌혈관을 손상시킨다. 따라서 과도한 음주는 뇌졸중의 위험인자이다.

### 마약, 도박 중독: 스페이드 여왕

몇 년 전 캐나다 몬트리올에서 열린 학회에 참석했다가 잠시 시내에 나가보니 사람들이 엄청나게 길게 줄을 서 있었다. 대개 청장년 남자들이었다. 줄은 이 골목 저 골목을 돌아 계속 이어졌는데 끝까지 가보니 어느 약국을 향한 것임을 알 수 있었다. 알고 보니 그날부터 캐나다에서 마리화나를 합법적으로 판매한 것이 그 이유였다. 의학적으로 마리화나는 실제 신체에 미치는 악영향이 담배만큼 크지는 않다고 하며 이것이 이를 합법적으로 판매하는 이유일 것이다. 하지만 나는 정신적 의존성이 분명이 있는 마리화나를 합법적으로 파는 것에 대해 당황스러웠다. 하신 헤로인, 코카인 같은 약물은 훨씬 더 큰 정신/신체적 문제를 일으키기 때문에 차라리 좀 더 약한 마약을 파는 것이 도움이 된다는 주장도 있기는 하다.

젊은이들이 마약을 하는 이유는 마약이 즐거운 느낌을 주기 때문이다. 마약을 하는 사람에게 기능적 MRI를 찍어 조사한 연구는 여럿 있다. 그런데 그 연구 결과는 마약의 종류에 따라 조금씩은 다르다.

예컨대 코카인 중독 환자에서 마약을 기대하는 상태에서 기능적 MRI를 찍어보면 시상, 소뇌 같은 곳의 대사가 정상인에 비해 더 증가한다. 반면 엑스타시는 주로 세로토닌 대사와 관계되는 듯하다. 중독자의 뇌에 전두엽, 해마 등 뇌의 여러 곳에 세로토닌 대사가 증가한다는 보고가 있다. 그러나 전반적으로 뇌에서 보상작용과 관계되는 시상, 기저핵, 대상회, 전두엽 등의 부분의 이상을 초래하여 지속적인 마약의 자극을 필요한 상태로 변해간다. 마약 중독을 치료하면 이러한 뇌의 비정상적인 활동이 정상화되는 경우가 많다.

마약은 서구 사회의 큰 문제다. 일단 의존성 때문에 마약을 중단할 수 없는 상태에 이른다. 중독이 된 사람들이 약을 끊으면 불안, 우울, 환각 등 심한 증세를 경험하므로 어쩔 수 없이 끊지 못한다. 그리고 종류에 따라 그 해악의 차이는 다르지만 마약은 면역력을 떨어뜨리고 심장, 폐, 뇌 등 장기에 문제를 일으킨다. 마약은 혈관에 혈전을 만들어 허혈성 심장병과 뇌경색, 뇌출혈의 원인이 되기도 한다. 이런 문제들 때문에 구미에서는 젊은이들이 뇌졸중에 걸렸을 때 반드시 마약 복용 여부를 물어보거나 혈중 마약 농도를 체크한다. 다행히 우리나라는 이런 문제가 적어 아직은 이런 검사를 시행하지 않는다. 아무튼 이런 이유로 어릴적 마약을 접하면 일찍 사망하는 경우가 많다. 20대 중후반 아까운 나이에 사망한 예술가로 에이미 와인하우스(가수, 작곡자), 장 미셸 바스키아(검은 피카소라 불린 화가, 낙서화가), 그리고 뛰어난 영화배우 리버 피닉스가 생각난다. 여기서 거명하지는 않겠지만 물론 한국 예술가들도 있다. 이런 예술가들은 젊으면서도 매우 뛰어난 사람들이라 정말 안타깝다. 하긴 마약을 했기에 뛰어난 예술

성을 보였을 수도 있으니 어쩌면 이들이 예술을 위해 목숨을 버린 것으로 해석할 수도 있을지 모르겠다.

앞서 말한 대로 우리나라에서 마약 문제가 서구 사회보다는 덜 심각한 것 같다. 하지만 도박 중독자는 적지 않은 듯하다. 마약을 하는 사람들의 기능적 MRI에 나오는 소견은 도박하는 사람에게서 나타나는 현상과 비슷하다. PET 같은 장비를 가지고 조사하면 도박은 도파민을 사용하는 우리 뇌의 '보상작용'과 관계된다. 특히 우리 뇌의 기저핵(주로 ventral striatum)과 전두엽(prefrontal cortex)의 연결 회로는 어떠한 행동에 대해 즐거움, 그리고 동기부여와 관계하는데 이 회로는 주로 도파민 신경전달물질을 사용하고 있다. 도박을 하는 신호를 보내면 도박 질환 환자는 기저핵의 반응이 정상인보다 더 증가한다(Balodis IM 등, 2016). 도박 중독의 증상의 정도, 지속된 기간 등에 따라 연구결과가 다르게 나오지만 전반적으로 기저핵(ventral striatum)과 전두엽의 연결 기능 이상이 도박 중독을 비롯한 충동 장애 증상을 초래한다고 생각된다. 물론 이러한 연구들은 여러 가지 방법론적인 문제가 있어 그 해석에 주의를 해야 한다.

결국 마약이나 도박은 우리의 뇌가 이런 것들을 열렬히 원하는 상태로 만들어놓기 때문에 끊기가 어렵다. 우리는 흔히 도박에 미쳤다는 표현을 쓴다. 도박을 위해 전 재산을 다 날리고 경우에 따라 아내마저 잃는 것을 보면 그 표현이 맞는 것 같다. 예전에는 병적인 도박(pathological gambling)으로 표현했으나 요즘은 이런 현상을 일종의 질병으로 간주하여 도박 질환(gambling disorder)이란 용어도 사용한다(Potenza MN 등, 2019). 많은 스트레스와 경제적 어려움에도 불구하고 지속적인 혹은 반복적인 도박을 하지 않을 수 없는 경우를 말한다. '도박'이란 예전에는 카지노, 경마, 로또 등에 국한되었지만 인터넷에서도 이런 것들에 준하는 도박게임이 있어 점점 더 그 스펙트럼이 넓어지고 있다.

도박 질환의 정의, 조사한 인구집단의 특성 등에 따라 다르겠지만 대체로 인구의 0.1%~6% 정도가 도박 질환을 갖는 것으로 조사되고 있다. 유전적 경향이 있어 도박 성향의 적어도 50% 이상은 유전으로 설명되며 환경의 영향은 더 적다고 한다. 예상대로 약물중독, 불안증, 우울증 등 정신적 문제 있는 사람들에게 도박 질환이 더 많다. 다른 질환으로서는 파킨슨병 환자가 도박 질환이 많은 것으로 알려졌다. 그러나 파킨슨병 자체가 도박 증상을 일으키는 것은 아니다. 파킨슨병 환자를 치료하기 위해 투여하는 도파민 물질이 파킨슨병 증상 자체는 완화시키지만 기저핵에 전반적으로 도파민을 증가시켜 충동적인 도박행위를 초래할 수 있다. 즉, 파킨슨병 환자에 사용하는 약의 부작용이라고도 할 수 있다.

역사적으로 볼 때 도박 중독 문제가 유난히 심각했던 사회는 근대 러시아 귀족들 사회였다. 푸시킨의 극본을 오페라로 만든 차이코프스키 오페라 〈스페이드의 여왕〉에서 주인공 장교 게르만은 리자라는 여성을 사랑하게 되는데, 알고 보니 그녀는 왕족 예레츠키의 약혼자였다. 이 여성의 어머니는 '스페이드의 여왕'으로 불리는 귀족으로 카드놀이를 이길 수 있는 비밀을 알고 있다. 게르만은 리자의 초대를 받아 그녀의 집으로 가는데 리자를 만나기 전에 엄마 방에 들어가 카드의 비밀을 알려달라 협박하고 그 충격에 부인은 사망한다. 이를 목격한 리자는 게르만이 자신보다 돈을 원하는 걸 알고 충격에 휩싸이지만 한 가닥 희망을 가지고 다음날 네바 강변에서 만나자고 한다. 그날 밤 백작부인의 망령이 나타나 게르만에게 카드의 비밀을 알려주고(3, 7 에이스), 대신 리자를 잘 돌봐주라고 부탁한다. 다음날 네바강에서 둘이 만나고, 리자는 우리 함께 당장 이 나라를 떠나자고 한다. 그러나 스페이드의 여왕한테 카드의 비밀을 알아낸 게르만은 '도박장에서 딱 한 판만 하고 오겠다'며 떠난다. 이에 실망한 리자는 네바강에 빠져 죽는다. 게르만은 도박장에서 연전연승하지만 최후의 대적자인 리자의 약혼자 예레츠키와 모든 판돈을 걸고 한 마지막 도박에서 패하고 총으로 자결한다. 이런 내용을 보면 도박 중독은 마약 중독 이상으로 심각한 듯하다.

## 2 외계인 손 증후군

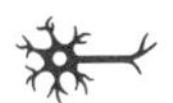

63세 여자 환자 L은 뇌졸중이 생겨 타 병원으로부터 전원되었다. 처음에는 멍청해졌다는 것이 주증상이었으나 이는 며칠 만에 회복되었다. 그런데 환자를 자세히 진찰해보니 여러 가지 이상한 증세가 발견되었다. 양손에 마비는 없으므로 그녀는 자유롭게 손을 사용할 수 있었다. 예컨대 오른손으로 수저를 사용하면서 식사도 할 수 있었다. 하지만 그녀는 옷을 입고 벗는 데 상당히 힘들어했다. 특히 단추를 잠그고 푸는 동작을 할 수 없었다. 나는 환자에게 두 손을 사용해 단추를 풀어보고 다시 잠가보라고 시켰다. 우리가 단추를 풀고 잠그는 동작은 복잡하며, 양손의 정밀한 협조가 필요하다. 특히 단추를 잠글 때가 더 그렇다. 환자는 두 손을 모두 사용해 단추를 풀려 하였다. 그러나 웬일인지 이 동작을 어려워했다. 그래서 일단 한쪽 손만을 사용해 단추를 풀 수 있었다. 그러나 잠글 때는 반드시 두 손을 함께 쓸 수밖에 없다. 이때 환자는 전혀 단추를 잠글 수 없었다. 두 손이 서로 협조를 하지 않았고, 오히려 한쪽 손이 다른 손의 동작을 계속 방해했다. 예컨대 한쪽 손으로 단추를 잡아 반대쪽 단춧구멍에 넣으려 하면 반대쪽 손은 옷을 꽉 붙잡고 있거나 혹은 단춧구멍을 더 멀어지는 쪽으로 잡아당기고 있었다. 간혹 적극적으로 오른손을 붙잡는 등 오른손의 동작을 방해하기도 하였다. 이런 현상에 환자도 많이 당황한 듯 단추 잠그는 것을 방해하는 왼손을 치우거나, 혹은 찰싹 때리기도 하였다. 그녀의 왼손과 오른손은 마치 서로 사이가 나쁜 다른 사람과 같았다. 환자의 뇌졸중의 위치는 뇌의 한가운데인 뇌량(뇌 다리)에 있었다.

우리의 뇌는 지구처럼 둥글지만 좌뇌와 우뇌로 나뉘어 있다. 이 둘은 똑같지는 않지만 거의 대칭을 이룬다. 이 좌우 뇌를 연결하는 것은 뇌량이라 부르는 신경섬유 다발들이다. 만일 뇌량이 완전히 잘라진다면 우리 뇌는 사과를 딱 반으로 자른 것처럼 둘로 나뉠 것이다. 한국전쟁 때 한강대교가 폭파되어 서울 시민들이 오도가도 못했듯, 뇌량이 손상된다면 좌우 뇌의 정보가 서로 교류하지 못해 문제가 생긴다. 따라서 왼손이 하는 일과 오른손이 하는 일이 서로 정보가 교환되면서 작업이 진행되어야 하는데 이런 교류가 되지 않으므로 L환자의 경우처럼 좌우 손의 협조가 안 되는 것이다. 이처럼 서로의 손이 마치 '외계인'처럼 협조를 안 한다고 하여 이런 증상을 '외계인 손' 증후군이라 부르기도 한다.

뇌량이 손상된 환자들에서는 발견되는 다른 증상도 여기에 소개하려 한다. 환자의 눈을 감긴 상태에서 좌우 손에 각각 물건을 쥐어준다. 당연히 환자는 물건이 무엇인지 알 수 있다. 그런데 오른손에 놓인 물건의 이름은 맞추나 왼손에 있는 물건 이름은 말하지 못한다. 그 이유는 다음과 같다. 손에 느껴지는 감각정보는 뇌로 올라갈 때 반대쪽으로 건너간다. 즉 오른쪽에 물체가 닿을 때 이를 느끼는 것은 왼쪽 뇌이고, 왼쪽에 느끼는 감각은 오른쪽 뇌가 느낀다. 그런데 이 물체의 이름이 무엇인가 알기 위해서는 그 감각정보가 언어중추와 연결되어야 한다. 감각중추는 우리 뇌의 좌우에 있지만 언어중추는 왼쪽 뇌에만 있다(206쪽 〈가을의 전설〉 참조). 앞서 말한 대로 오른손에 닿은 감각정보는 왼쪽 감각중추로 그 정보가 올라간다. 이 정보는 같은 왼쪽 언어중추와 연결되어 환자는 그 물건의 이름을 맞출 수 있다. 그러나 왼손에 닿은 감각정보는 오른쪽 감각중추로 올라가는데 이 정보가 왼쪽에 있는 언어중추와 연결되려면 좌우 뇌를 연결하는 뇌량을 건너가야만 한다. 이 뇌량이 한강 다리처럼 끊어져 있기에 환자는 왼쪽 손에 닿은 물건의 이름을 말하지 못하는 것이다.

이러한 '뇌량 절단 증후군'들은 뇌졸중이나 종양 같은 질병이 뇌량을 손상시킨 경우 볼 수 있다. 그런데 놀랍게도 의사들이 일부러 뇌량을 자르는 수술을 하는 경우도 있다. 아주 심한 뇌전증(간질) 환자의 경우이다. 한쪽 뇌에서 발생한 간질파가 다른 쪽 뇌로 전달되어 양쪽 뇌가 모두 발작파를 일으키면 환자는 심한 전신 발작을 하게 된다. 이런 환자에서 뇌량을 절단하면 발작파가 다른 쪽으로 건너가지 못해 간질 증상의 정도가 훨씬 약해지므로 환자에게 큰 도움이 된다. 예전에는 이런 환자들에서 뇌량 절단 증상들을 관찰할 수 있었다. 요즘은 이런 부작용이 안 생기도록 꼭 필요한 정도로 최소량의 뇌량만 절단하므로 이러한 수술 후유증은 훨씬 적다.

이처럼 좌우 뇌의 연결이 어려운 환자들을 통해 우리는 뇌신경 사이의 합리적인 협조가 얼마나 중요한 것인가를 알 수 있다. 다음 장에 기술하는 환자들을 보면 더욱 그런 생각이 들 것이다.

## 3 몇 가지 병의 슬픈 진실

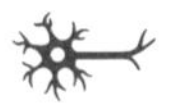

### 자폐증, 서번트 증후군: 레인맨 이야기

뇌졸중 학회는 세계 여러 곳에서 열리지만 아무래도 전 세계에서 우수한 학자들이 모여 열띤 발표와 토론을 하는 미국 뇌졸중 학회가 가장 수준이 높다. 뇌졸중 전문가인 나는 오래전부터 그 학회에 자주 참가했다. 특히 최근 몇 년 동안은 이 학회의 학술위원으로 활동했기 때문에 매년 꼬박꼬박 참석하고 있다. 이 학회는 2월에 개최되며 따듯한 남쪽 지방의 대도시인 로스앤젤레스(LA)에서 가장 자주 열린다. LA에 편안하고 음식 맛있는 호텔도 많겠지만 나는 주로 LA 보나벤처 호텔에서 묵는다. 이 호텔에서 학회장(LA convention center)까지 15~20분 정도는 걸어야 한다. 가까운 매리어트나 힐튼 호텔을 놔두고 내가 여기를 택하는 이유는 비교적 가격이 저렴한 것도 있지만, 영화의 감동이 깃든 호텔이기 때문이기도 하다.

배리 레빈슨 감독의 영화 〈레인맨〉(1988)에서 우리는 아주 특이한 환자를 본다. 아버지와 불화가 심한 자동차 중개상 찰리(톰 크루즈 분)는 기억에도 없는 형한테 재산을 거의 모두 물려주고 아버지가 돌아가셨다는 말을 듣고 충격에 빠진다. 형 레이몬드(더스틴 호프만 분)를 찾아가 보니 그는 정신병원에 입원한 자폐증(autistic disorder) 환자였다. 적어도 재산의 반은 받아낼 욕심에 찰리는 형을 데리고 LA까지 드라이브를 한다. 그런데 여행도중 그는 얼핏 보아 치매처럼 보이는 형한테 숫자를 엄청 잘 외우는 비상한 능력이 있음을 깨닫게 된다. 카드의 모든 패를 순식간에 외울 수 있는 형의 도움을 받아 찰리는 라스베이거스 도박장에서 많은 돈을 따낸다. LA 도착 후 유산 문제를 해결하기 위해 찰리가 담당자와 만난 장소가 바로 LA 보나벤처 호텔. 작은 옥외 수영장 앞에서 둘은 대화를 나눈다.

자폐증은 사회적 교류, 의사소통, 언어구사의 장애, 제한된 흥미 등을 특징으로 하는 소아 질환이다. 사회적 관계 형성에 지장이 있어 다른 사람과 눈을 안 맞추려 하고 친구를 사귀지 못한다. 대신 장난감, 동물 등 비인간적 사물에 관심이 많다. 박수를 치거나 손바닥을 들여다보거나 하는 반복적인 이상행동(stereotyped behavior)을 보이기도 하며, 간혹 소리 지르거나 머리를 박는 등의 과잉행동을 하기도 한다. 영화의 레이몬드의 경우 일정한 시간에 일정한 TV 프로그램을 봐야 하고 이를 못 보게 하면 난동을 부린다. 자신의 팬티는 반드시 신시내티의 어느 특정 가게에서 산 것이라야 한다. 자폐증 환자는 정신지체가 있는 경우가 많은데 그 정도는 다양하다. 그런데 경우에 따라 계산 암기, 음악, 그림 등 특정한 영역에서는 정상인보다 더 뛰어난 능력을 보이는데 이런 현상을 '서번트 증후군'이라 부른다. 영화의 레인맨처럼 뛰어난 경우는 드물지만 대단한 암기력을 가졌던 로런스 킴 피트(Laurence Kim Peet)란 실제 환자를 모델로 했다고 한다.

자폐증의 치료로는 행동장애를 조절하는 약물을 사용하지만 근본적인 치료법은 없다. 이런 상태로 정상적인 직업을 갖기는 힘들지만 단순 노동은 가능할 수도 있다. 예전에는 유년기의 스트레스 같은 심리학적 원인을 중요시했으나 현재는 대뇌의 이상 때문이라는 의견이 더 우세하다. 출생 당시의 저산소증 등 여러 종류의 뇌 질병이 있으면 나중에 자폐 아동으로 발현할 가능성이 높다. 소뇌의 가운데 부분이 위축된 소견이 발견되고, 대뇌에 이상 있다는 연구결과도 있다. 일란성 쌍둥이의 경우 형제의 거의 40%가 자폐를 동반하므로 유전적 요인도 있다고 생각된다. X염색체의 문제라는 의견도 있으나 아직 그 유전자 이상을 정확히 밝혀내지 못했다.

한편 자폐증 환자의 뇌에 기능적 문제가 있다는 연구 결과들도 발표되고 있다. 버지니아 대학의 리드 몬터규(Read Montague) 박사팀은 좋아하는 사람이나 물체를 볼 때 이것과 친밀해지려는 의도를 만들어내는 전두엽(mPFC)의 기능 활성화가 정상인에 비해 자폐증 환자에서 저하된 사실을 발견했다. 즉 자폐증 환자가 좋아하는 사람은 있겠지만 이들과 사회적 관계를 맺는 뇌의 능력이 저하되어 있다는 것이다. 아마도 이것이 자폐증 환자의 기본 문제일 것이다(Kishida K 등, 2019). 이처럼 뇌의 일부가 활성화되지 않는 이유는 유전자 이상 때문일 가능성이 많다. 어릴 때 신경세포들이 뇌의 각 부위를 연결하는 기능에 영향을 미치는 유전자들이 있는데 유전적 이상으로 그 연결이 부족해져서 자폐증이 생긴다는 것이다. 뇌 부위들이 제대로 연결이 안 되어 그렇지 자폐증 환자는 어떠한 뇌의 고유 영역의 기능에는 이상이 없는 경우가 많다. 따라서 뇌의 여러 부위가 연결되어야 가능한 사교, 상호간의 이해, 언어 구사 등 기능은 떨어지겠지만 수학능력(좌측 두정엽에 국한됨)처럼 뇌 일부에 국한된 기능은 유지되거나 오히려 더 잘 할 수 있고, 이런 이유로 일부 자폐증 환자는 특정 영역에서 오히려 두각을 나타내는 것 같다(Daniel H 등, 2007).

영화로 돌아가보면, 레이먼드는 감동적으로 동생과 조우했고 형제애를 확인했다. 동생은 앞으로 형과 함께 살 것을 제안했다. 그러나 레이먼드는 정신병원으로 돌아간다. 형제의 우정이 도움은 되겠지만 아쉽게도 선천적으로 뇌의 연결이 부족한 형의 근본적 치료가 되지는 못하는 것이다.

### 조현병: 뷰티풀 마인드?

론 하워드 감독의 〈뷰티풀 마인드〉(A Beautiful Mind, 2001)에서 프린스턴 대학의 학생 존 내시(러셀 크로 분)는 '균형이론'이란 논리를 발견하여 논문을 쓰고 대학 교수가 된다. 이어 자신의 수업을 듣던 학생 알리샤(제니퍼 코넬리 분)와 결혼한다. 그 후 그는 국방부의 한 과학 연구소에서 소련의 암호 해독 프로젝트에 참여한다. 그런데 그의 행동이 점점 이상해진다. 소련 스파이가 자신을 미행하는 생각에 사로잡히는 것이다. 게다가 그 주변에는 3명의 가상 인물이 항상 따라다닌다. 조는 이들에게 말을 걸고 이들에게 화를 내기도 한다. 하지만 그 환각이 보이지 않는 주변 사람이 보기에는 허공에다 말을 하고 손을 휘젓고 하는 '미친' 행동일 뿐이다. 존은 여러 차례 입원과 퇴원을 반복하다가 증상이 어느 정도 호전되어 대학에 복귀하고 노벨상을 받았다. 알리샤는 이런 존 내시의 평생 동반자였다(실제로는 한 번 이혼했다가 다시 재혼함). 아쉽게도 2015년 택시를 타고 귀가하다 교통사고를 당해 부부는 둘다 사망했다. 노벨상 수상으로 평생 업적을 인정받은 기쁨이 컸겠지만 그 기쁨은 그리 길지 않았다.

존 내시는 전형적인 조현병 환자이다. 의사는 "이 사람은 뭐가 환상인지 뭐가 현실인지 인식하지 못합니다."라고 말한다. 조현병의 존재는 오래전부터 알려져 왔다. 19세기 독일 의사 에밀 크레펠린(Emil Kraepelin, 1856~1926)은 이런 환자들을 관찰한 후 '조발성 치매'라는 진단명을 처음으로 사용했다. 병이 젊은 나이(10~20대)에 시작하며 점차 행동이나 정서가 황폐되어 인지능력 장애(치매)에 이르는 경과를 취하기 때문이다. 그러나 이후 스위스의 오이겐 브로일러는 이 병의 핵심적 문제는 사고 과정 그리고 감정과 행동 사이에 분열이 생기는 점임을 부각시켜 정신분열증(schizophrenia)이라는 이름을 사용했다. '정신분열증'이 이 병을 이해하기에는 좋은 단어인 것으로 생각된다. 다만 환자들에게 부정적인 인식을 심어주기 때문에 요즘은 '조현병'이란 이름을 사용하고 있다.

존 내시처럼 환각*과 망상** 증상이 이 병의 중요한 증상이다. 환각은 어느 종류도 가능하나 환청이 가장 많으며 그중에도 사람의 목소리가 들린다고 하는 경우가 제일 흔하다. 언어가 연결되지 않고 한 주

* 감각기관에 대한 외부 자극이 없는데도 마치 있는 것처럼 착각함

** 사실이 아닌 것을 사실이라고 믿는 것

제에서 연관성 없는 다른 주제로 흐르는 등, 말이 지리멸렬하거나, 아예 말을 안 하거나 언어를 빈곤하게 사용한다. 아무 행동도 안 하고 오랫동안 같은 자세를 유지하고 있거나, 몸을 앞뒤로 흔드는 등 목적 없는 행동을 계속하거나, 다른 사람의 행동을 그대로 따라 하기도 한다. 사회 생활에 관심이 없으니 위생과 복장을 아무렇게나 하고 다닌다. 슬픈 내용을 말하면서 미소를 짓는 등 정서와 행동의 불일치를 보이기도 한다. 어떤 환자는 무감동증(anhedonia)이 있어 취미활동, 친구 만나기, 성생활 같은 데 전혀 기쁨을 느끼지 않는다. 환자들마다 그 증상이 다양해서 이를 몇 가지 타입, 즉 편집형(paranoid), 와해형(disorganized), 긴장형(catatonia)으로 나누지만 그 명확한 기준이 있는 것은 아니다. 어느 타입이든 대인관계가 황폐해지므로 가정과 사회에 적응할 수가 없다.

조현병이 발생하는 이유는 무엇일까? 전통적으로는 심리, 사회적 문제를 중요시했다. 어릴 적 가족, 사회적 관계의 이상 및 적응 실패에 의한 것이라는 것이다. 그러나 요즈음은 이보다는 뇌 자체의 이상에 의한 것이라는 의견이 더 설득력이 있다. 신경전달물질 즉 세로토닌, 글루타민 등의 이상, 특히 변연계의 도파민 이상이 중요한 발병 기전으로 생각된다. 현재 사용되는 많은 항정신싱 의약품은 주로 도파민 수용체에 작용한다. 뇌의 구조적인 이상이 있다, 예컨대 해마가 위축되어 있다거나, 전두엽, 측두엽 등의 피질이 얇아져 있다는 등의 여러 이야기가 있으나 한 군데 병소에 의한 증상이라기보다는 대뇌 피질 사이의 복잡한 연결고리가 잘못된 것으로 이해된다. 뇌를 손상시킬 수 있는 항체(antibrain antibody)가 발견되어 자가면역질환으로 뇌의 여러 곳이 손상되어 조현병이 생긴다는 주장도 있다. 결국 아직은 장님이 코끼리 만지는 수준이고 전체적으로 질병의 원인을 설명하기는 어려운 상태이다.

다행히 그동안 항정신병 약물이 많이 개발되었다. 주로 뇌의 도파민 양을 조절하는 약인데 예전에는 뇌의 도파민 저하에 의한 파킨슨병 발생(222쪽 〈마지막 사중주〉 참조)이 중요한 부작용이었다. 밀로스 포먼 감독의 영화 〈뻐꾸기 둥지로 날아간 새〉(1977)를 보면 정신병동에서 주인공인 맥머피(잭 니콜슨 분)를 제외한 환자들이 모두 뻣뻣한 자세로 느릿느릿 걷는 것을 볼 수 있는데 모두 정신과 약의 부작용 때문에 파킨슨병 비슷한 증세가 생긴 것이다. 지금은 이런 부작용을 최소화시킨 약들이 개발되어 환자들 입장에서는 훨씬 더 복용하기 수월하다. 다만 약을 중단하면 다시 재발하는 경우가 많아 약을 지속적으로 복용해야 하는 문제가 있다. 개인 정신치료 요법도 물론 필요하다. 조현병은 사회적 낙인과 편견을 얻기 쉬운 병이다. 특히 요즈음 조현병 환자들이 범죄를 저지른 경우가 많이 보도되어 더욱 조현병에 대한 이미지가 나빠지고 있다. 범죄와 뇌질환 혹은 정신질환과의 관계에 대해서는 이미 29쪽 〈케빈에 대하여〉에서 토론하였다. 그런데 이 병의 정체에 대해 지금보다도 더욱 모르던 예전에는 환자에 대한 차별이 현재보다 훨씬 더 심했다. 그리고 이러한 정신질환 환자에 대한 낙인은 다음 영화에서 볼 수 있는 커다란 비극을 불러일으키기도 했다.

## 조울증: 작가 미상, 진단 미상

19세기 갈라파고스 여행을 마친 다윈과 동료들이 그 자료를 분석하여 쓴 책 『종의 기원』은 세상에 엄청난 파장을 일으켰다. 그러나 원자핵의 발견이 인류에 큰 이익과 더불어 엄청난 비극을 선사했듯, 그 파장도 그랬다. 다윈은 주변 환경에 가장 적합한 생존자로 남기 위해 유전적 변이가 되풀이되고 이것이 여러 다양한 생명체의 기원이 된 것으로 풀이했다. 여기에 영향을 받아 '유전학'이란 학문이 생겼고 또한 우생학이란 개념도 생겼다. 그런데 당시 발간된 책들에 대한 해석이 문제였다. 맬서스는 인구론에서 인구는 기하급수적으로 늘지만 자원은 그렇지 않다고 썼는데 이는 독자들에 따라서는 세상의 지속적인 발전을 위해서는 반드시 인구조절을 해야 한다는 식으로 읽힌다. 다윈의 고종사촌이었던 프랜시스 골턴은 『유전되는 천재』란 책에서 우월한 남자와 예쁜 여자가 결혼하는 것이 인류를 개선하는 방법이라 썼다. 여기서 우월한 남자란 자신 주변의 사람들 즉 앵글로 색슨족이었다. 이런 아이디어는 당시의 프리드리히 니체의 '초인'의 개념과 섞였고 매디슨 그랜트, 찰스 대븐포트 같은 사람들에 의해 미국에서도 받아들여졌다. 이들의 이론에 의하면 약하거나 부적합한 사회적 실패자를 선별하고 억제하는 사회직 체계를 직용하면 감옥, 정신병원 등에 가득한 모자란 사람들을 없앨 수 있다는 것이다.

1933년 독일의 총리가 된 히틀러는 1차 대전에서 패한 후 불안과 열등감이 가득한 독일인들의 마음을 잡기 위해 이를 적절히 이용하였다. 독일인보다 선천적으로 못한 유대인들을 청소하고, 조현병, 선천적 정신박약, 조울증, 간질 같은 병을 지닌 사람들에 대한 강제 불임을 합법화했다. 이에 따라 수십만 명이 강제 불임수술을 당했다. 전쟁이 시작된 후에는 아예 부적격자를 적극적으로 살해하기 시작했다. 예컨대 독일이 폴란드에 침공했을 때 정신병원에 입원한 환자들을 모두 살해했다. 그런데 이런 문제가 독일에만 국한된 것은 아니었다. '우생학'을 믿는 백인들이 이미 세계 곳곳에 퍼져 있었기 때문이다. 미국에서는 1909년 인디애나 주에서 처음으로 강제 불임법이 제정된 후 여러 주에서 수만 명이 불임수술을 당했다

이런 이야기를 하니 화가 게르하르트 리히터의 일대기를 그린 플로리안 헨켈 폰 도너스마르크 감독 영화 〈작가 미상〉(Never Look Away, 2018)이 생각난다. 배경은 2차 대전 직전, 히틀러가 정권을 잡고 있을 무렵이다. 주인공 쿠르트(톰 쉴링 분)는 어릴 적 피아니스트인 엘리자베트 이모(사스키아 로젠달 분)의 보살핌을 받는다. 그런데 어느 날 꼬마 쿠르트가 보니 이모가 옷을 훌랑 벗고 피아노 연주를 하고 있었다. 그러다가 한 음만 반복적으로 치며 "이 음악은 모든 세상과 통해 있다."고 반복적으로 중얼거린다. 이어 일어나 쿠르트 쪽으로 다가오다가 재떨이로 자신의 머리를 때리기 시작한다. 피가 철철 날 때까지. 그 이전에도 그녀는 이 비슷한 이상한 행동을 간혹 하기는 했다. 이런 에피소드들로 그녀는 조현병으로 진단되어 불임수술을 받게 된다. 이어 전쟁이 일어나자 다운 증후군 등 여러 신체/정신 이상자 들과 함께 가스실에서 단체 살해된다.

한편 장성한 쿠르트는 이모와 매우 닮은 엘리(폴라 비어 분)를 만나 결혼하고, 서독 뒤셀도르프 대학으로 진학하여 현대 미술을 전공한다 그런데 공교롭게도 장인인 엘리의 아버지 칼(세바스찬 코치 분)은

바로 이모를 불임수술하는 데 관여한 나치당 소속 산부인과 의사. 영화가 끝날 때까지 장인과 이모와의 관계를 모르는 그였지만, 그는 기억을 더듬고 옛 사진을 이용해 죽은 이모와 칼 그리고 칼에게 불임수술을 명령한 의사의 사진을 오버랩해서 작품을 만든다. 고통의 역사는 이렇게 현대미술로 재탄생한다.

영화에서 이모의 병은 조현병이라 나온다. 에피소드 한두 가지로 단정 지을 수 없으나 나는 그 진단에 의심이 생겼다. 이모는 매우 똑똑하고 예술에 박식하다. 그리고 다른 사람과의 사회적 관계도 좋다. 다만 흥분 상태에서 간헐적으로 이상 행동을 할 뿐이다. 피아노 앞에서 벌거벗고 연주를 한 행위는 나치당 군인들의 행진 때 학생 대표로 히틀러에게 꽃다발을 바치는 영광을 얻은 후 감정이 북받친 상태였다. 즉, 평소 생각과 정서 그리고 행동이 정상적이었다면, 그녀의 병은 조현병보다는 조울증이 아닌가 생각된다.

나는 정신건강의학과 전문의가 아니므로 진단에 자신이 없으나 같은 병원에서 근무하는 정신건강의학과 K교수와 상의하니 그분도 내 의견에 동의했다. 물론 영화에 나오는 얼마 안 되는 에피소드로 정확히 진단하기는 어려우니 '작가 미상'의 주인공의 병명은 아직 '진단 미상'이라 할 수 있겠다. 오래전 역사에 기록된 사람들의 진단도 마찬가지이지만, K교수 의견에 의하면 뒤주에 갇혀 죽은 사도세자도 조울증 환자 같다고 한다. 평소엔 온순하게 행동하지만 우울할 때는 근심과 두려움이 많아지고 외모도 단정치 못했다. 그러나 조증 상태에서는 나팔을 불거나 북을 치며 놀기도 하고 하인을 매질하기도 했다고 한다.

아무튼 조울증 환자에서도 조증 증상이 심할 때 간혹 조현병과 흡사한 행동, 예컨대 환각, 환청을 보이는 것은 잘 알려져 있으며 따라서 조현병과 조울증이 잘 구별되지 않는 경우도 많다. 실은 19세기에 이미 크레펠린은 '조울증은 조현병과는 달리 아무 연령에서나 발생하고 조증 발작 사이에는 정상기능으로 생활하며, 점차 황폐화되는 경과를 보이지는 않는다.'라고 기술했다. 그러나 이런 조울증도 만만치 않은 병이다. 조현병처럼 사회적 폐인이 되는 경우는 드물지만, 재발 방지를 위해 꾸준히 약을 복용해야 하기 때문이다.

조울증은 흥미로운 질환이다. 평소에는 정상이거나 우울한 상태로 있다가 갑자기 조증상태에 빠져 한동안 지낸다. 제임스 맨골드 감독의 1999년 영화 〈처음 만나는 자유〉(Girl Interrupted)는 여자 정신 병동에서 일어나는 일을 그린 영화이다. 예쁜 주인공 수잔나(위노나 라이더 분)의 병명은 '경계성 인격장애'로 나오며 그녀와 함께 방을 쓰는 룸메이트는 병적 거짓말(pathological liar) 증세 때문에 입원했다고 한다. 주인공과 가장 친하며 병원을 여러 차례 들락날락하는 리사(안젤리나 졸리 분)는 조울증 환자인 것 같다. 리사는 평소에는 우울 상태로 꼼짝도 안 하다가 조증 상태가 되면 여러 환자들을 부추겨 병원을 이리저리 돌아다니고 심지어 병원을 탈출하기도 한다. 그러나 언제나 문제를 일으켜 다시 돌아오기를 반복한다. 요즘은 기분을 조절하는 좋은 약들이 많이 개발되어 조울증 환자들도 많은 치료효과를 보고 있다. 다만 조증 발작이 여러 번 일어난 환자는 약을 끊지 못하고 장기적으로 복용해야 하는 불편함을 감수해야 한다.

최근에는 조울증 환자의 뇌의 기능을 연구한 결과들이 발표되고 있다. UCLA의 타운센트와 알트슐러 박사 팀의 연구에 의하면 조증 상태에서, 웃거나 우는 감정적인 얼굴 모습을 보여주면 정상인에 비해 좌측 편도체가 더 많이 활성화된다(Townsend J and Altshuler LL, 2012). 그 활성화되는 정도는 조증 증세의 정도와 상관관계를 갖는다. 그러나 무드가 정상이거나 우울상태에서는 그렇지 않다. MRI상 편도체가 더 커져 있다는 보고도 있다. 이처럼 조울증 환자의 편도체의 활성화는 상황에 따라 다르지만 전두엽(대상회, 안전두엽)은 항상 기능이 저하된 상태에 있다. 즉, 우리가 예상한 대로 조증 상태에서는 감정을 만들어내는 편도체의 활성화가 정상인에 비해 더 증가한다. 그런데 감정을 조절하는 전두엽의 기능이 저하되어 있으니 이것이 조절이 안 된다. 이처럼 조증 상태에서 편도체의 활성화가 더 커지고 전두엽의 억제가 안 된다면 조증 발작이 억제되지 못하고 밖으로 튀어나와 이상한 행동을 할 수 있을 것이다. 그러나 한편으로는 이런 상황에서 더 감정적으로 예민해져서 예술 활동에는 유리할 수도 있을 것 같다. 그리고 실제 그런 증거들이 있다.

# 4 천재와 광기는 친척

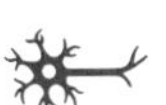

예술가들은 뭔가 좀 특이한 사람들이 많다. 이상한 행동을 한 예술가 특히 조울증이 있는 예술가로 잘 알려진 사람은 고흐이다. 파리에서 활동했으나 공기 좋고 햇살이 비치는 아를로 고갱과 함께 내려간 것도 우울한 마음을 털기 위함이었다. 그곳에서 그린 아를의 도개교는 이전 그림과는 달리 모처럼 밝은 빛으로 그의 우울증이 좋아졌음을 짐작케 한다(그림 4-2). 그러나 고갱과 다투기 시작하면서 그는 다시 우울상태에 빠졌다. 결국 고흐는 고갱과 다투던 중 자신의 귀를 자르고 정신병원에 입원했다. 고흐의 동생 테오와 누이도 우울증을 앓은 것으로 알려졌다. 고흐가 퇴원 후 프랑스 북부 오베르로 간 이유 중 하나도 여기에 우울증을 치료해주던 가세 박사가 살기 때문이었다. 고흐가 그린 가세 박사의 초상을 보면 짐작하듯 실은 가세 박사도 우울증 환자였다.

조울증 말고도 고흐가 앓았다는 병명은 수십 가지에 달하지만 대

그림 4-2

〈아를의 랑그루아 다리〉, 반 고흐, 1888

부분 근거가 없다. 예컨대 많은 사람들이 믿고 있는 이야기가 있다. 고흐는 아를에 내려간 후 노란색을 즐겨 사용했다. 이것을 압상트(중금속이 들어 있음) 같은 독한 술을 자주 마셨기 때문에 이에 의한 망막 질환이 생겼다—그래서 세상이 노랗게 보여(황시증) 노란 그림을 많이 그렸다—고 하는 주장이다. 고흐에게 망막 질환이 있었을지는 모르겠으나 이 논리는 좀 이상하다. 망막 질환으로 세상이 전부 노리끼리하게 보였다면 다른 색깔도 이상하게 보였을 것이다. 그러나 고흐가 노란색을 자주 쓰긴 했지만 하늘, 꽃 같은 것은 파랑, 녹색등으로 정확하게 표현했고 실제로 노랑색을 전혀 쓰지 않은 아름다운 그림들도 많다(예, 붓꽃). 따라서 망막 질환과 노랑색 선호를 연관시키는 것은 무리일 것이다. 망막 전문 안과 의사에게 물어봐도 망막 질환이 있으면 세상이 잘 안 보이는 것이지 노랗게 보이는 것은 아니라고 한다. 오히려 백내장이 있으면 특히 백열등 조명 아래에서 모든 색이 약간 노랗고 따듯하게 보일 수는 있다고 한다. 다른 하나는 고흐가 나무를 구불구불하게 그리는 것이 그가 편두통이 있어 그 전조 증상 때 세상이 구불하게 보일 수 있으므로 (121쪽 〈아름다운 선택〉 참조) 그렇게 그렸다는 것이다. 고흐에게 편두통이 있었다는 증거도 없으며 불과 몇 분만에 사라지는 이런 전조 증상 때문에 세상을 이렇게 그렸다는 것은 논리의 비약이 심하다.

우울증 때문에 창작을 많이 한 다른 예로 카프카를 들 수 있다. 카프카는 유아시절 환경이 좋지 않았다. 일을 하는 어머니는 그가 아플 때만 와서 돌봐주었기 때문에 그는 아파서 누워 있는 것을 더 선호했다고 한다. 게다가 동생 둘이 연달아 사망했다. 따라서 카프카는 불안증과 함께 어릴 적부터 죽음의 공포를 느꼈을 것이다. 성인이 되어 몇몇 여자와 사귀었지만 죄의식이 있었고 실제로 만나기보다는 편지를 많이 썼다. 카프카는 침대에 출몰하는 쥐에 대해 썼는데 이는 환각일 것이다. 그러나 카프카의 병은 근본적으로 불안, 우울증이며 조현병 같은 질환을 앓은 것 같지는 않다. 흔하진 않지만 심한 우울증 환자도 환각을 보는 경우가 있다고 한다. 다른 사람과의 관계가 늘 불안하고 위협적이었던 카프카에게 있어 글쓰기는 유일한 탈출구였다. 그 외 헤밍웨이, 톨스토이, 처칠 같은 사람이 우울증을 앓았고 이에 벗어나기 위해 소설 쓰기에 열중했다.

우울증에 관한 최근의 예로 라스폰 트리에 감독이 떠오른다. 그의 영화 〈멜랑콜리아〉는 우울증 환자에 대한 영화이다. 카피라이터인 저스틴(커스틴 던스트 분)은 심한 우울증 환자. 그녀의 언니인 클레어(샤를롯 갱스부르 분)는 남편에게 부탁해 동생을 위한 화려한 결혼식을 준비해 주지만 저스틴의 행동은 뭔가 괴이하다. 결혼식 날임에도 케이크 커트 시간에 목욕을 하고, 혼자 집 밖으로 나가 처음 만난 남자와 섹스를 한다. 그런데 멜랑콜리아라는 거대 행성이 지구로 다가오는데 가족 중 저스틴은 가장 의젓하다. 형부는 자살하고, 클레어는 종일 안절부절못한다. 반면 "다른 행성에는 생명은 없어. 인간은 지구에서만 살고 어차피 멸종할 동물이야."라고 하는 저스틴은 정확히 세상을 파악하고 있다. 그녀는 다만 허구가 가득한 현실의 삶에 익숙하지 못하고 이것이 '우울증' 증세로 나타난 것이다. 즉, 감독은 역설적으로 우울증이 심한 사람들이 오히려 제대로 된 사람이 아니냐는 질문을 던진 것 같다. 인간의 허구로 오염되어 있지 않는 행성 멜랑콜리아가 허구에 가득한 지구를 없애버린다는 영화이다. 우울증을 앓고 있었던 감독은 평소 '영화 만드는 것을 제외한 모든 것이 두렵다.'고 했다. 다른 관점에서 보면 영화 이외에는 즐거운 일이 없으니 여기에 몰두하고, 우수한 작품들을 만들 수 있었던 것이다.

이런 예들을 살펴보면 창조적인 예술가에게 정신질환이 많다는 말이 사실일 수도 있다. 조울증, 조현병, 우울증 같은 병의 원인이 정확히 발견되지는 못했으나 뭔가 뇌의 연결이 잘못된 것으로 생각된다. 이는 분명 정상은 아니겠지만 역설적으로 남다른 생각이나 행동을 할 수 있는 요인이 될 수도 있을 것 같다. 창조성이란 것이 '남과 다른 생각을 하는 것'이라면 이런 사람들이 정상인보다 창조적인 일에 더 몰두할 가능성이 있다. 이런 생각을 하면서 스웨덴의 키아가(Kyaga) 박사 팀은 조현병, 조울증, 우울증 같은 정신질환을 앓은 사람과 그런 병을 갖지 않은 가족, 그리고 정상인을 비교하여 창조적인 일에 종사하는 비율을 조사해보았다(Kyaga 등, 2011). 연구 결과 조울증 환자는 정상인에 비해 창조적인 일에 종사하는 경우가 더 많다는 것이 밝혀졌다. 조현병은 그렇지 않지만 조현병의 가족은 좀더 창조적인 일에 종사했다 우울증 환자는 정상인보다 창조적인 일에 더 많이 종사하지는 않았다. 즉, 조울증 증상이 있는 사람이 가장 많이 창조적인 일에 종사한다는 것이다. 그러나 이 연구에는 문제가 있다. 심한 조현병이나 우울증 환자는 원래 취직이 어렵고 사회활동이 어려우므로 결과가 이렇게 나왔을 수도 있다. 또한 과학의 창조는 전두엽의 기능이므로 예술적 창조만을 조사했어야 한다는 반론도 있다.

이런 문제를 해결하기 위해 이 연구팀은 정신질환 환자들의 현재의 직업이 아니라 예전 학창시절, 예술적, 창조적인 과목을 전공했느냐의 여부를 조사하기로 하였다. 연구자들은 일단 스웨덴 성인들에 대해 조사하고 이들이 고교/대학 시절 예술적 창조와 관련된 교육을 받은 적이 있는지를 조사하였다. 또한 정신과에서 조현증, 조울증, 우울증의 병명으로 입원한 모든 사람들을 조사하였다. 그 결과 고교/대학에서 창조적인 예술 공부를 한 사람이 정상인에 비해 조현병 발생율은 1.9배 조울증은 1.6배 우울증은 1.4배 더 많았다(MacCabe JH 등, 2018). 즉, 이런 정신질환들은 모두 창조적 예술과 관계가 있다는 것이다. 이 연구에도 문제는 있다. 창조적인 예술 공부를 했다고 그 사람이 반드시 창조적인 것은 아니다. 예컨대 부모의 뜻에 의해 억지로 그런 공부를 했을 수도 있다. 그러나 예술적 소질 있는 사람이 그 분야 공부를 택하는 경향이 있는 것은 사실이다. 예술적 소질과 정신질환 걸릴 소질이 어느 정도는 상응하는 것이 맞는 것 같다.

앞에서 말했던 조현병은 어려운 병이며 환자들은 흔히 정상적인 공부나 업무를 수행하지 못한다. 그러나 효과는 탁월하면서 부작용은 적은 여러 약물들이 개발되어 조현병 환자의 삶의 질이 예전보다는 나아졌다. 랭보나 보들레르처럼 파격적인 시어를 사용하는 우리나라의 한 시인의 작품을 참 좋아하는데 그는 조현병 환자이다. 마지막 시집은 정신병원에 입원한 상태에서 출간했다고 한다. 치료약이 발전한 만큼, 우리는 앞으로 조현병 환자의 예술작품들을 더 많이 만날 수 있을지도 모른다. 시인 이야기를 하니 얼마 전 발표된 논문 한 편이 생각난다(de Manzano O et al, 2010). 저자들은 정상인들에게 다양한 (창조적인) 생각을 요구하는 몇 가지 테스트를 시행하면서 PET를 이용해 시상(thalamus)의 도파민 D2 수용체의 밀도를 측정하였다. 그 결과 다양한 생각을 하는 능력은 D2 수용체의 밀도가 적은 것과 관련이 있었다.

이 논문 한 편의 결과만으로 인간의 복잡한, '창조적인' 생각의 기전을 평가하기에는 부족하지만, 저자들의 해석은 이렇다. 우리가 받아들이는 여러 정보는 시상에 도착한 후 필요한 것은 대뇌 피질로 보내져 해석이 된다. 이때 시상의 도파민 함유세포가 그 정보를 거르는 일을 하는데 수용체의 밀도가 낮은 사람들은 정보들이 별로 걸러지지 않은 상태로 과도하게 대뇌 피질로 전달된다. 따라서 이 과정 중에 남이 생각하지 못한 창조적인 혹은 특이한 생각을 하게 된다는 것이다. 그런데 앞에서 말한 대로 과학자들은 변연계나 시상의 도파민 대사 이상이 조현병 환자의 발병 기전을 설명하는 현상으로 생각한다. 어쩌면 조현병 환자들은 도파민 결핍에 의해 걸러지지 않은 정보들이 마구 대뇌피질에 도달해서 뒤죽박죽이 된 사고를 하게 되는 것이 아닌가 한다. 그렇다면 창조적인 사람과 정신병 환자는 뇌는 비슷한 데가 있다고 할 수 있을 것 같다. 왜 어떤 사람들은 창조적인 인간이 되고, 어떤 사람은 환자가 되는 것인지 향후 과학자들이 풀어야 할 숙제이다.

드물긴 하지만 정신질환이 아닌 신경계 질환을 앓는 사람도 예술적 창조성이 발달할 수 있다. 이중 가장 유명한 질환이 '전두엽-측두엽 치매'라는 병이다. 이것은 치매를 일으키는 병 중 하나이다. 치매 원인 중 가장 흔한 알츠하이머병(230쪽 <스틸 앨리스> 참조)이 뇌가 전반적으로 손상되는 것이 특징인데 반해, 이 병은 말 그대로 전두엽과 측두엽만이 선택적으로 더 많이 손상된다. 치매 증상을 보이는 점은 알츠하이머병 환자와 마찬가지이지만 알츠하이머병 환자가 기억력 저하가 최초의 증세로 발현하는데 반해 이 환자들은 성격이 변하고 행동이 이상해지는 증세를 주로 나타낸다.

또한 측두엽의 손상 때문에 시각적 환상 증상을 자주 보이는 특징이 있다. 그런데 이런 환자들 중 일부는 미술적 기능이 향상된다. 치매가 심해 말도 못하고 사회적 활동도 전혀 못하는 환자인데도 그림만은 믿기 어려울 정도로 잘 그리는 분들이 있다. 80쪽 <거대한 강박

관념〉에서 토의했듯 시각정보는 후두엽에서 담당한다. 시각정보의 공간적 해석은 후두엽과 이어져 있는 두정엽에서 이루어진다. 따라서 그림을 그리려면 후두엽/두정엽의 기능이 활발해야 한다. 평소 후두엽/두정엽 기능을 억제하던 전두엽/측두엽의 기능이 저하되니 후두엽/두정엽 기능이 오히려 증가되어 그림을 더 잘 그리게 된다는 것이 현재까지 받아들여지고 있는 가설이다. 이런 환자들의 그림은 대개 추상화보다는 세밀한 구상화인데, 전두엽이 손상되어 추상적인 사고를 할 수는 없으므로, 있는 그대로를 더 자세히 그린다는 것이다 (Miller BL, 1998). 물론 병이 점차 진행하여 치매증세가 심해지면 아무것도 못하게 된다.

# 5 웃고 운다는 것

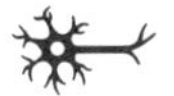

### 웃음과 울음

너무 기쁘거나 크게 감동해도 눈물이 난다. 오랜 고생 끝에 우승해 상을 받는 운동선수들은 대개 주먹 같은 눈물을 흘린다. 여성들은 엉엉 울기도 한다. 그러나 우리가 우는 가장 빈번한 이유는 슬프기 때문이다.

우는 빈도와 정도는 여자가 남자보다 많다. 물론 아기들은 더 자주 운다. 태어날 때부터 울고, 틈만 나면 운다. 셰익스피어는 희곡 〈리어 왕〉에서 아기가 태어날 때 우는 이유는 '바보들만 가득한 이 세상에 태어나는 것이 슬퍼서'라고 썼지만, 실은 갓 태어난 아이한테 울음이란 그의 표현수단이다. 뭔가 보살핌이 필요한 상태에서 나를 좀 봐달라는 신호이다. 이런 아이들한테 미안한 이야기이지만, 사실 나는 지나치게 많이 우는 아이를 보면 진화가 잘못된 인간의 모습이 아닌가 하는 생각이 들기도 한다. 주변에 천적이 있는 동물의 새끼라면 '적당히' 울 것이다. 지나치게 크게 오래 울면 천적이 찾아와 엄마와 자신을 모두 잡아먹어버릴 것이기 때문에. 이런 점에서 우리 아이들의 지나친 울음은 천적이 없이 살고 있는 희귀한 동물인 인간의 또 다른 모습일 수도 있다. 하지만 이러한 우렁찬 울음은 어쩌면 '엄마, 천적한테 잡아먹히기 싫으면 빨리 와서 나 좀 돌봐줘.' 하는 신호이며, 그 작전이 그동안 잘 먹혀들었기에 아직까지도 아이들은 오래 우는 것인지도 모른다. 어른 울음의 원인도 아기의 울음과 크게 다르지는 않다. 나한테 문제가 생겨 슬프니 자신을 보호해달라는 사회적 신호일 것이다. 남자들이 여자보다 잘 울지 않는 이유는 보호해달라는 약자의 신호를 보내는 것은 '강한 남자'의 이미지를 손상시켜 오히려 사회적으로 손해가 되기 때문일지도 모른다.

반면 웃음의 원인은 울음보다 복잡하다. 우리는 하루에도 여러 차례 웃지만 왜 웃는가에 대해서는 많은 이론이 있었다. 우리는 어처구니 없는 행동을 하는 사람을 보면 웃는데, 이런 점에서 웃음은 자신이 남보다 우월함을 확인하는 행위라는 이론이 있다. 우리는 유머 때문에도 웃는데 여기에 대한 해석은 더 복잡하다. '대조된 부조화 이론' 혹은 '놀람 이론' 등이 있다. 유머는 대조된 인식에서 파생되며 어떤 갑자스런 부조화에서 나온다. 따라서 적절한 유머를 써서 주변 사람들을 웃겼다 하더라도 이를 한 번 더 하면 그 놀람의 기분이 없기 때문에 별로 웃지 않는다. 이외 웃음에는 공허한 웃음, 신경질적인 웃음도 있으며 간지럽힐 때 생기는 '촉각 웃음'도 있다. 그러나 웃음의 가장 큰 이유는 일단 즐겁기 때문일 것이다. 우리는 상황이 즐거우면 웃는다. 그런데 반대로 웃으면 즐거워지기도 한다. 실제로 우리는 즐거워지기 위해 웃는다는 이론도 있다. 이 이론을 주창하는 사람들은 우리가 완벽하게 행복하다면 절대 웃지 않을 것이라고 한다. 이런 점에서 니체가 한 말인 "세상에 인간처럼 큰 고통을 느끼며 살아가는 동물은 없다. 그래서 웃음이 생길 수밖에 없다."를 이해할 수 있을 것도 같다.

이처럼 인간이 매일 행하는 행동인 웃음에는 아직도 모르는 점이 많지만, 확실한 것은 웃음은 인간의 협동을 증진시킨다. 웃음에는 전염성이 있어 남이 웃으면 자신도 따라서 웃게 된다. 또한 조용히 웃던 사람이 주변사람들이 동조해 웃으면 더욱 크게 웃게 된다. 전염성이 있다는 것은 사회적 행동과 협력을 증진시키기 위해 웃음이 진화해왔음을 강력히 시사한다. 농담은 불편한 분위기를 풀어내고 스트레스를 해소시킨다. 어려운 일을 거절할 때 농담처럼 말하며 거절하면 훨씬 쉽다. 남성의 경우 여성을 더 많이 웃게 할수록 여성이 그 남성을 다시 만나려 할 확률이 높은 것으로 알려졌다. 그러나 그 반대의 경우는 많지 않은 편이다. 오히려 여성이 남성의 재담에 더 많이 웃을수록 그 남성은 여성을 더 만나고 싶어한다. 멍청한 남자는 잘 모르겠지만 별로 재미없는데도 여성들은 웃어주는 것이다. 이는 '나는 당신의 말을 잘 듣고 이를 존중해요.'라는 신호로서 상대방 남성뿐 아니라 자신의 가치를 높여주는 전략인 것이다. 라흐마니노프 피아노 협주곡 2번이 내내 흐르는 데이비드 린 감독의 추억의 명화 〈밀회〉(1945)에서도 유부녀, 유부남인 로라(셀리아 존슨 분)과 알렉(트레버 하워드 분)의 사랑이 싹틀 무렵 의사인 알렉의 자신에 찬 말을 감동받은 표정으로 듣던 로라는 '내가 어려운 말 잘 못 알아들어 미안해요.'라고 한다. 하지만 알렉은 '그냥 당신이 내 말을 들어줘서 기뻐요.' 한다. 남성의 말을 '잘 들어주는' 여성의 모습이 호소력이 있는 것이다.

그런데 세상에는 '병적 웃음', '병적 울음'(pathological laughing, crying)이란 것도 있다. 우습지 않은데도 지나치게 웃고, 슬프지 않은데도 지나치게 우는 증상이다. 이제부터 여기에 대한 이야기를 하자.

### 병적 웃음, 병적 울음: 기우가 웃는 까닭은?

'하하하, 깔깔깔.' 봉준호 감독의 영화 〈기생충〉(2019)에서, 기우(최우식 분)는 칼에 찔려 죽은 여동생 기정(박소담 분) 영정 앞에서 미친 듯이 웃는다. 엄마와 하객들은 눈물을 펑펑 흘리고 있는데 말이다. 사랑하는 동생의 영정 앞에서 그는 왜 웃는 것일까? 절대 즐거워서 웃는 것은 아닐 것이다. 기우의 뇌는 어떻게 된 것일까?

오래전에 봤던 70대 여성 뇌졸중 환자가 생각난다. 이 분의 가장 큰 문제는 팔과 다리가 마비된 것도, 말이 잘 안 되는 것도, 시야가 안 보이는 것도 아니었다. 단지 지나치게 웃는 것이 문제였다. 별로 우스운 일이 없는데도 그냥 발작적으로 웃는 것이었다. 나는 환자에게 "환자분은 언제 그렇게 웃게 된 거예요?"라고 물어봤다. 이 말에 그녀는 웃음을 터뜨렸다. 그런데 그녀는 절대 우습거나 기분 좋아서 웃는 것은 아니었다. 첫째, 내가 질문한 단순한 내용은 절대 우스운 것이 아니다. 둘째, 그녀가 웃음을 터뜨리는 순간은 '언제'란 말이 내 입에서 나오자마자였다. 즉 질문 내용을 그녀가 이해하고 웃은 것이 아니라 내가 뭐라 질문을 하는 그 자체가 바로 웃음을 유발했던 것이다.

나는 1990년대부터 이런 환자들을 관심을 가지고 조사해왔다. K씨는 지나치게 웃는 것이 문제였지만 지나치게 우는 환자가 실은 더 많았다. 어떤 환자는 처음에는 웃음으로 시작하다가 점차 울음으로 바뀌기도 한다. 이 분들은 혼자 가만히 있을 때 웃는 경우는 거의 없다. 어떤 사회적, 감정적인 자극이 있어야 웃는다. 병원에 입원한 환자의 경우, 의료진이 진찰하러 들어오면 웃고 울며, 특히 말을 걸거나 진찰하면 증세가 시작한다. 진찰하는 도중에 그 환자에게 익숙지 않은 행위를 시키면 더욱 웃음/울음을 유발한다. 예컨대 소뇌 기능 검사 중 손가락을 환자 자신의 코에 댔다가 의사의 손끝으로 움직이는 것을 반복하는 'finger to nose' 검사라는 것이 있는데, 이 검사를 시행하면서 웃거나 우는 환자를 자주 볼 수 있다. 간호사보다는 의사가 들어올 때 더 웃는데, 이는 간호사는 자주 들어오지만 의사는 가끔 들어온다는 사실, 그리고 간호사는 대개 젊은 여성인데 의사는 나이든 남자이므로 좀 더 긴장된 느낌이 들어 그러는 것 같다. 같은 이유로 매일 병상을 지키는 아내한테 웃지는 않지만 어쩌다 면회 온 친척을 보면 울고/웃는다.

나는 1997년 이런 증상을 보이는 뇌졸중 환자들의 증세를 체계적으로 분석한 첫 논문을 발표했다(Kim JS, 1997). 그러나 실은 이보다 훨씬 전에 뇌손상 환자에서 발견되는 이런 증상을 미국의 윌슨 박사가 기술한 바 있다(Wilson SAK, 1924). 그 환자들은 대뇌 손상이 매우 심하여 몸을 움직일 수도 없는 상태로 병상에 누워 있는 환자들이었다. 물론 다른 사람과 대화를 하며 웃거나 우는 것은 불가능했다. 그런데도 이 환자들은 간혹 발작적으로 울거나 웃는 것이었다. 의료진이 진찰하러 들어오면 웃음/울음을 터뜨리며, 심지어 커튼이 바람에

흔들려도 우는 환자도 있었다. 윌슨 박사는 이런 증상을 병적 웃음/울음(pathological laughing/crying)이라 기술했다. 이런 증상은 환자와 보호자를 모두 당황케 한다. 한 예로 내가 본 40대 여자 환자에게 가장 문제가 되는 증상은 평소에는 괜찮은데 간혹 여는 가족회의를 할 때 시아버지의 근엄한 모습을 보면 반드시 지나치게 웃는 증상이 나온다는 것이었다. 혹은 앞에서 영화 〈기생충〉에서 본 대로 증상이 바깥 상황과 정반대로 나타나기도 한다. 장례식에 갔는데 웃음을 터뜨리는 경우이다. 물론 장례식에서 본인은 슬펐을 것이다 그러나 이상하게도 웃음이 터져 나오는 것이고 이것이 조절이 안 되니 정말 곤란한 것이다.

윌슨 박사는 웃고 우는 증상이 밖의 상황과 무관한 증상임을 강조했다. 즉, 우스운 일이 있을 때 웃는 것은 병적 웃음/울음은 아니므로 병적 웃음/울음을 진단하는 진단 기준에는 반드시 웃고 우는 현상이 주변 상황과 맞지 않음이 확인되어야 한다는 것이다. 그러나 나를 비롯한 현대 신경과 의사들이 관찰한 바에 따르면 이것은 좀 지나치게 엄격한 규정이다. 물론 뇌 손상이 양측으로 (좌측과 우측 모두) 발생한, 증상이 심한 환자에서는 이처럼 심한 증상이 나타난다. 그러나 뇌 손상이 한쪽에만 있는 비교적 경한 환자들에서는 웃고 우는 증상도 그 정도가 약하다. 혹은 초기에 증상이 심한 경우에는 본인의 감정과 전혀 무관한 웃고 우는 증세를 보이지만 시간이 흘러 뇌 손상이 점차 회복되면서 이 증상도 경감된다.

예컨대 퇴원한 뇌졸중 환자가 TV를 보면서 평소에 비해 지나치게 웃거나 우는 경우가 있는데 이런 증상은 엄밀히 말하면 윌슨 박사가 말하는 '밖의 상황과 무관한' 웃음/울음은 아닌 것이다. 다만 평소 슬픈 연속극을 보아도 울지 않던 중년 남성이 울고 있는 것을 보면 환자의 가족도 분명 환자는 예전과는 달라졌다고 이야기한다. 이러한 관찰 끝에 나는 병적 웃음/울음에 대해 기존의 엄격한 기준보다는 좀 더 완화된 기준을 만들었다. 즉 평소에 비해 지나치게 웃고 우는 현상이 두 차례 이상 관찰되며 이 증세가 정상이 아니라는 것을 환자와 보호자가 인정한 경우를 '이상 증상'이라 인정하는 기준이다. 이 기준은 현재 Kim's criteria로 사용되고 있다. 또한 '병적 웃음/울음'이란 말의 어감이 너무 강하기 때문에 감정실금(emotional incontinence)란 단어를 사용하자고 주창하였다(Kim JS and Choi-Kwon S, 2000).

이러한 감정실금 환자는 다른 나라보다 한국에서 더 많은 것 같은데 그 이유를 나는 이렇게 생각한다. 서양인은 심장이나 경동맥(목동맥)에서 발생한 혈전이 혈관을 타고 올라가 뇌혈관을 막는다. 따라서 대뇌피질에 커다란 뇌경색이 생기는 경우가 많다. 반면 동양인은 뇌에 붙어 있는 좀 더 작은 혈관들에 병이 생기는 경우가 많은데 (두개강 내 혈관) 여기서 분지하는 미세 혈관들이 뇌의 깊은 부분 즉 기저핵이나 뇌교 같은 곳을 많이 손상시킨다. 이러한 부위는 감정조절에 관여하는 신경전달물질인 세로토닌 신경 섬유 분포가 많이 분포한다. 따라서 한국인 혹은 동양인들은 세로토닌 결손에 의한 감정실금 증상이 더 많이 나타나는 것 같다. 그런데 다른 이론도 있다. 한번은 외국에서 강의하는데 한 동남아 의사가 손을 들더니 다음과 같은 코멘트를 했다. "한국 드라마는 슬프잖아요. 그래서 이런 증상이 더 많이 발견되는 게 아닐까요?" 모두 웃어 넘겼지만 사실 그럴 수도 있다 생각했다.

그러면 이러한 감정실금 환자에서 지나치게 울거나 웃는 현상이 발생하는 기전은 무엇일까? 누구보다도 윌슨 박사가 여기에 대해 많은 생각을 한 듯하다. 울거나 웃기 위해서 우리는 크게 호흡을 들이쉰 후 내쉬어야 한다. 이때 숨이 딱딱 끊어져야 '하하하' 혹은 '엉엉엉' 하며 웃거나 울 수가 있다. 숨을 들이마시거나 내쉬는 것은 갈비뼈 사이에 있는 근육들 그리고 가로막 근육이 하는 일이다. 이런 근육을 움직이는 신경들은 프롤로그에서 말했듯 대뇌의 운동중추에 있다. 우습거나 슬프다고 느끼는 것은 위에서 말한 대로 편도체를 비롯한 변연계의 감정회로들이 상황이 우습거나 슬픈 일인지 인지를 하는 대뇌의 여러 세포들와 합작해서 결정한다. 즉, 이런 변연계/대뇌 피질 세포가 호흡 관련 대뇌 중추를 자극해서 숨을 들이쉬고 내 뱉어야 하며 또한 그 중간에 딱딱 끊어야 한다. 이런 일을 의식적으로 할 수는 없기에 웃음/울음의 이런 일련의 작용은 어느 정도 세트화되어 있다. 윌슨 박사는 이런 기능을 전체적으로 조절하는 회로가 뇌간에 존재한다고 생각했다. 그의 이론에 의하면 웃음/울음을 인지하는 변연계/대뇌 신경중추로부터 실제 웃음/울음을 조절하는 뇌간으로 향하는 회로들이 손상이 생기며 두 신경중추가 서로 따로 놀게 되고 따라서 뇌간의 웃음/울음 중추가 과도하게 혹은 부적절하게 활성화되는 현상인 것으로 해석된다.

매우 훌륭한 이론이며 거의 100년이 지난 현재도 나를 비롯한 많은 의사들은 그의 말에 대부분 동의한다. 그러나 당시는 CT/MRI 같은 장비가 없었으므로 과연 뇌의 어느 부위에 손상이 생겨야 이런 증세가 많은 나타나는지 잘 알 수 없었다. 나와 동료들은 MRI를 사용한 여러 후속 연구를 통해 세로토닌 신경전달물질을 함유하고 있는 전두엽/기저핵/뇌간의 신경세포에 손상이 생기면 이런 증세가 나타남을 밝혔다. 감정실금 환자들은 흔히 분노조절장애도 동반하는데 이런 환자들은 세로토닌 신경섬유가 풍부한 기저핵, 뇌교 등에 손상을 흔히 가지고 있다. 우울증도 어느 정도는 그러한데 뇌 손상의 위치와 우울증의 관계가 썩 확연하지는 않다. 그 이유는 우울증은 뇌의 세로토닌 시스템 이상 이외에 다른 요인들과도 관계하기 때문일 것이다. 심각한 반신마비나 언어장애가 생긴다면 뇌 손상의 위치와 상관없이 누구라도 우울한 기분이 생길 것이다. 또한 후유증이 남은 상태에서 사회에서 살아갈 때 여러가지 문제에 부딪히는 점도 우울의 원인이 될 것이다. 즉 뇌졸중 환자의 우울증의 원인은 좀더 복합적이기 때문에 뇌 손상의 위치와 증상과의 관련이 감정실금 증세에 비해 뚜렷하지 않은 듯하다(Kim JS and Choi-Kwon S, 2000).

영화관에서 〈기생충〉이 상영되고 있을 즈음 나는 다른 영화에서 병적 웃음 증상을 보인 주인공을 또 한 명 만날 수 있었다. 바로 토드 필립스 감독의 〈조커〉(2019)에 나온 아서 플렉(호아킨 피닉스 분)이다. 그도 때에 따라 참을 수 없는 심한 웃음을 터뜨리는데 당황해하는 주변 사람들을 위해 아예 병명을 적은 명함을 가지고 다닌다. 영화 감독들은 왜 병적 웃음 증세를 갖는 주인공들을 내세운 것일까? 웃음이란 원래 즐거운 감정의 표현이다. 또한 전염성이 있어 남을 즐겁게 해주는 효과도 있다. 그러나 상황에 맞지 않는, 혹은 지나친 웃음은 뭔가 기괴하다. 오히려 울음보다도 더 그로테스크하다. 음울한 영화인 〈기생충〉과 〈조커〉에서 '병적 웃음'은 오히려 그 기괴한, 비극적 상황을 증폭시키는 효과가 있는 것 같다. 두 영화 모두 가족적, 사회적 부조리를 그리지만 〈조커〉는 좀더 음울하고 또한 폭력적이다. 아서는 웃음을 터뜨리는 모습을 조롱한 남자들과 지하철에서 다투다 권총을 쏴 이들을 죽인다. 또한 TV 방송 중 선배 방송인을 쏴 죽이기도 한다. 이런 점을 보아 조커는 병적 웃음에 더해 '분노조절장애' 증상도 함께 가지고 있는 듯하다. 앞서 말한 대로 감정실금과 분노조절장애의 기전은 비슷하며 실제로 뇌 손상 환자에서 병적 웃음/울음과 분노조절장애가 함께 존재하는 경우가 많다.

두 영화에서 두 주인공의 감정실금의 원인이 될 만한 뇌 손상에 관한 친절한 언급은 없다. 평소 병적 웃음이 없던 기우는 지하에 사는 남자 근세(박명훈 분)에 의해 돌로 머리를 가격당한 이후 이 증상이 생긴 것으로 보아, 이로 인한 경막하 출혈(subdural hemorrhage)이 생겨 전두엽을 손상시키고 이것이 병적 웃음 증상을 초래했을 가능성이 있을 것 같다(사진 4-3). 아서 플렉(조커)의 경우는 뇌 손상의 병력이 확실치 않다. 그는 어릴 적 부모의 학대와 가난 등 때문에 제대로 울지도 못하고, 망상적 우울증에 시달리는 사람으로 나온다. 즉 감독은 이러한 병적 웃음 현상을 뇌 손상보다는 가족/사회로부터 버림받은 사람의 심한 우울과 분노의 증상으로 본 것 같다. 물론 지나치게 좌절한 상태에서 울음이 아닌 웃음(헛웃음)이 나타날 수는 있다. 그러나 동생의 영정 앞에서 웃음을 터뜨리거나 마땅한 이유도 없이 지나치게 웃음을 터뜨리는 증상은 뇌 손상 혹은 적어도 뇌 기능장애가 있

그림 4-3

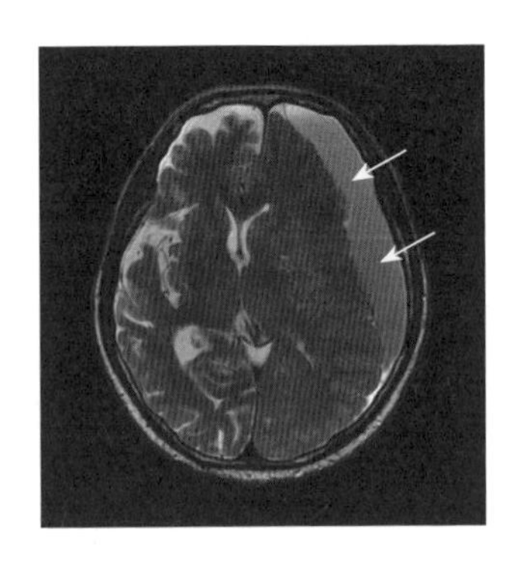

외부의 충격을 받아 경막하 출혈(화살표)이 생긴 환자의 MRI 사진

는 사람의 증세로 보는 것이 더 타당하다. 그 해석이야 어쨌든, 웃음과 울음은 기본적으로 서로 감정을 교류하면서 관계를 돈독히 하려는 인간의 진화적 산물이다. 그리고 이를 위해 뇌는 아주 복잡하게 연결된 회로를 만들어두었다. 이런 회로가 손상된 환자들의 증상을 보면서 뇌 속에 숨겨진 인간 진화의 비밀을 엿볼 수 있을 것 같다.

감독들의 의도대로 기우나 아서 플렉이 심한 우울증 환자였다면 우리 사회가 좀 더 공정한 선진 사회가 되어야 할 것이고 또한 우울증을 잘 치료해야 할 것이다. 그러나 이들의 뇌의 손상에 기인한 병적 웃음 혹은 감정실금이었다면 실은 뇌에서 세로토닌을 증가시키는 약만 복용해도 증세가 좋아진다. 세로토닌은 우리의 감정을 조절하는 중요한 신경전달물질인데, 세로토닌이 부족한 것은 우울, 감정실금, 분노 모두와 관계가 있다. 현재 가장 많이 사용되는 약은 세로토닌 선택적 재흡수 억제제(selective serotonin reuptake inhibitor, SSRI)이다. 세로토닌이 A라는 신경에서 분비되고 이것이 B신경을 자극해서 감정을 이룬다면 이 약은 세포에서 시냅스로 흘려 내보낸 세로토닌의 일부가 재흡수되는 것을 억제한다. 따라서 시냅스에 세로토닌이 좀더 오래 머물게 되어, 세로토닌 부족증 환자들에게 도움이 될 수 있다. 나와 동료들이 연구한 바에 의하면 SSRI는 우울증에도 효과가 있지만 감정실금과 분노조절장애에 효과가 더욱 좋다(Choi-Kwon S 등, 2006; Kim JS 등 2017). 약을 중단하면 울음/웃음 증세가 다시 심해지므로 보호자들은 이렇게 요구한다. "선생님, 그 웃지 않는 약 있잖아요. 그것 이번엔 꼭 처방해주세요."

마지막으로 아마도 가장 오래된 병적 웃음 환자였을 것으로 생각되는 한 분을 소개하며 글을 마치려 한다. 프랑스의 극작가이며 배우인 장 밥티스트 몰리에르는 본인이 창작한 〈상상으로 앓는 사나이〉란 희극에서 주인공 아르강 역을 맡아 열연하던 중 쓰러져 집으로 옮겨졌다. 이후 1시간 정도 지나 사망했는데 그동안 계속 걷잡을 수 없이 웃었다고 기록되어 있다. 기저핵이나 뇌간에 뇌졸중이 생기면 웃음 발작이 최초의 증세로 나타나는 경우가 있으므로 몰리에르가 이런 케이스가 아니었는지 조심스럽게 생각해본다.

# 5부

# 뇌질환의 숱한 오해와 진실

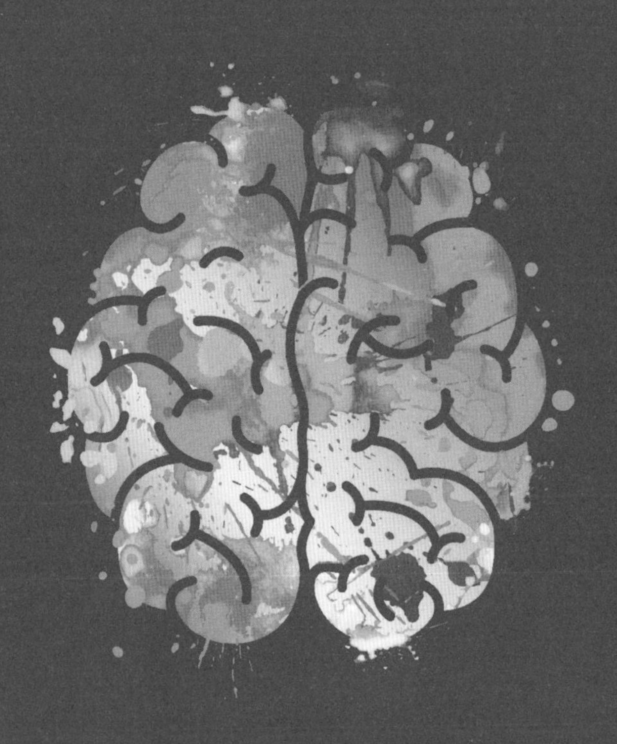

BRAIN INSIDE

# 뇌졸중: 뇌가 우리를 움직이는 법

1

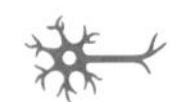

나는 프롤로그에서 생명체의 뇌는 '잘 움직이기 위해' 진화한 것 같다고 썼다. 그런데 뇌가 어떤 방식으로 우리 몸을 움직이는가에 대해서는 아직까지 말할 기회가 없었다. 이제부터 여기에 대해 이야기하려 한다. 우선 소설 『드라큘라』부터 소개하겠다.

## 드라큘라 이야기

드라큘라 영화를 보신 분도 책을 읽으신 분도 있을 것이다. 그런데 대부분 책을 영화로 각색한 경우가 그렇듯 드라큘라의 경우도 영화보다는 책을 보는 것이 더 재미있다. 물론 어두운 밤, 희미한 불빛을 따라 누가 사는지도 알 수 없는 숲속의 성으로 마차를 몰고 가는 그 무서우면서도 이상하게 낭만적인 영화의 분위기를 아직도 나는 기억하고 있지만 말이다. 내가 책을 선호하는 이유는 무엇보다도 저자 브램 스토커의 글이 매우 미려하기 때문이다. 모든 사물에 대한 묘사가 정확하면서도 신선하다. 19세기에 쓴 글인데도 마치 최근 작가의 작법처럼 문장이 간결하고 군더더기가 없다. 호러 영화, 뮤지컬 등으로 여러 차례 재생산된 것을 보면 알 수 있듯 소설 『드라큘라』는 풍성한 변주를 제공하는데, 단순 호러물이라기보다는 의미를 갖는 스토리라 할 수 있다. 주인공은 젊은 여자의 피를 먹어야 생존할 수 있는 얄궂은 운명을 가진 남자로 어둠 속에서만 살아야 한다. 이를 다양한 사랑과 삶의 방식을 억압하는 도덕적 가치와 기독교 문명에 대한 반발의 의미로 볼 수는 없을까? 일정한 길만이 인정되는 폐쇄된 사회에서 드라큘라가 되고 싶은 남성들도 분명 있을 것 같다.

『드라큘라』의 내용은 누구나 알고 있을테니 생략하고, 나는 소설의 단 한 장면을 말하려 한다. 박쥐들이 출몰하는 지역에서 아침이 밝자 사람들은 렌필드가 피투성이로 쓰러져 있는 것을 발견한다. 소설에는 이렇게 기록되어 있다. '사내의 숨결이 불안정한 헐떡임으로 바뀌어, 매순간 말을 할 것처럼 보이다가도 씩씩거리는 숨을 몰아 쉬다가 의식 불명 상태로 되돌아가곤 했다.' 그를 살펴본 간호인이 말한다. '제 생각에는 등뼈가 부러진 것 같습니다. 보세요. 오른쪽 팔 다리가 마비되어 있고, 얼굴은 전체가 마비되어 있습니다. 그러나 반헬싱 박사는 생각이 다르다. '뇌의 운동신경 부위 전체가 손상을 입은 것 같네. 뇌출혈이 급속히 증가할 것 같으니 당장에 관상톱으로 수술하지 않으면 너무 늦어질 것 같네. 될 수 있는 대로 신속하고 완벽하게 핏덩어리를 제거해야 해. 출혈이 점점 증가하고 있는 것이 분명하니까.'

100년이 지난 지금 신경과 전문의인 내가 보기에도 반 헬싱 박사의 판단은 정확했다. 렌필드는 뇌를 다쳐 뇌출혈이 생긴 것이며 이로

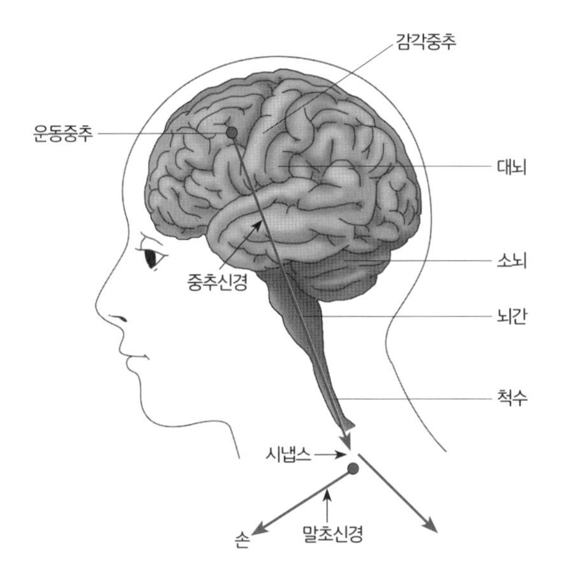


인해 대뇌의 운동신경이 손상되어 반신마비가 온 경우이다. 반 헬싱 박사는 수술을 시작했고 렌필드의 의식은 좀 더 좋아졌다. 그는 말한다. '의사 선생, 나는 끔찍한 꿈을 꾸었는데 그 때문에 힘이 없어 움직일 수가 없네요. 내 얼굴이 어떻게 된 거죠?. 온통 부은 것 같고 지독하게 쑤시고 있소. 아니 제 자신을 속이면 안 되겠지요, 그건 꿈이 아니라 분명한 현실이었습니다.' 그러면서 그는 드라큘라와 대적한 이야기, 그리고 드라큘라가 자신을 던져 이렇게 됐다는 이야기를 했다.

그림 5-1에서 보듯 우리 몸을 움직이는 운동신경은 좌우 대뇌반구의 옆쪽에 자리잡고 있다. 이 '운동신경중추'로부터 팔, 다리, 얼굴 등으로 향하는 운동신경이 출발하는 것이다. 그런데 웬일인지는 모르지만 운동신경은 같은 쪽 팔다리로 향하지 않는다. 내려오던 운동신

경은 뇌의 가장 아래 부위에서 반대쪽으로 건너간 후 내려간다. 신경은 전깃줄과 비슷하며 실제로 전기가 흐른다. 그런데 우리가 팔을 움직일 때 한 줄의 운동신경이 팔까지 연결되어 있는 것은 아니다. 그림에서 보듯, 대뇌의 운동중추에서 시작한 운동신경은 뇌의 아래 부위에서 반대편으로 건너간 후 척추를 따라 내려간다. 그 끝에는 '시냅스'란 작은 공간이 있는데 여기서 배턴을 그 다음 주자에게 넘긴다. 이 제1주자를 '중추신경'이라 부른다. 중추신경이 제2주자에게 배턴을 넘기는 데 사용하는 메신저는 신경전달물질(neurotransmitter)이라 부르는 화학물질이다. 이 신경전달물질을 받은 제2주자 운동신경은 척수를 빠져나와 근육에까지 이르는데 이 제2주자를 '말초신경'이라 칭한다.

앞서 말한 대로 대뇌의 운동신경은 뇌의 맨 밑바닥에서 반대쪽으로 건너간 다음 척수를 타고 내려간다. 즉 왼쪽 대뇌의 운동신경은 오른쪽 팔다리(그리고 얼굴)로 향하고 오른쪽 대뇌의 운동신경은 왼쪽 팔, 다리로 향한다. 따라서 뇌의 한쪽이 손상된다면 팔다리 마비는 그 반대쪽에 온다. 이제 여러분들은 렌필드의 오른쪽 반신마비가 왼쪽 뇌의 운동신경중추를 다쳤기 때문임을 이해할 것이다.

렌필드의 경우 수술해서 혈종을 제거했는데, 출혈이 심하지 않다면 그대로 지켜보거나 뇌압을 낮추는 약물만 투여하면 된다. 출혈이 심하거나 혹은 계속된다면 대뇌가 붓게 되고 (부종) 그 압력이 심해져 뇌간(그림 5-1, 우리의 의식과 호흡/맥박 같은 기본 생리 작용을 관장하는 부위)을 누르면 의식이 없어지고 호흡이 정지되어 사망하게 된다. 따라서 출혈이나 부종이 너무 심해 생명이 위험하다면 두개골을 절개하여 혈종을 제거하고 부종이 뇌간을 누르는 압력을 줄여주어야 한다. 『드라큘라』에서 반 헬싱 박사는 이런 식으로 수술을 시행했고 렌필드는 다행히 목숨을 건졌다. 이제 대뇌의 운동중추에 대해 웬만큼 설명했으니 뇌졸중에 의해 반신마비가 생긴 환자가 등장하는 영화 한 편을 보기로 하자.

### 가을의 전설: 러드로우 대령을 고칠 수 있을까?

에드워드 즈윅 감독의 영화 〈가을의 전설〉에서 윌리엄 러드로우 대령(안소니 홉킨스 분)은 퇴역 후 몬태나의 외딴 들판에 집을 짓고 세 아들과 함께 산다. 아내는 혹독한 겨울이 힘들다고 도시로 떠나 있는 상태. 이 황량한 곳에 셋째 아들(새뮤얼, 헨리 토마스 분)이 도시에서 사귄 애인 수잔나(줄리아 오몬드 분)를 데리고 온다. 세 형제는 모두 수잔나를 좋아하지만 수잔나는 이중 가장 거칠고 순수한 둘째 트리스탄(브래드 피트 분)을 좋아한다. 러드로우 대령도 같은 이유로 삼형제 중 트리스탄을 가장 좋아한다. 막내는 1차 세계대전 중 전사하고, 장남 알프레드(에이단 퀸 분)는 수잔나와 결혼하려 하지만 수잔나가 트리스탄과 육체관계를 갖는 것을 보고 충격 받아 도시로 떠난다. 수잔나와 트리스단은 함께 살지민 방랑벽 때문에 트리스탄은 이디론가 떠나고 수잔나에게 '나는 잊고 다른 남자를 찾으라'는 편지를 보낸다. 이 사실을 알고 수잔나와 러드로우 대령은 크게 상심하는데, 그날 저녁 대령은 쓰러진 채 발견된다. 다음은 영화에서 본 러드로우 대령의 상태이다.

첫째, 대령은 오른쪽 팔다리가 마비되었다. 처음에는 꼼짝도 못하고 침대에 누워 지냈지만 점차 회복하여 남의 도움을 받아 걸었고, 영화의 마지막에는 혼자서도 절뚝거리며 걸을 수 있을 정도로 회복되었다. 둘째, 대령은 말을 하지 못했다. 처음에 그는 한 마디도 하지 못했다. 그러나 아들이 돌아오자 작은 칠판에 하고 싶은 말을 적어 의사를 표현했다. 이 증세도 점차 호전되어 나중에는 발음은 이상하지만 남이 알아들을 수 있을 정도로 회복되었다. 셋째, 대령의 얼굴이 일그러져 있었다. 그런데 오른쪽 얼굴이 주로 그랬다. 눈이 감겨 잘 뜨지 못했고 (왼쪽 눈은 뜨고 있었다) 입술도 오른쪽으로 돌아가 있었다. 대령의 뇌는 어디가 손상된 것일까? 일단 오른쪽 팔다리가 마비된 것으로 보아 『드라큘라』의 렌필드의 경우처럼 왼쪽 대뇌의 운동중추가 손상된 것 같다.

말을 못하는 것은 어떻게 설명할 것인가? 말을 못하는 데는 두 가지 다른 의미가 있다.

첫째는 '발음장애(혹은 구음장애)이다. 우리가 말을 할 때 혀와 입술, 목구멍, 근육이 움직여야 한다. 그림 5-2에서 보듯, 이런 부위를 움직이는 운동신경은 운동중추의 가장 아래 부분에 모여 있다. 따라서 운동중추가 손상되어 반신마비를 갖는 환자들은 대개 발음장애도 함께 가지게 된다.

둘째는 '실어증'이다. 우리의 모든 행위를 뇌가 관장하므로 언어 구사도 뇌가 한다. 운동중추가 양쪽 뇌에 대칭으로 존재하는 것에 반해 우리의 언어중추는 뇌의 한 쪽에 전문화되어 존재한다. 대부분의 경우 언어기능은 왼쪽 대뇌가 관장한다. 뇌는 전두엽, 측두엽, 두정엽, 후두엽 등으로 나뉘는데, 언어중추는 전두엽, 측두엽, 두정엽의 경계

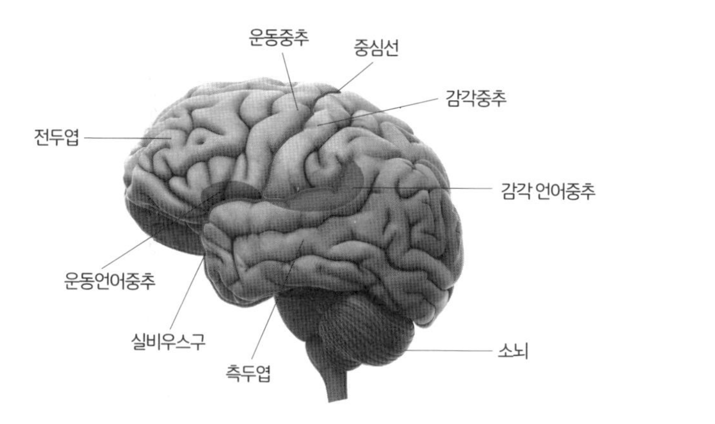


언어중추. 빗금친 부위가 언어중추이다. 앞쪽은 운동언어중추로 말을 만들어내는 일을 한다. 이곳이 뇌졸중 같은 병으로 손상되면 '말하기'에 장애가 생긴다(운동성 실어증). 뒷부분은 '감각언어중추'로 남이 하는 말을 알아듣는 기능을 한다. 이곳이 손상되면 남이 하는 말을 알아듣지 못한다(감각성 실어증). 운동언어중추과 감각언어중추가 모두 손상되면 말을 알아듣지도 하지도 못하는 상태가 된다(전실어증).

부위에 존재한다(그림 5-2). 언어중추가 왼쪽 뇌에 존재하므로 실어증 즉 언어기능장애는 왼쪽 뇌가 손상된 사람한테만 생긴다. 언어중추의 손상된 위치에 따라 말을 알아듣지만 말을 할 수 없는 경우*, 말을 구사할 수는 있으나, 남의 말을 이해하지 못하는 증상** 등이 생긴다.. 뇌졸중이 심해서 말을 하지도 못하고, 알아듣지도 못한다면 이를 '진실어증'이라 부른다.

* 그림 5-2의 운동언어중추가 손상된 경우로 운동성 실어증이라 한다. 예를 들어 '성함이 어떻게 되세요?' 하면 알아듣기는 하는데 자기 이름을 말하는 게 불가능하다.

** 감각언어중추가 손상된 경우로 감각성 실어증이라 한다. 예를 들어 '성함이 어떻게 되세요?' 하면 못 알아듣고 엉뚱한 소리를 하거나 혹은 잘못 알아듣고 눈을 감는 등 다른 행동을 한다.

러드로우 대령의 증세는 발음장애일까 실어증일까? 왼쪽 대뇌에 손상이 있으니 환자가 실어증을 가질 수는 있다. 실제로 운동중추와 더불어 언어중추까지 손상된 환자는 반신마비와 발음장애에 더하여 실어증 증세를 갖는 경우가 많다. 오른쪽 대뇌 손상이었다면 발음장애는 올 수 있겠지만 실어증이 생기지는 않을 것이다. 대령의 경우 처음에는 말을 전혀 하지 못했으니 이 둘을 구분하기는 어렵다. 그런데 그는 말을 못하는 중에도 아들의 말은 알아듣고 칠판 글씨로 대답을 한다. 일반적으로 실어증 환자는 실어증 증세의 정도와 비슷하게 글도 못 쓰거나 못 읽는다. 러드로우 대령이 말을 한 마디도 못하면서 글은 잘 썼다는 점으로 보아 실어증보다는 심한 발음장애 증세를 가졌다고 보는 편이 더 맞을 것 같다.

마지막으로 얼굴이 일그러진 증상에 대해 이야기 해야겠는데 사실 신경과 의사로서 이 부분이 가장 해석하기 곤혹스럽다. 앞서 말한 대로 얼굴 움직이는 근육은 운동중추의 가장 아래쪽에 있다. 그러므로 운동중추가 손상되면 팔, 다리 반신마비와 함께 얼굴 반쪽도 흔히 마비된다. 당연히 마비는 얼굴과 팔다리가 같은 쪽(모두 왼쪽, 혹은 모두 오른쪽)인 것이 보통이다. 대령은 오른쪽 팔다리 마비 상태이므로 오른쪽 얼굴에 마비가 왔을 것이 예상된다. 그런데 이상하게도 대령은 오른쪽 얼굴을 찡그리고 있다. 오른쪽 눈은 거의 감겨져 있으며 입술이 오른쪽으로 돌아가 있다(그림 5-3). 당연한 이야기지만 눈을 감으려면 눈 감는 근육에 힘이 있어야 하며 입술을 움직이려면 안면근육에 힘이 있어야 한다. 즉 대령의 경우 오른쪽 얼굴 근육에는 힘이 있다는 얘기가 된다. 뭔가 이상하다. 어디서 잘못된 것일까?

그림 5-3

영화 〈가을의 전설〉에서 뇌졸중에 걸린 러드로우 대령의 모습. 오른쪽 팔 다리가 마비되었는데 오른쪽 눈을 더 세게 감고 있는 것은 이상하다.

다시 이야기하겠지만 뇌졸중 환자의 치료는 빠를수록 효과가 좋다. 그래서 뇌졸중 학회에서 일반인들도 그 증상을 쉽게 알 수 있도록 만든 구호가 있다. 영어권 나라의 경우 FAST 인데 Face(얼굴 마비), Arm(팔의 마비), Speech(말을 못하거나 못 알아듣는 것) 같은 증상이 보이면 빨리(FAST) 병원에 오라는 것. 마지막 T는 time(시간)인데, 이런 증상이 있으면 신속히 병원에 올 것을 강조하는 의미이다(빨리 와야 하는 이유는 아래에 적었다). 그런데 우리나라에서는 영어를 사용하기 곤란하므로 '이웃.손.발.시선'이란 말을 사용한다. 이웃(이-하고 웃을 때 얼굴이 찌그러지는 것), 손(손을 뻗기가 힘든 것), 발(발음이 명확치 않은 것), 시선(시선이 한쪽으로 쏠리는 것) 등이다 여기에 사용된 예가 그림 5-4 이다. 이- 했을 때 오른쪽 얼굴이 마비되어 입이 움직이지 않는데, 왼쪽 얼굴 근육은 정상이므로 입은 왼쪽으로 끌려간다. 이것이 바로 오른쪽 안면마비의 증세이다.

그런데 러드로우 대령의 입은 이와 반대로 오른쪽으로 돌아가 있으니 전혀 맞지 않는 것을 알 수 있다. 오히려 왼쪽 얼굴 근육에 힘이 없어 눈을 잘 감지 못하므로 눈이 커지고, 그쪽에 힘이 없어 입술이 반대쪽(오른쪽)으로 돌아간 것처럼 보인다. 결국 대령은 오른쪽 팔, 다

그림 5-4

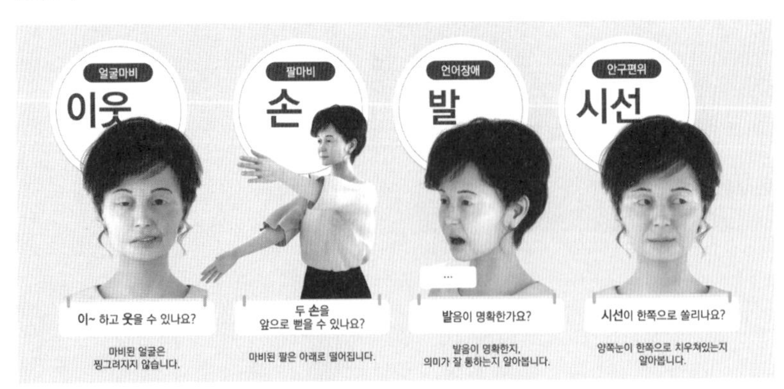


뇌졸중 증세를 간단히 테스트할 수 있는 방법. 이웃 · 손 · 발 · 시선

리 마비에 왼쪽 안면(얼굴근육) 마비 상태를 보여주고 있으니 헷갈린다. 사실 대뇌가 아니라 뇌간(숨골)의 어느 특정 부위에 뇌졸중이 온다면 얼굴 마비와 팔다리 마비의 방향이 반대로 올 수는 있다. 하지만 이는 매우 드문 경우이다. 나로서는 오른쪽 얼굴 마비의 현상을 착각한 연출자의 실수인 것으로 보인다.

뇌졸중은 뇌의 혈관에 문제가 생겨 그 혈관이 피와 산소를 공급해주는 뇌 영역이 손상되어 반신마비 등을 비롯한 신경증상이 생기는 병이다. 한때는 우리나라에서 가장 중요한 사망원인이었지만 현재는 암, 심장병에 이어 사망원인 3위를 차지한다. 뇌졸중에는 두 가지가 있다. 혈관이 막혀 그 혈관이 혈액을 공급하는 부분이 손상되는 경우를 '뇌경색', 혈관이 터져 뇌가 손상되는 경우를 '뇌출혈'이라 한다. 대령의 뇌졸중은 둘 중 어느 것일까? 사실 CT나 MRI 같은 촬영 기술이 없다면 이를 구분하기는 어렵다. CT는 1970년대, MRI는 1980년대 이후에 실용화된 기술이었으니 1910년대가 배경인 이 당시로서는 이런 검사를 할 수 없어 정확한 병명을 알기 어려울 것이다. 하지만 환자의 상황을 기반으로 몇 가지 추측해보는 것은 흥미로울 것 같다.

뇌경색이든 뇌출혈이든 언제 어디서나 발생할 수 있지만 뇌출혈은 갑작스레 혈관이 터지는 병이므로 혈압이 높은 사람, 특히 갑작스런 스트레스로 혈압이 무척 심하게 올라간 사람에게 흔하다. 대령의 경우 아들과 며느리의 골치 아픈 상황 때문에 스트레스를 받은 후 갑작스럽게 쓰러졌으므로 이는 뇌출혈을 의심케 한다. 그러나 다르게 생각할 수도 있다. 뇌혈관을 손상시키는 위험인자에는 고혈압, 당뇨, 고지혈증, 흡연 등이 있다. 이중 고혈압은 뇌경색, 뇌출혈 모두의 원인이 된다. 대령에게 평소 고혈압, 고지혈증이 있었는지 알 길은 없지만 분명한 것은 그는 심한 흡연자였다. 심지어 뇌졸중에 걸려 절뚝거리고 입이 돌아간 상태에서도 담배만은 계속 피우고 있다. 흡연은 혈관에 동맥경화를 일으키므로, 뇌출혈보다는 뇌경색을 더 잘 일으킨다. 이런 점에서 보면 대령의 뇌졸중은 흡연에 의한 뇌경색일 가능성도 있다.

그런데 20세기 초반이라면 뇌경색이든 뇌출혈이든 마땅한 치료가 없었으므로 이 둘을 구분하는 것은 어차피 중요치 않다. 하지만 현재는 급성 뇌졸중 환자에서 경색이냐 출혈이냐를 구별하는 것은 아주 중요하다. 왜냐하면 치료가 전혀 다르기 때문이다. 따라서 응급실에 환자가 오면 일단 CT를 찍어 이를 확인한다. 뇌를 더 정밀하게 촬영할 수 있는 장비는 MRI이지만 이것은 찍는 데에 시간이 더 많이 걸리기 때문에 일단은 CT를 찍는다. 만일 뇌 속에 흰 병변이 보이면 뇌

그림 5-5

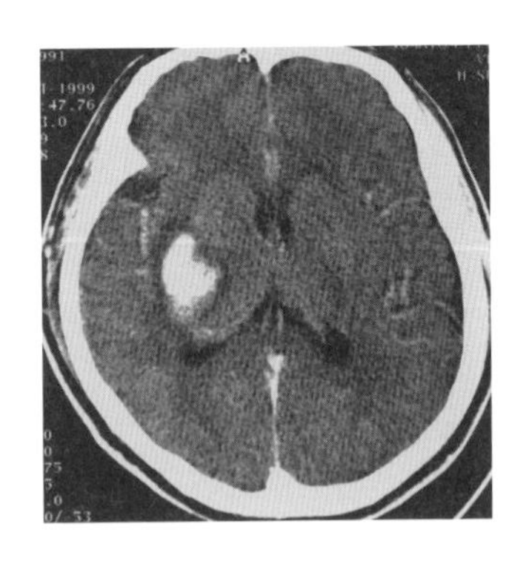

우측 기저핵에 발생한 뇌출혈 환자의 CT 소견.
하얗게 보이는 부분이 출혈 부위이다.

출혈이므로 이에 따라 치료한다(그림 5-5). 대개 뇌압하강, 혈압조절하면서 관찰하지만 출혈이 큰 경우라면 앞 『드라큘라』에서 말한 대로 수술을 하기도 한다. 뇌출혈과는 달리 뇌경색은 CT에 경색 부위가 검게 보인다. 그러나 이는 발병 24~48시간이 지나야 나타나므로 응급실 CT에는 사실 아무것도 안 보인다. 그런데도 이것은 우리에게 큰 정보를 준다. 반신마비가 된 환자의 CT가 정상이라면 적어도 뇌출혈은 아니므로 그렇다면 뇌경색일 가능성이 아주 많은 것이고, 따라서 뇌경색에 준해 치료하면 되기 때문이다. 급성 뇌경색 환자에서 사용하는 가장 중요한 약은 혈전용해제 티피에이(tPA)이다. 뇌경색 환자에서 뇌혈관을 막는 것은 혈전(혈관 안에 생긴 피떡)인데 티피에이는 혈전을 녹여 없애는 약이므로 막힌 혈관을 뚫어 환자의 증상을 호전시킨다. 1995 년 대규모 임상연구가 성공한 이후 티피에이는 급성 뇌경색의 표준 치료로 자리잡았다.

그러나 환자들 중에는 티피에이를 써도 효과가 없는 사람들이 있었다. 어떤 환자들이 이러한가 살펴보니 경동맥이나 중대뇌동맥 같은 커다란 동맥이 혈전으로 막힌 환자들이었다. 정맥으로 주입하는

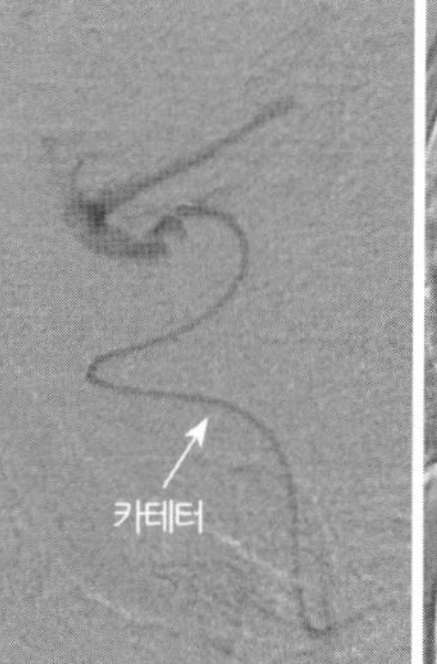


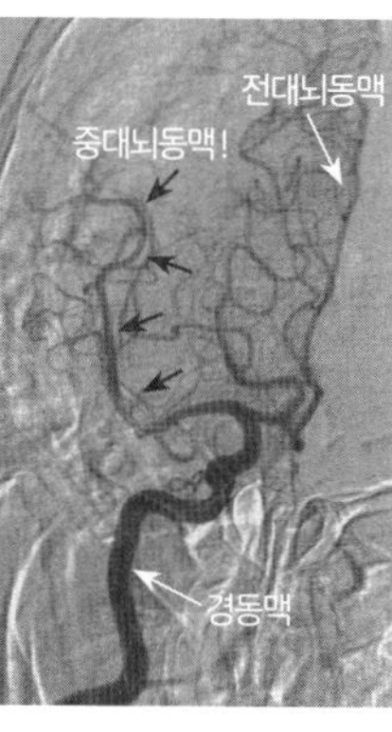


그림 5-6 혈전제거술 시행 모습.

**왼쪽 그림:** 좌측 마비가 발생한 환자에게 혈관조영술을 시행한 결과, 우측 중대뇌동맥이 보이지 않는다. 즉 중대뇌동맥이 혈전으로 막힌 것을 알 수 있다.
**가운데 그림:** 사타구니를 통해 동맥 안으로 카테터를 넣어 혈관이 막힌 부위까지 진입시킨 모습
**오른쪽 그림:** 혈관이 막힌 부위에서 기구를 사용해 혈전을 붙잡아 혈관 바깥으로 잡아 빼낸 후 중대뇌동맥이 다시 재개통된 것이 보인다.

티피에이는 비록 효과적인 약이지만 이처럼 커다란 동맥을 막은 혈전을 모두 녹일 수는 없었던 것이다. 그래서 의사들은 혈관 속에 카테터를 집어넣어(대개 사타구니의 혈관을 통해 뇌혈관까지 진입시킨다.) 혈관이 막힌 부위까지 진입 시킨 후 여기에 혈전용해 약을 주입하는 방법을 시행했다. 그러나 이 방법은 출혈을 일으킬 가능성이 있어 요즘엔 약물을 사용하는 대신 혈전을 기계적으로 제거한다. 즉 혈전을 기계로 붙잡아 아래쪽으로 계속 당겨 밖으로 뽑아내 버리는 것이다. 이를 '혈전제거술'이라 한다(그림 5-6).

러드로우 대령이 요즘 사람이었다면 응급실에서 CT를 찍고, CT에 뇌출혈이 보이지 않는다면 티페에이를 썼을 것이다. 이후 MRI, MRA를 사용해 커다란 혈관의 폐색이 있는지 확인하고 만일 혈관폐색이 있다면 위에 말한 방법으로 혈전제거술을 시행하여 환자의 증

세를 호전시켰을 것이다. 그러나 아직도 한 가지 문제가 남아 있다. 티피에이나 혈전제거술이나 모두 매우 신속하게 치료가 이루어져야 한다. 티피에이는 증상 발생 후 4.5시간 이내에 주사해야 효과가 있는데 CT로 뇌출혈이 아닌지 확인해야 하므로 실제로는 응급실에 3시간 반 이내 내원한 사람에게만 사용할 수 있다. 혈전제거술은 24시간까지 시행 가능 하지만 역시 빨리 시행해야 그 효과가 좋다. 혈전용해 혹은 혈전제거술이 늦게 시행된다면 이미 막힌 혈관에 의한 뇌손상이 돌이킬 수 없을 정도로 심해져 혈관을 뚫는다 하더라도 증세가 좋아지지 않기 때문이다. 우리나라처럼 나라가 작고 병원이 많은 나라에서는 환자들이 일찍 병원에 도착할 수 있어 이로운 점이 있다. 그래서인지 우리나라 환자의 뇌졸중 치사율은 일본과 더불어 세계에서 제일 낮다. 하지만 미국, 캐나다, 러시아 같이 큰 나라, 특히 인구밀도가 희박한 지역에 사는 국민들은 큰 병원까지 빨리 도달하기 어려워 효과적인 치료가 불가능한 경우가 많다. 러드로우 대령의 경우 몬태나의 시골에서 웬만한 병원까지 가려면 많은 시간이 걸리니 소위 '골든 타임'을 놓칠 가능성이 많다. 이런 문제를 해결하기 위해 환자의 헬기 수송, 원격 진료, 뇌졸중 전문 구급차* 등의 방법들이 현재 시행되거나 개발되고 있는 중이다.

* mobile stroke unit, 앰뷸런스 안에 신경과 의사, CT 장비등이 모두 구비되어 앰뷸런스로 이동하면서 동시에 티피에이 치료가 가능하다.

## 잠금증후군, 과연 열 수 있을까?

영화 〈잠수종과 나비〉(The Diving Bell and the Butterfly, 2007)에서 42세 편집장 장 도니미크 보비(마티유 아말릭 분)는 뇌졸중이 생겨 의식을 잃는다. 3주 만에 정신은 돌아오지만 사지가 마비된 상태. 목구멍 근육의 마비로 인해 말도 하지 못하고 물론 삼킬 수도 없다. 그는 영원히 이렇게 살아야 한다.

우리는 이미 앞에 기술한 〈가을의 전설〉에서 뇌졸중에 의해 반신마비에 이른 환자를 보았다. 그렇다면 보비는 어떻게 해서 사지가 모두 마비된 것일까? 좌우의 운동중추에 모두 뇌졸중이 생기면 물론 사지마비 증상이 생길 것이다. 그런데 대부분의 뇌졸중은 좌, 우 어느 한쪽에 생기며 양쪽에 동시에 오는 경우는 매우 드물다. 영화에서 의사는 환자의 뇌졸중의 위치를 말해준다. '환자는 뇌교에 뇌졸중이 왔어요.' 실화를 바탕으로 한 영화이므로 이 진단은 맞을 것이다. 그리고 환자의 증세를 살펴봐도 그 말이 맞다. 만일 양측 대뇌의 운동중추가 모두 손상되었다면 전두엽, 언어중추 같은 것도 함께 손상될 가능성이 많으므로 환자는 멍청해지거나, 말을 못하거나 잘 알아듣지 못할 가능성이 많다. 영화에서 환자는 사지마비로 꼼짝 못하지만 정신은 멀정하고 남의 말도 잘 알아듣는다. 그가 말을 못한 것은 '언어중추'의 장애가 아닌 목구멍으로 가는 운동신경이 양측에서 손상되어 그런 것이다. 환자가 눈 깜박임으로 단어를 만들어 도우미와 언어 소통을 잘 하는 것을 보면 그의 언어중추는 손상되지 않았다는 사실을 알 수 있다. 즉 보비의 '대뇌'의 기능은 잘 보존된 상태이므로 양측 대뇌 손상보다는 뇌교 손상에 잘 맞는다.

앞서 설명했듯 운동신경세포는 대뇌의 운동중추에서 내려오는데 척수까지 이르기 전에 뇌간이란 곳을 지나간다(그림 5-1). 뇌간은 위로부터 중뇌, 뇌교, 연수 이렇게 세 군데로 구분한다. 작은 구조물이지만 이 셋 중 그나마 뇌교가 가장 크므로 뇌간 중에서는 뇌교에 가장 흔히 뇌졸중이 발생한다. 물론 대뇌에 발생한 뇌졸중처럼 뇌간에 뇌졸중이 한쪽(좌측 혹은 우측)에 생긴다면 그 반대쪽 팔다리만 마비될 것이다. 그런데 대뇌와 달리 뇌교는 매우 작은 구조물이므로 경우에 따라 뇌교의 양측 모두에 손상이 올 수가 있다. 이럴 때는 불행하게도 양측이 모두 마비되는 상태에 이르게 된다. 이는 환자에게 매우 불행한 일이다. 반신마비가 되어 다른 쪽 반신이 정상이라면 그나마 그쪽 팔다리를 사용해 절뚝거리면서라도 걸을 수 있을 것이다. 양측 마비 환자의 비극의 원인은 그럴 수가 없는 것이다. 증세가 심한 사람은 그야말로 꼼짝없이 누워 지내야 하므로, 아마도 뇌졸중 환자 중에서도 가장 불행한 경우에 속할 것이다. 마치 환자를 통속에 꼼짝 못하게 감금시킨 것 같다고 하여 '잠금증후군(locked in syndrome)'이란 표현을 사용한다.

영화 이야기를 좀더 하자. 영화에서 보비는 오른쪽 눈꺼풀을 꿰매는 수술을 하여 오른쪽 눈은 항상 감고 있다. 안면신경마비 증세가 심해 오른쪽 눈꺼풀을 닫을 수 없어 그리한 듯하다. 잘 때도 눈을 감지 못하면 안구를 보호할 수 없어 시력을 잃을 가능성이 있다. 따라서 보비는 왼쪽 눈만을 사용할 수 있는데 그는 왼쪽 눈을 돌릴 수 있으며 눈을 감을 수도 있다. 따라서 간호사는 눈을 한 번 감으면 '예' 두 번 감으면 '아니오'로 하여 가장 기본적인 의사소통을 할 수 있도록 한

그림 5-7

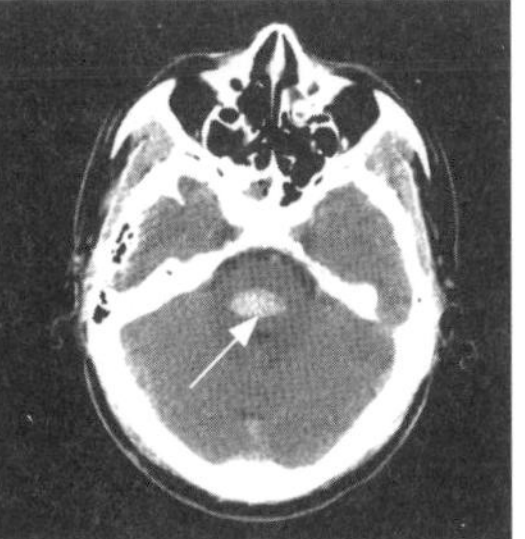

**왼쪽 그림:** 영화 〈잠수종과 나비〉의 한 장면
**오른쪽 그림:** 뇌교에 발생한 뇌출혈(흰 부분) 환자의 CT 사진

다. 그러나 사람은 좀더 복잡한 내용의 말을 교환하고 싶어한다. 병원의 언어치료사는 EARINTULOMD라는 일련의 단어를 읽어주는데 이는 사람이 말을 할 때 가장 많이 사용하는 글자 순서라고 한다. 그녀는 이 단어를 읽다가 환자가 원하는 글자에서 눈을 깜박이면 이것을 적는다. 즉, 언어치료사가 N을 읽을 때 눈을 깜박이면 환자는 N을 말한 것이다. 이런 식으로, 매우 힘들지만 환자는 자신이 하고 싶은 말을 할 수 있고 이를 언어치료사가 기록할 수 있다. 이런 방식으로 1년 반 동안 노력하여 보비는 『잠수종과 나비』라는 책을 쓸 수 있었다. 책이 출간된 며칠 후 보비는 사망하였다.

내용도 감동적이며 감독이 연출을 참 잘 했다. 보비의 시선에서 바깥을 묘사하므로 간혹 화면이 기울어지는 점도 흥미로웠다. 배경 음악도 훌륭했다. 그런데 내가 보기에는 뭔가 석연찮은 점이 있었다. 보비는 왼쪽 눈은 뜨고 있으므로 눈의 움직임을 관찰할 수 있다. 그런데 그 눈은 왼쪽, 오른쪽, 그리고 아래쪽으로 잘 움직였다. 웬일인지 영화에서는 눈을 위로 치뜨는 적은 없어 그가 위쪽 쳐다보기(상방주시)를 할 수 있었는지는 알 수 없으나 적어도 왼쪽 안구는 자유자재로 움직이는 것 같았다. 그런데 사실은 뇌교 뇌졸중에 의한 잠금증후군 환자는 대부분 안구를 좌우로 움직이기가 어렵다. 왜냐하면 뇌교에 안구를 좌우로 움직이는 신경회로 센터가 있기 때문이다. 그 센터를 정중방 뇌교 망상체(paramedian pontine reticular formation, PPRF)라고 부르는데 왼쪽 뇌교의 PPRF는 안구를 양쪽 모두 같은 쪽(왼쪽)으로 움직인다. 따라서 예컨대 좌측 뇌교의 PPRF가 손상되면 환자는 눈을 왼쪽으로 돌리지 못하며, 우측이 손상되면 눈을 오른쪽으로 돌릴 수 없게 된다. 잠금증후군 환자는 뇌졸중에 의해 양측 뇌교가 모두 손상된 환자들이므로 대개는 PPRF가 양쪽 모두 손상된다. 따라서 환자는 양쪽 안구를 좌우측으로 즉 수평방향으로 돌릴 수가 없다. 즉 환자의 눈은 중간에 고정되어버린다.

보비의 경우 안구가 좌우로 매우 빠르게 잘 움직이는 것 같아 이 점이 나는 잘 이해되지 않았다(그림 5-7). 실제 잠금증후군 환자는 안구를 수평으로 돌릴 수가 없는데 다만 안구를 위아래로 움직이는 것은 가능하다. 왜냐하면 안구를 수직으로 움직이는 신경세포 센터는 뇌간의 가장 위쪽(중뇌 중에서도 가장 윗부분)에 있다. 보비의 경우 손상된 부분은 뇌교인데 뇌교는 뇌간의 중간 부위, 즉 수직 안구운동중추보다 훨씬 아래쪽에 있기 때문에 안구의 수직운동만은 가능한 것이다. 따라서 잠금증후군 환자와 기본적인 소통을 할 때 의사들은 영화의 보비처럼 눈꺼풀 신호를 이용하기도 하지만 눈을 위로 치켜뜨는 것을 주로 사용한다. 환자의 팔에 자극을 주면서 "어떠세요? 이 자극이 느껴지세요? 느껴지면 눈을 위로 올려보세요." 이런 식으로 말이다.

뇌교가 양측으로 손상되어 잠금증후군에 이르는 불행한 환자가 많은 것은 아니나 정말 이런 환자를 보면 가슴이 답답해진다. 의사로서도 보조적인 도움을 줄 수 있을 뿐 특별히 해드릴 치료가 없기 때문이다. 잠금증후군을 열 수 있는 방법은 없을까? 사실 얼마 전부터 서광이 보이고 있다, 앞서 말한 혈전제거술(213쪽 참조)이다. 뇌교는 기저동맥(basilar artery)이라는 혈관으로부터 혈액을 공급받는데 이 혈관의 폐색이 잠금증후군을 일으킨다. 그나마 다행인 것은 기저동맥이 막혀도 순식간에 잠금증후군에 이르는 경우는 적다는 점이다. 대개는 어지럽고, 발음이 나빠지거나, 한쪽 팔다리가 마비된 후 점차 진행하여 사지마비에 이른다. 즉 혈관이 막힌 후에도 잠금증후군까지 이르는데 수시간 혹은 수일의 시간이 걸리는 것이다. 따라서 환자가 빨리 병원에 도착해 경험 많은 신경과 의사가 진찰하고 적절한 영상촬영을 하여 뇌교 뇌졸중 및 기저동맥 폐색을 진단할 수 있다면 혈관을 막은 혈전을 제거하는 혈전제거술을 시행할수 있다(그림 5-6). 성공적으로 혈전이 제거된다면 환자가 완전히 회복되거나, 혹 약간의 후유증이 남더라도 잠금증후군 같은 최악의 상황은 피할 수 있는 것이다.

그러나 아쉽게도 장 도미니크 보비는 이런 치료를 받지 못했는데 그 이유는 두 가지이다. 첫째는 보비가 뇌졸중으로 운전 중 쓰러진 해는 1995년이었다. 1995년은 신경과 의사들은 대부분 기억하는 해이다. 이때가 처음으로 혈전용해제 tPA의 대규모 임상시험이 발표된 해이다. tPA가 각 나라의 식약청에서 허락을 받고 현실적으로 사용된 것은 몇 년 후이므로 아쉽게도 보비는 이런 치료를 받을 수 없었다.

또한 213쪽에 썼듯 기저동맥처럼 커다란 동맥이 막히면 정맥으로 주사하는 tPA만으로는 완전한 혈관개통이 어렵다. 혈전제거술을 추가로 시행해야 한다. 혈전제거술은 tPA보다 훨씬 늦은 2015년이 되어서야 그 효과가 증명되기 시작했다. 요즘은 기저동맥이 폐색된 환자들이 신속히 대형병원으로 와서 적절한 혈전제거 치료를 받음으로써 미래의 잠금증후군 환자를 많이 줄이고 있다.

둘째, 더 중요한 것은 보비의 병은 (영화에는 정확히 나오지 않지만) 뇌경색이 아니라 뇌출혈이다. 영화에는 그 원인이 확실하지 않다고 하는데 비교적 젊은 나이이며 평소 고혈압이 없었기 때문일 것이다. 그러나 젊은 나이라도 극도로 스트레스를 많이 받거나 음주를 과량으로 하면 평소 혈압이 높지 않던 사람도 혈압이 갑작스레 오르며 출혈이 생길 수 있다. 또한 뇌혈관 기형 때문에 뇌간에서 뇌출혈이 발생할 수 있다. 어느 경우 등 뇌경색과는 달리 뇌출혈에 대해서는 아직까지도 마땅한 치료가 없다. 기껏해야 혈압과 뇌압을 낮추면서 지켜보는 수밖에 없다. 커다란 뇌출혈이 대뇌에 발생하면 수술로 혈종을 제거해야 할 필요도 있다(202쪽 『드라큘라』 참조). 그러나 뇌교 출혈의 경우는 뇌교가 뇌의 깊은 부위에 위치하며 주변에 중요한 신경들이 많이 지나가므로 수술적 치료를 할 수가 없다. 즉 뇌간 뇌출혈의 치료는 의학이 비약적으로 발전한 지금에도 난제로 남아 있는 것이다. 보비의 뇌출혈이 최근에 생겼다 하더라도 실질적으로 잠금증후군을 면할 방법은 없었을 것이다. 불행 중 다행인 것은 사람들이 혈압 관리를 잘함에 따라 예전에 비해서 뇌출혈이 많이 줄었다는 점이다.

# 파킨슨병: 느림의 미학 2

요즘은 세상이 너무 빨리 움직인다. 사람들은 이럴 때 일부러 느리게 살아봐야 한다고 말한다. 나는 누구보다도 바쁘게 사는 사람이지만 3년 전 목 디스크 증세가 심해져 수술 받은 적이 있는데 이때 느림의 미학을 경험했다. 목 고정대를 하고 한달 이상 집에서 쉬었던 것이다. 목을 구부리지 말아야 하므로 고개를 숙이고 책을 보거나 컴퓨터 작업을 하기도 어려웠다. 결국 TV를 약간 위쪽으로 올려놓고 하루 종일 TV만 보았다. 평소 좋아하는 클래식 연주를 보고 들었고 또한 보고 싶은 영화를 실컷 보았다. 그래도 시간이 남으면 여러 가지 공상을 했다. 오래지 않아 다시 예전의 바쁜 일상으로 되돌아 왔지만 말이다. 그런데 일부러 느리게 살아보려 신경을 쓰지 않아도 느린 삶을 살아야 하는 분들이 있다. 바로 파킨슨병 환자들이다.

우리 행동의 스피드는 운동신경에 의해 결정된다. 그런데 우리 뇌에는 우리의 운동 기능을 '조절'하는 장소가 있다. 크게 두 군데, 소뇌

그림 5-8

영화 〈마지막 사중주〉의 한 장면

와 기저핵이다. 이곳의 신경세포들이 실제로 팔, 다리로 가서 운동을 시키는 것은 아니다. 다만 운동신경이 하는 일을 보조 혹은 조절하는 역할을 한다. 만일 소뇌가 손상된다면 우리의 움직임은 마치 초보자가 자동차를 운전하는 것과 같아진다. 멀리 있는 물체를 집을 때 손이 왼쪽 오른쪽으로 계속 방향이 틀리고 이를 교정하며 가야 할 것이다. 기저핵이 손상된다면 이와는 다른 증세를 보인다. 너무 적게 움직이거나 혹은 너무 많이 움직이는 문제가 생기는 것이다. 신경의학에서 너무 적게 움직이는 병의 대표 주자는 바로 파킨슨병이다. 1817년 영국의 제임스 파킨슨은 동작이 느려지며 손이 덜덜 떨리는 환자를 정교하게 기술했었다. 이 파킨슨병 이야기를 해보자.

아론 질버맨 감독의 〈마지막 사중주〉(A Late Quartet, 2012)는 감독의 두 번째 작품으로(그림 5-8) 단 한 장면도 빼거나 덧붙이고 싶지 않

그림 5-9

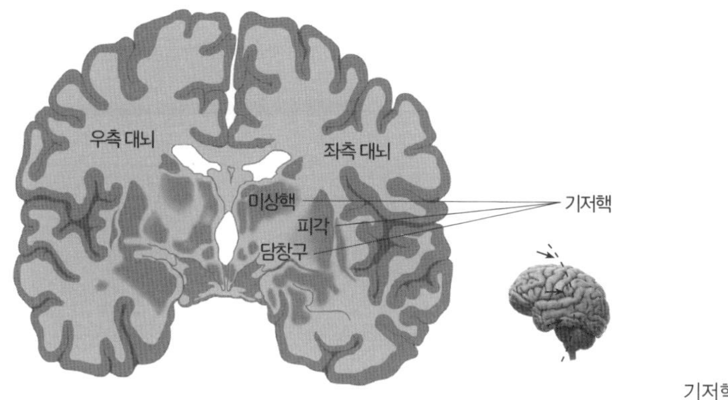


기저핵의 위치

은 탄탄한 구성을 자랑한다. 결성 25주년 기념 공연을 앞둔 현악 사중주단 '푸가', 여기 소속된 네 명의 연주가는 언제나 완벽한 화음을 만들어낸다. 하지만 이들 사이에는 갈등이 존재한다. 이런 갈등을 나름 봉합한 것은 가장 나이가 많은 팀 리더이며 다른 세 연주자의 멘토이기도 한 첼리스트 피터 미첼(크리스토퍼 월켄 분)의 카리스마이다. 그런데 문제가 생겼다. 피터에게 병이 생긴 것이다. 언제부터인가 오른팔이 서서히 말을 안 들어 빠른 활 움직임이 어려워지고 손이 조금씩 떨리기 시작했다. 걸음걸이도 느리고 불편해졌다. 이 증세는 서서히 시작해서 점차 진행되었다. 피터는 병원에서 파킨슨병 초기라는 진단을 받았는데 본인도 그렇지만 다른 단원들도 충격과 혼란에 빠진다. 그리고 스승과 제자, 부부, 옛 연인, 친구 등 개인적으로도 가장 가까운 관계로 맺어진 이 네 사람은 이를 계기로 25년간 숨기고 억눌러온 감정들을 분출하기 시작한다.

우선 언제나 제2바이올리니스트 역을 해왔던 로버트 겔바트(필립 세이모어 호프만 분)가 이제는 제1연주자가 되고 싶다고 도전장을 내

밀었다. 조깅 친구인 젊은 여성의 부추김에 용기를 낸 것이다. 하지만 늘 완벽한 연습으로 제1바이올린 연주를 소화해냈던 다니엘(마크 이바니어 분)은 로버트의 청을 들어줄 마음이 없다. 아내이자 비올라 주자인 줄리엣(캐서린 키너 분)마저 이를 허락해주지 않자 로버트는 결국 함께 조깅하던 여성과 외도를 하게 되며, 이것이 가정불화를 결정적으로 촉발시킨다. 한편 다니엘도 바이올린 제자이며 로버트 부부의 딸이기도 한 알렉산드라(이모겐 푸츠 분)와 사랑에 빠지는 등 이들 관계는 점점 심각한 파국으로 치닫게 된다.

파킨슨병이란 우리 뇌의 '기저핵' 부위의 기능이 서서히 떨어지는 병이다. 기저핵은 뇌의 깊숙한 곳에 위치한 세 개의 회백질 덩어리 미상핵, 피각, 담창구를 총칭하는 용어이다(그림 5-9). 기저핵은 그 자체가 운동중추는 아니므로 손상된다 하더라도 환자의 팔 다리가 마비되는 것은 아니다. 하지만 기저핵은 우리들이 수행하는 동작의 세기, 방향, 스피드 같은 것을 조절한다. 이런 기능이 떨어지니 환자의 동작이 느려지고, 손발의 떨림이 생기고, 이어 근육의 강직과 부자연스런 걸음걸이가 나타난다. 전형적으로 환자는 구부정하게 숙이고 걸으며 걷는 동안 자연스런 팔 휘두름 동작이 줄어든다. 보폭도 작아지고 종종걸음을 걷게 된다.

나는 이 병의 주 원인이 '기저핵'의 기능 장애라고 했지만 엄밀히 말하자면 파킨슨병에서 퇴행성 변화가 시작하는 부위는 기저핵이 아니라 이보다 더 아래쪽에 있는 중뇌(뇌간의 윗부분)란 곳이다. 중뇌에는 검은 띠처럼 보이는 '흑질'이란 장소가 있는데 여기에 도파민이란 신경전달물질을 생성하는 신경세포들이 모여 있다. 이 신경세포는 가지를 위쪽으로 뻗어 기저핵에 도파민을 공급한다. 아직 그 이유를 확실히 모르지만 파킨슨병은 중뇌의 흑질세포가 점차 손상되는 퇴행성 질환이다. 흑질세포가 손상되니 이로부터 공급되는 기저핵의 도파민이 줄어들고 이에 따라 기저핵의 기능이 저하되는 병이라 할 수 있다. 다행히 치료약은 있다. 1960년대 후반 뇌의 도파민 양을 늘려주는 레보도파(L-dopa)라는 약이 임상연구에 성공한 이후 현재까지 많이 사용되고 있다. 이러한 약물을 사용하면 환자의 증세는 어느 정도 호전된다. 손떨림 증상도 호전되고 느린 동작도 좀 더 빨라진다. 하지만 고난도의 악기 연주를 할 정도로 좋아지기는 힘들다.

피터가 찾아간 병원에서 담당의사는 환자에 대한 문진 및 관찰과 몇 번 걸음걸이를 시키는 것만으로 파킨슨병을 진단한다. 의사가 별다른 검사도 하지 않고 진단을 내리자 피터는 이를 수긍하지 않는 모습을 보인다. 진단을 위해 MRI나 혹은 적어도CT라도 찍어봐야 하는 것 아닌가라고 생각했을 것이다. 이때 의사가 말한다. "당신의 모습을 관찰만 해도 진단은 내려집니다. 지금부터 하려는 검사는 혹시 파킨슨병 증상을 일으키는 다른 요인이 뇌에 있지 않은가 해서 하는 것일 뿐입니다." 정확히 맞는 말이다. 경험 많은 신경과 전문의들은 환자가 외래 문을 열고 들어와 의자에 앉는 몇 초의 관찰만으로도 진단을 내릴 수 있다. 피터의 증세가 주로 오른쪽 팔, 다리에만 있는 점도 자연스럽다. 파킨슨병은 퇴행성 뇌 질환이지만 초기에는 왼쪽이나 오른쪽 팔다리에 증세가 더 심한 비대칭적인 모습을 취하는 것이 보통이다. 물론 병이 진행되면서 반대쪽 팔다리에도 증세가 생길 것이다

이 영화는 감독이 의학에 대한 고증을 충분히 한 듯, 초기 파킨슨병

환자를 열연한 피터의 연기는 신경과 전문의가 보기에도 자연스러웠다. 파킨슨병이 주된 소재로 나왔던 〈어웨이크닝〉(Awakening, 1990)이란 영화가 있다. 우리나라에서는 〈사랑의 기적〉이란 동떨어진 제목으로 소개되었는데, 이 영화는 로빈 윌리엄스(뉴욕 병원의 의사 말콤 세이어 박사 역), 로버트 드 니로(파킨슨병 환자 레나드 역) 등의 호화 배역을 자랑한다. 하지만 로버트 드 니로를 비롯한 여러 환자들이 지나치게 과장되거나, 혹은 일관성 없는 증세를 연기하여 실제 환자와는 많은 거리가 있었다. 물론 연기자인 로버트 드 니로의 탓만은 아닐 것이다. 〈어웨이크닝〉에서는 퇴행성 질환인 파킨슨병이 아니라 실은 '2차성 파킨슨병'이 소재이다. 2차성 파킨슨병이란 중뇌의 흑질이 점차 퇴행하는 병이 아니라 뇌졸중, 종양, 염증 같은 병으로 기저핵이 손상되거나 혹은 약물의 부작용 등에 의해 파킨슨병과 동일한 증상을 일으키는 병을 말한다. 이 영화는 바이러스 뇌염이 창궐한 후 뇌염에 의한 기저핵 손상으로 나타난 2차성 파킨슨병 환자들에 대한 이야기이다.

영화에는 레보도파란 약의 효과 이외에 이 약을 장기 복용했을 때 발생하는 부작용인 이상운동증(dyskinesia)에 대한 내용도 나온다. 이상운동증은 레보도파를 장기 복용한 환자에게서 나타나는 대표적인 부작용이다. 파킨슨병은 기저핵의 도파민의 부족으로 지나치게 적게 움직이는 병인데 도파민을 보충해지면 물론 증세가 좋아진다. 하지만 병이 오래 경과하면서 도파민 수용체에 변화가 생기면서 약물에 지나치게 반응하여 손발이 오히려 너무 많이 움직이는 부작용이 생긴다. 즉, 레보도파를 투여 안 하면 전혀 못 움직이고 투여하면 지나치게 많이 움직여 환자나 의사나 딜레마에 빠지게 되는 것이다. 이상

운동증 이외에 환자는 정신증상 (환각이 보이거나 이상한 행동을 한다) 등의 문제를 호소하기도 한다.

앞 170쪽 조현병에서도 토의했듯이 기저핵, 변연계의 도파민 과잉 상태가 조현병을 일으키는 중요한 기전임을 생각하면 파킨슨병 약에 의해 이런 부작용이 생길 수 있음을 짐작할 수 있을 것이다. 이런 어려운 문제를 해결하는 한 가지 방법은 뇌 심부자극술(deep brain stimulation)이란 수술이다. 이는 뇌의 특정부위(주로 시상밑핵)에 고주파전기자극을 간헐적으로 가해 마치 병소를 파괴하는 것과 같은 효과를 주는 방법인데, 이상운동증 같은 부작용도 줄거니와 일단 사용하는 레보도파의 용량을 줄일 수 있기 때문에 약물의 부작용에 시달리는 환자에게 도움이 된다.

다시 영화 〈마지막 사중주〉로 되돌아가 보자. 본인의 병으로 인해 '푸가 사중주단'이 위태로워질 것을 염려하던 피터는 자신의 마지막 무대가 될 25주년 기념 공연에서 난이도가 높기로 유명한 베토벤 현악 사중주 14번을 연주할 것을 제안한다. '현악 사중주 14번'은 베토벤이 자신의 작품 중 가장 좋아했던 곡으로 일반적인 4악장이 아닌 7악장으로 구성되어 있다. 게다가 중간에 쉬는 시간 없이 악장을 연결해서 40분 동안 계속 연주해야 한다. 피터는 (아니 감독은) 왜 하필 난이도 높기로 유명한 이 곡을 택했을까? 피터는 비장한 은퇴 선언을 선택한 것 같다. 과격하게 비유하자면 여러 사람이 보고 있는 앞에서 연주자로서의 자신을 안락사시켰다 할 수도 있다. 일반적으로 음악가들은 나이가 듦에 따라 연주 능력이 저하되면 쉬운 소품 연주를 통해 명맥을 유지하는 길을 택한다. 하지만 피터는 일부러 최대 난곡을 택해, 자신의 가장 소중한 관객들 앞에서 분명한 종말을 고한 것이다. 늙거나 병들면 언젠가는 우리가 하던 일을 못 할 때가 찾아온다. 젊을 때는 결코 이런 걸 모른 채 살고 있지만 말이다. 피터의 행동은 보다 젊은 세 명의 연주자에게 당신네들의 젊음에도, 연주에도, 건강에도 반드시 종말이 있음을, 나아가 아직은 연주할 수 있는 남겨진 시간이 얼마나 값진 것인지를 알려준 셈이다.

영화의 구성은 치밀하다. 영화 서두에 나온 연주 직전 무대 장면에서 4명의 연주자들은 제각기 석연치 않은 표정을 하고 앉아 있다. 상황을 모르는 관객들은 불안한 호기심을 갖게 되는데 영화 마지막에 그 표정의 의미를 비로소 깨닫는다. 그리고 그토록 갈등이 심한 가운데 그래도 최선을 다해 화음을 만들어가는 4명의 연주자를 통해 혼돈스러운 마음을 정리하게 된다. 결국 연주 도중 그 스피드를 따라가지 못한 피터는 연주를 중단하고 청중에게 "지금까지 여러분과 함께 할 수 있어서 행복했다."며 퇴장하는데 그 후임으로 소개한 첼리스트는 실제 미국 브렌타노 현악4중주단에서 활동하는 한국 출신의 첼리스트 니나 리이다. 물론 피터의 감동적인 퇴장이 모든 갈등을 종료시킨 것은 아닐 것이다. 로버트는 여전히 제1바이올리니스트가 되고 싶을 것이며, 다니엘은 로버트의 딸과 결합해 새 팀을 꾸릴 생각을 하고 있을지도 모른다. 줄리엣은 현 남편인 로버트, 그리고 다니엘과 딸의 관계로 인해 여전히 머리가 복잡할 것이다. 하지만 어쩌겠는가, 어차피 우리 인생은 그렇게 만만치 않은 것을. 그런 와중에도 우리는 서로 협심해 무엇인가를 이루며 남은 시간을 살아가야 하는 것이다. 안톤 체홉의 희곡 〈바냐 아저씨〉에서도 소냐가 그렇게 외쳤다. “그래도 어쩌겠어요, 살아가야죠.”

## 3 알츠하이머병: 앨리스는 아직 앨리스인가?

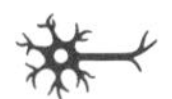

1902년 독일 프랑크푸르트의 한 병원에서 근무하던 한 신경병리학자는 치매증세를 앓다가 사망한 51세 여자 환자의 뇌조직을 현미경으로 관찰하고 있었다. 그는 뇌조직에 이상한 반흔이 여기저기 흩어져 있는 것을 관찰하였는데 한 번도 보고된 적이 없는 현상이었다. 이 사실은 짧은 논문으로 발표되었는데 현재 이 반흔은 아밀로이드반(amyloid plague)이라 부른다. 이 동유럽 출신의 의사는 독일의 저명한 신경정신과 의사 크레펠린에게 배우러 온 알츠하이머였다. 크레펠린은 제자가 발표한 치매 질환을 '알츠하이머병'이라 명명하자고 주장했다. 알츠하이머가 그동안 다른 학자들이 발견하지 못한 반흔을 관찰한 이유는 그에게 특별한 능력이 있다기보다는 그 당시 개발된 새로운 염색법을 사용했기 때문이었다. 예전 염색법으로는 그 반흔이 나타나지 않았던 것이다. 알츠하이머는 그 후 몇 가지 업적을 더 남기고 본인이 관찰했던 환자와 같은 나이인 51세에 심장병으로 사망했다.

알츠하이머는 생전에 자신이 그렇게 유명해질 것을 몰랐을 것이다. 그러나 세월이 흘러 인간의 수명이 길어짐에 따라 알츠하이머병은 현대의 대표적인 치매질환으로 자리잡았고, 이제는 세상 누구나 그의 이름을 알고 있다. 알츠하이머병을 주제로 한 영화도 많이 나왔다. 나는 이중 〈아이리스〉를 보고 감동받은 적 있는데, 젊은 시절의 발랄한 여성(케이트 윈슬렛 분)과 늙어 알츠하이머병에 걸린 모습(주디 덴치 분)이 교대로 나오면서 영화의 긴장도를 높이고 있기 때문이다. 그러나 여기서는 리처드 글랫저 감독의 〈스틸 앨리스〉(2014)를 말하려 한다. 잔잔한 감동이 전편을 흐르는 것 외에 이 영화는 마치 신경과 교과서처럼 알츠하이머병에 대해 친절하게 알려주고 있기 때문이다.

영화 〈스틸 앨리스〉에서 주인공 앨리스(줄리안 무어 분)는 남편과 세 자녀를 둔 어머니이며 콜럼비아 대학의 언어학 교수이다. 어느 날 강의 도중 언어 구사의 문제가 생긴다. 평소 사용하던 단어가 갑자기 나오질 않는 것이다. 이후 그녀는 매번 단어가 떠오르지 않아 강의 중 애를 먹는다. 학생들에 의한 강의 평가도 예전과 달리 엉망이다. 나이 든 사람이라면 그럴 수도 있겠지만 여기엔 두 가지 이상한 점이 있다. 그녀는 아직 40대라는 점, 그리고 그 증세가 점차 더 심해진다는 점이다. 그녀에는 뭔가 문제가 생긴 것이 틀림없다. 그녀를 진찰한 신경과 의사는 앨리스에게 어디가 어떻게 아파서 병원에 왔느냐고 자세히 물어본다. 병력 청취는 치매 환자의 진단에 매우 중요하다. 환자가 말하는 동안 환자의 기억력을 테스트할 수 있고, 조리 있게 말을 하는지 그 판단력도 가늠해볼 수 있다. 그는 또 묻는다. 복용중인 약물이 있는지? 마음이 우울한 것은 아닌지? 수면은 충분히 취하는지? 기억력 저하는 약물의 부작용 때문일 수도 있고, 우울증 증상일 수도 있고 혹은 수면 장애 때문일 수도 있기에 그렇게 물어본 것이다. 이어 의사는 환자에게 세 가지 단어(우리나라에서는 비행기, 연필, 소나무를 사용)을 불러주고 이를 외우라 한다.

이후 다른 검사를 진행하다가 5분이 지난 후 그 세 가지가 뭐였는지 물어본다. 만일 맞추지 못하면 약간의 힌트를 주어 맞출 수 있는가 알아본다. 이는 간단한 단기 기억 측정 검사로 기억력 저하를 호소하는 환자에게는 반드시 물어보는 사항이다. 이후 의사는 MRI를 찍어보자고 하면서 그 이유를 정확히 설명한다. 알츠하이머병을 진단하기 위함이 아니라 뇌졸중이나 종양 같은 인지기능 장애를 일으킬 수 있는 다른 질병이 있나 알아보기 위함이라는 것이다. 알츠하이머병 환자의 경우 MRI 소견은 대개 정상이다. 뇌가 쭈글해져서 작아지기는 하지만 이는 정상 노인도 그럴 수 있는 비특이적 소견이다. 따라서 치매 증상이 있는데도 MRI에 별 소견이 없다면 환자의 병명은 알츠하이머병일 가능성이 높다.

그러나 의사는 뇌 아밀로이드 PET검사도 하자고 한다. 만일 앨리스가 치매 증상이 심해서 가족을 못 알아보거나 집도 못 찾아온다면 PET 없이도 알츠하이머병으로 진단했을 것이다. 그러나 앨리스는 증상이 심하지 않은 초기 환자이기 때문에 진단의 정확성을 기하기 위해 뇌에 침착한 아밀로이드를 영상화할 수 있는 PET검사를 시행한 것이다. 아밀로이드 PET은 최근에 개발된 영상 기술이며 뇌에 침착한 아밀로이드를 손쉽게 찾을 수 있는 기법이다(그림 5-10).

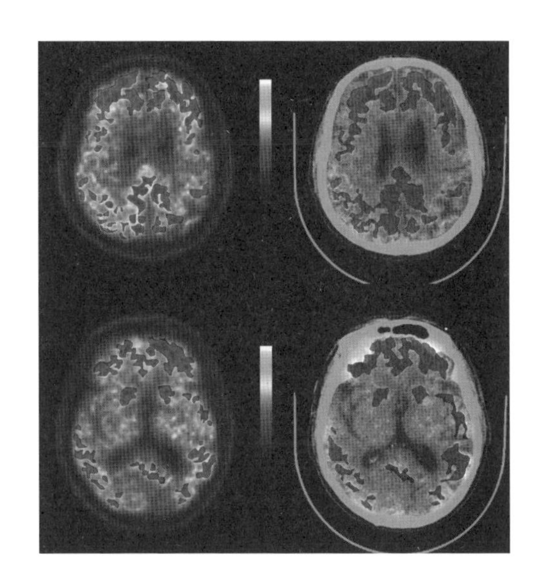

그림 5-10

아밀로이드 PET를 찍으면 알츠하이머 환자의 뇌에 축적된 아밀로이드를 볼 수 있다(뇌에서 파랗게 염색된 부분).

영화의 앨리스는 전형적인 알츠하이머 환자의 경과를 보인다. 처음엔 기억력 소실 특히 단기 기억력의 소실이 생기며 언어 구사에도 장애가 생긴다. 영화 중반에 앨리스가 집의 화장실을 못 찾아 헤매는 장면이 나온다. 즉, 좀 더 병이 진행하면 공간 기억 상실 증상도 나타난다. 또한 연극 무대에서 공연 후 내려온 막내딸을 못 알아봐 존대말을 쓴 적도 있다. 이처럼 공간, 인간에 대한 지남력이 상실된다면(disorientation) 이미 병의 중기에 접어들었다 할 수 있다. 이제 병이 더 진행된다면 그녀의 성격도 판단력도 달라질 것이다. 또한 장기 기억까지 사라져 소중한 가족조차 몰라보게 될 것이다. 앞의 〈메멘토〉에서 나는 감정과 함께 기억된 에피소드가 우리의 뇌에 쌓이고 쌓이면서 인간을 만든다고 했다. 그리고 인간의 성격과 판단력은 이를 기반으로 한다고 썼다. 우리가 늙어 뇌가 퇴화되면 이런 것들이 양파껍질

벗겨지 듯 하나씩 사라진다. 하지만 알츠하이머병에서는 더욱 빨리, 무자비하게 사라지는 것이다.

영화는 앨리스의 병이 중기에 이르렀을 때 즉 아직은 앨리스(still Alice)일 때 종료된다. 이후 그녀의 증상은 점차 악화되었을 것이다. 집을 찾아오지 못해 길거리에서 발견되고, 가족도 몰라보고, 성격도 변하고, 대소변도 전혀 가릴 수 없게 될 것이다. 결국 그녀는 더 이상 앨리스가 아닌 인간이 되었을 것이다. 알츠하이머병의 비극이 바로 이것이다. '차라리 내가 암 환자였으면 훨씬 좋았겠어요' 하고 앨리스가 중얼거린 것도 이런 이유였다. 성숙한 인간이 이룩한 기억과 감정 그리고 이를 기반한 판단력이 무너졌다면 게다가 성격까지 달라졌다면 이제 그는 더 이상 그가 아닌 것이다. 환자도 그렇지만 이런 환자를 계속 돌봐야 하는 가족들의 신체, 경제적 고통, 정신적 황폐함 또한 만만치 않다.

알츠하이머병의 치료제가 있기는 하다. 이 질환에서 뇌 안에 여러 신경전달물질이 감소되지만 일단 아세틸콜린의 저하가 가장 중요하며 이것이 환자의 기억력 감소와 연관된다. 따라서 아세틸콜린 분해를 느리게 하는 약물(아세틸콜린 에스테라제 억제제)를 사용하면 뇌의 아세틸콜린이 증가하므로 특히 초기에는 환자의 증세가 좋아지기도 하고 적어도 나빠지는 과정을 느리게 할 수는 있다. 그러나 근본적인 병의 진행을 막을 수는 없어 결국은 증상이 점차 진행할 수밖에 없다. 근본적인 치료/예방법으로 아밀로이드를 없애거나 그 생성을 억제하는 약물들이 그동안 개발되어왔다. 그러나 대부분 효과를 검증하는데 실패했는데 그 이유는 이미 증상이 생겼을 때는 아밀로이드가 너무 많이 축적된 상태이므로 충분한 약물의 효과를 낼 수 없기 때문이다. 현재 경도인지장애(MCI, 치매 검사를 해서 치매 기준에 들어가지는 않으나 정상인보다는 인지기능이 떨어진 상태) 환자 혹은 아예 정상인에서 아밀로이드 PET을 찍은 후 이 약물이 아밀로이드 축적의 진행 혹은 알츠하이머병으로 진행하는 것을 막는지를 알아보는 연구가 진행되고 있다. 한편 아밀로이드 외에 신경세포에 축적되는 타우(Tau) 단백도 알츠하이머병의 기전에 중요한 것으로 알려졌는데, 아밀로이드가 먼저냐 타우가 먼저냐 하는 논란이 있는 가운데 타우를 줄이는 방법도 개발되고 있다. 만일 아밀로이드와 타우의 생성을 모두 막을 수 있는 방법이 있다면, 그리고 그 치료를 치매 증세가 나타나기 전에 시작할 수 있다면, 그 치료효과는 가장 좋을 것이다. 마지막으로 이러한 질병의 기전 가운데 뇌의 염증 반응 활성화가 중요하다는 연구결과도 발표되었다. 따라서 뇌의 염증 반응을 줄이는 약물의 효과에 대한 연구도 진행되고 있다. 인류가 당면한 큰 숙제인 알츠하이머병, 이를 풀기 위해 전 세계에서 의학자들이 매달리고 있는 것이다.*

* 최근 (2021년 6월) 알츠하이머병 치료의 역사에 한 획이 그어졌다. 신약 아두카누맙이 미국 FDA 승인을 획득한 것이다. 이 약물은 알츠하이머병 환자의 뇌에 쌓이는 아밀로이드 단백에 대한 단일클론 항체로 그동안 뇌의 아밀로이드를 줄일 수 있을 것으로 기대되었던 약물이다.

매우 기쁜 소식이지만 아직은 몇 가지 의문점이 남아 있다. 이 약물에 관해 그동안 두 개의 큰 임상연구가 시행되었다. 그런데 아두카누맙은 이 중 한 연구에서만, 그리고 그 연구에서도 고용량을 사용한 환자에서만 그 효과가 증명되었다. 이 그룹에서는 아밀로이드 축적이 위약그룹에 비해 60~70% 줄어들고 인지 능력 저하의 정도가 23% 감소했다. 그런데 원래 FDA는 까다롭기로 유명해 만일 임상연구가 두 차례 시행되었다면 모두 효과가 좋은 것으로 나와야 승인되는 것이 보통인데 이번에는 좀 의아한 것이 사실이다. 아무튼 약물을 개발한 회사에게는 희소식이겠지만 알츠하이머병 전문가들 중에서는 너무 서둘러 승인했다는 비판적 의견을 가진 사람들이 많다.

이보다 더 큰 문제는 비용이다. 한달에 한 번 정맥주사를 맞아야 하는데 그 가격이 매우 비싸 1년에 무려 6000만 원정도의 비용이 든다. 이를 정부가 보험 수가로 해결해주면 좋겠지만 수많은 알츠하이머 환자에게 드는 이 비용을 감당할 능력은 어느 나라 정부에서도 없다. 따라서 신약이 개발되었다 하더라도 이 약물은 소수의 환자에게만 사용될 것으로 생각된다. 그러나 더욱 중요한 것은 이 결과로 인해 과학자들이 알츠하이머병 치료 연구에 더욱 박차를 가할 것임이 분명하다는 점이다. 머지않은 시간에 좀더 효과적이면서도 값이 싼 약물이 개발될 것을 기대한다.

# 뇌는 자는 동안에도 일한다 4

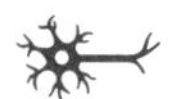

'그럼 잘 자, 안녕히 주무세요.' 저녁마다 주고받는 인사는 정겹다. 낮 동안 일하느라 지친 몸을 푹 쉬라는 의미이기 때문이다. 수면 중 고단한 몸이 휴식을 취하는 것은 맞다. 그러나 뇌는 여전히 활동한다. 몸을 쉬게 하기 위해 뇌는 애쓰는 것이다. 수면 중 뇌파를 찍어보면 평소 빠르던 뇌파가 점점 더 느려진다. 그 정도에 따라 수면 단계 1, 2, 3으로 나눈다. 이런 단계를 지나 대략 수면 시작 90분 정도 되면 렘(REM, rapid eye movement) 수면이란 현상이 나타난다. 우리가 밤에 자는 7~8시간 동안 이런 사이클이 여러 번 반복된다. 렘수면은 전체 수면의 20~25% 정도를 차지한다. 이때 우리는 눈을 감고 있지만 안구가 좌우로 왔다 갔다 한다. 렘수면 때는 꿈을 꾸게 되는데 이때 깨우면 85% 정도가 꿈을 기억한다. 그러나 렘수면 이후의 상태에서 깨면 거의 꿈을 기억하지 못한다. 우리가 매일 꿈을 꾸지만 대부분은 꿈을 꾸지 않은 것으로 알고 있는 이유이다.

우리는 인생의 1/3을 잠으로 소비한다. 그런데도 몸을 쉬는 것 외에 왜 잠을 자는지 정확히는 알지 못한다. 잠을 자는 동안 인체에는 성장호르몬, 유즙분비호르몬 같은 것은 올라가고 스트레스호르몬인 코티솔은 내려간다. 즉 잠을 자는 동안 아이들은 성장하고, 어른은 편안한 상태에서 신체 회복이 되는 것 같다. 잠을 못 자면 당연 몸이 피곤해진다. 그런데 그 외 머리도 더 안 돌아가고, 그 전에 학습한 내용을 더 기억 못 한다. 그러고 보면 잠은 기억 창고에 기억을 제대로 저장하는 역할도 하는 것 같다. 특히 렘 수면 동안 낮에 받아들인 기억과 감정이 정리되고 필요한 것은 더 공고하게 기억 창고에 저장되는 것으로 생각된다. 이러한 중요한 수면을 가능케 하는 뇌의 부위는 주로 뇌간 그리고 그 바로 위에 있는 시상하부인 것으로 생각된다. 잠들기 1~2시간 전에 송과체에서 분비되는 멜라토닌이 수면 유도에 중요하다. 이후 뇌간에 걸쳐 있는 망상체와 여러 구조물이 관여하고 또한 여러 신경전달물질이 분비된다. 이러한 뇌 기능이 노환, 병 혹은 심리상태에 의해 작동을 잘 못하면 여러 가지 수면질환이 온다.

수면질환 중 아마도 가장 많은 것은 불면증일 것이다, 나이든 사람에서는 코골이나 수면 무호흡도 아주 많다. 이러한 수면장애는 낮에 졸리고 피곤하고 머리 아프고 어지러운 증상을 일으킨다. 환자들은 뇌에 무슨 문제가 생긴 것 아닌가 하여 뇌 사진을 찍어보고 싶다고 나한테 오지만 나는 오히려 이런 분들에게 수면검사를 추천한다. 두통, 어지럼증 외에 더 무서운 것은 수면 중 과도한 코티솔 분비와 이에 따른 긴장 때문에 혈관이 딱딱해지면서 혈압이 오르고 이는 심장병, 뇌졸중 같은 혈관 질환의 원인이 되기도 한다는 점이다. 수면질환을 '질환'으로 간주하고 적절히 치료받아야 하는 이유이다. 코골이/수면무호흡 같은 것은 요즘은 양압기를 사용하여 비교적 쉽게 치료할 수 있다. 경우에 따라 수술이 필요할 수도 있다. 그런데 나는 여기서 수면 질환 중 아마 가장 특이한 질환인 기면증을 이야기하려 한다.

### 기면증: 아이다호에서

앞서 말한 대로 마약은 서구 사회의 큰 문제이며 젊은 사람들도 마약으로 사망할 수 있다. 20대에 마약 복용으로 사망한 뛰어난 영화배우로 리버 피닉스가 있다. 그가 마지막 출현한 구스 반 산트 감독의 〈아이다호〉에는 매우 흥미로운 병(이런 표현이 이 병으로 고생하는 환자분들에게는 미안하지만)인 기면증(narcolepsy)이 나온다. 거리의 부랑자 마이크(리버 피닉스 분)은 포틀랜드 사창가에서 하루 하루를 지낸다. 그의 유일한 친구는 포틀랜드 시장의 아들인 스코트(키아누 리브스 분). 그는 아버지에 반발하여 가출하여 방황하던 참이다.

마이크에게는 이상한 병이 있다. 스트레스를 받으면 아무 때나 쓰러져 잠에 빠지는 병이다. 영화의 시작도 아이다호의 너른 들판을 가로지르는 도로 한가운데 쓰러져 잠든 마이크의 모습으로 시작한다. 마이크의 꿈에 나와 잠든 그를 안아주고 위로하는 사람은 엄마. 그러나 엄마는 어디 있는지도 모르고, 현실에서는 오직 스코트만이 잠든 그를 안아준다. 알고 보니 엄마한테는 부랑자 애인이 있었고 마이크는 그 자식이었다. 엄마를 찾기 위해 마이크는 스코트와 함께 아이다호, 그리고 멀리 로마까지 가보지만 거기서 어머니는 다시 미국으로 떠났다는 사실을 알게 된다. 그 와중에 스코트는 로마에서 만난 여자와 결혼하고 아버지 재산을 상속 받아 상류사회로 올라간다. 스코트도 떠나고, 이제 아무도 돌봐줄 이 없는 부랑자 마이크는 아이다호의 찻길에 위태롭게 누워 잠들어 있다. 지나가던 차에서 사람들이 내리지만 오히려 잠든 그의 신발과 소지품을 훔쳐 달아난다. 하지만 그 다음 차에서 내린 남자는 그를 차에 실어 어디론가 데려간다. 아마 병원으로 데려다 주었을 것이다. 영화는 마지막 희망의 씨앗을 남겨두었다.

기면증은 낮에도 시시때때로 수면발작이 오는 병이다. 수면발작 이외 갑작스레 다리 힘이 빠져 넘어지는 탄력발작(cataplexy) 증상도 함께 가지고 있는 경우가 많다. 앞서 말한 대로 우리 수면에는 약 90분에 한 번씩 렘수면이란 것이 찾아온다. 이때 눈은 감고 있지만 안구가 좌우로 규칙적으로 움직이며, 팔 다리의 탄력은 떨어져 축 늘어진 상태가 된다. 우리 수면의 일부를 이루고 있는 이 렘수면이 왜 필요한지 잘 알려져 있지 않으나 렘수면 도중 우리가 꿈을 꾸는 것은 알고 있다. 낮에 기억한 수많은 기억의 파편들이 정리되어 일부는 제거되고 일부는 장기 기억으로 보존되는 과정이 렘수면 때 일어난다는 의견도 많다. 그렇다면 꿈이란 이런 기억과 감정의 파편들이 제멋대로 연결되어 만들어내는 한 편의 괴기한 영화라 할 수도 있다.

278쪽 의식소실 편에서 이야기하겠지만 잠은 뇌간/시상/시상하부의 복잡한 신경세포 조직이 이루어내는 것인데 렘수면도 마찬가지다. 1998년 시상하부에서 분비하는 히포크레틴과 오렉신이란 물질이 각각 발견되었는데 알고 보니 이는 같은 물질이었다(여기서는 히포크레틴을 사용하겠다). 기면증 환자에는 척수액의 히포크레틴의 양이 매우 적다는 사실도 밝혀졌다. 또한 히포크레틴이 저하되도록 유전자 변형을 시행한 개에서 기면증 증상이 나타남이 관찰되었다. 그러나 인간에서는 아직 기면증과 관련된 유전자가 밝혀져 있지 않다. 현재로서는 아마도 자가면역반응 같은 것이 생겨 시상하부의 히포크레틴 신경세포가 손상되는 것이 기면증이 발생하는 기전이 아닌가 추측된다. 히포크레틴이 수면상태를 제대로 제어하지 못하므로 낮에도 렘수면발작이 간혹 나타나는 것으로 해석하는 학자들이 많다. 이 병을 진단하기 위해 의사는 수면다원검사라는 것을 시행한다. 정상인은 수면 시작한 후 수면 1, 2, 3단계를 지난 후 렘수면이 오지만 기면증 환자는 이런 과정 없이 더 빠르게 렘수면이 찾아온다. 낮에 찾아오는 과다한 수면 때문에 학습이나 직업 활동에 지장이 생기므로, 수면을 억제하기 위한 암페타민, 메틸페니데이트 같은 각성제를 주로 사용해 왔다. 요즈음은 시상하부에 국한된 작용을 하여 부작용이 적은 모다피닐을 주로 사용한다.

### 몽유병의 여인

파리, 런던, 비엔나 등에 활동하던 유럽 예술가가 보기에 스위스 사람들은 순박하기는 하나 좀 무식한 촌사람으로 보이나 보다. 그래서 〈연대의 아가씨〉, 〈라 왈리〉, 〈윌리엄텔〉 등 스위스 배경 오페라에서 스위스인들은 대개 이런 식으로 그려진다. 또 한 예가 오페라 〈몽유병의 여인〉인데, 마을 사람들은 몽유병에 걸려 밤에 돌아다니는 여인을 유령이라 생각하고 무서워 밤에는 길에 다니지도 않는다. 이 동네 출신이지만 외지에서 출세한 후 잠시 방문한 백작이 의학 책을 가져와 동네 사람들에게 '몽유병'이란 병이 있다는 것을 일일이 설명해 주는 장면도 나온다.

스위스 마을 순박한 청년 엘비노는 고아 출신 아미나를 사랑해 결혼하려 한다. 마침 이 동네를 방문한 로돌포 백작이 아미나를 치켜세우자 엘비노가 질투하기 시작한다. 몽유병 환자인 아미나는 잠을 자다가 공교롭게 백작이 머무는 여관으로 들어와 빈 침대에 눕는데 다음날 아침 백작에게 인사하러 온 동네 사람들한테 들킨다. 화가 난 엘비노는 아미나를 꾸짖고 평소 그를 좋아했던 여관주인 테레사와 결혼하려 한다. 이를 알고 백작이 마을 사람들에게 '몽유병'에 대해 교육시켜도 막무가내. 그런데 이 와중에 다시 잠이 든 아미나가 몽유병 상태에서 나타나 엘비노에 대한 사랑과 오해 받은 자신의 비참함을 노래한다. 이에 모든 것을 깨달은 엘비노가 아미나를 깨우고 용서를 빌자 아미나는 다시 기쁨의 노래를 부른다. 아미나가 몽유병 상태에서 부르는 '아 믿을 수 없어(Ah! Non credea mirerti)'는 꽃이 하루 만에 시드는 것으로 사랑의 덧없음을 비유한다. 이 노래를 듣고 엘비노가 자신의 잘못을 깨닫는데 순간 잠에서 깨어난 아미나가 오해가 풀린 것을 깨닫고 즐거이 부르는 노래가 '아! 최고로 즐겁다(Ah! Non giunge)'이다.

몽유병은 사건수면(parasomnia)의 대표적인 질환이며 성인의 약 4%가 가지고 있는 병이다. 사건수면이란 잠자는 동안 혹은 잠이 들거나 깨는 상태에서 일어나는 비정상적인 행동을 말한다. 마치 꿈을 꾸는 도중 돌아다니는 것처럼 보이기도 하지만 꿈과 관계되는 (렘수면) 것은 아니다. 수면다원검사를 해보면 렘수면이 아닌 수면 단계에서 환자가 이상한 행동을 보이는 것을 알 수 있다. 자는 동안 일어나 침대에 앉아 있거나 걸어 다니며, 심한 경우 집을 돌아다니기 때문에 낙상 등의 위험이 있다. 증상이 있는 동안 뇌파 검사를 해보면 여전히 수면상태이긴 하다. 즉 정상적인 수면과 달리 수면상태인데도 운동 중추는 활성화된 상태인 것으로 보면 된다. 외부 소음 같은 것에 의해 유발될 수도 있으므로 수면시 아늑한 환경을 만들어주어야 한다. 뇌의 세로토닌 대사 이상이라는 의견도 있으나 병의 원인에 대해 아직도 잘 모르고 있다.

몽유병 외에 수면공포(sleep terror)라는 것이 있는데 수면중에 갑자기 고함을 지르거나 공황, 혼돈상태에 빠지며 난폭하게 팔다리를 휘두른다. 증세가 심하면 주변 사람에게 해를 입힐 수도 있다. '렘수면 행동장애'도 증상은 비슷한데, 증상이 렘수면시 발생한다는 점이 다르다. 렘수면 때는 근육 긴장이 풀어지고 늘어져야 하는데 그렇지 않아 수면시에 꾸는 꿈의 내용에 따라 행동을 한다. 따라서 함께 자는 배우자가 다치기도 한다. 그런데 렘수면 행동장애가 있는 사람은 파킨슨병 같은 퇴행성 신경질환이 나중에 발생할 가능성이 정상인보다 더 많기 때문에 주의해야 한다. 즉 파킨슨병 같은 퇴행성 질환이 최초로 수면과 관련되는 뇌간 부위에 발생하고 나중에 중뇌 같은 곳으로 퍼지는 것으로 해석된다(파킨슨병에 대해서는 221쪽 〈마지막 사중주〉 참조). 아무튼 수면 시의 이상행동을 보이는 사람은 전문가를 찾아 정확한 진단을 하고 이에 따라 치료받는 것이 중요하다.

# 6부
# 어떻게 살고 어떻게 죽을 것인가, 그것이 문제로다

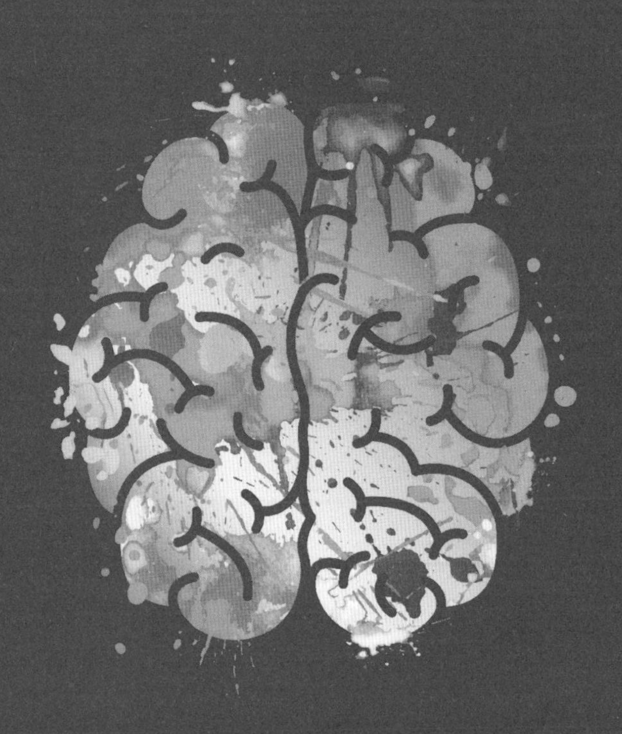

BRAIN INSIDE

# 오래 산다는 것 1

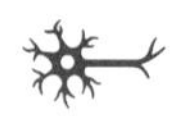

### 불로장생 vs. 장생: 티토니스와 에오스의 비극

그리스 신화에서 아프로디테의 남편은 만능 대장장이 헤파이토스이지만 애인은 전쟁의 신 아레스이다. 아레스와 바람 피우다 헤파이토스가 친 투명 그물망에 걸려 신들 앞에서 둘이 망신 당한 사실은 유명하다. 그런데 아레스의 상대가 아프로디테만은 아니었다. 아레스가 새벽의 여신 에오스와 바람을 피우자 질투가 난 아프로디테스는 에오스가 '인간'만을 사랑하도록 만들었는데 결국 에오스는 트로이의 왕자 티토노스를 사랑하게 된다. 그런데 에오스는 인간 연인 티토노스가 늙어 죽을 것이 각정되어 제우스에게 영생을 부탁했고 제우스는 이를 허락했다. 하지만 에오스의 비극은 이제부터이다.

영생을 부탁했지 젊음을 부탁한 것이 아니었으므로 티토노스는 계속 늙어가 완전 할아버지가 됐다. 나중엔 아예 움직이지도 못하면서 결코 죽지는 않았으므로 에오스의 끊임없는 보살핌이 필요했다. 불로장생(不老長生)을 부탁했어야 했는데 不老가 빠진 것이 문제였던 것이다. 이래서 명절 때 할아버지 할머니께 인사드릴 때 '오래오래 사세요' 하면 안 된다. 앞에 '건강하게'를 반드시 넣어야 한다. 나중에 몸이 쇠하여 껍질만 남은 티토노스는 매미가 됐다고 하는데 여름 철에 잘 들어보면 매미가 '맴맴' 우는 게 아니라 '에오스, 에오스' 하고 부르짖는 것 같기도 하다.

이 이야기는 수천 년 전부터 내려온 신화이지만 의학이 발달해 여러 질병을 물리치고 오래는 살고 있으나 주변 사람들을 고생시키는 사람들이 많아진 요즘 사회에서 더욱 절실한 이야기일 것이다. 여기서 생각해볼 것이 두 가지가 있다. 첫째, 현대의학으로 우리는 감염질환을 고치고 이젠 암도 일찍 발견하기만 한다면 완치시킬 수 있다. 그래서 사람들은 무사히 중장년을 넘기고 노인이 된다. 하지만 그렇기 때문에 퇴행성 뇌 질환인 알츠하이머병이나 파킨슨병 같은 질환은 늘어나고 있다. 이 병들은 환자뿐 아니라 보호자들도 오랫동안 괴롭히는 무자비한 병들이다. 과연 의사들의 수고가 세상에 복음을 가져다 놓은 것일까? 여기에 대해서는 다음 장에서 논의하기로 하자. 둘째, 만일 제우스가 티토노스에게 불로장생을 허락했다면, 즉, 티토노스가 영원히 젊은 상태로 남았다면 그 둘의 사랑이 지속될 수 있었을까? 쇼펜하우어의 말대로 행복이란 것은 영원한 것이 아니고 불행을 극복한 후 생기는 한시적인 것이라면 사랑도 역시 기나긴 인생 동안 한시적으로만 가능한 것이 아닐까? 여기에 대해서도 나중에 다시 논의하겠지만 그 전에 의술의 신인 아스클레오피스의 비극에 대해 먼저 말하려 한다.

### 아스클레피오스의 변

의사란 직업은 질병을 진단하고 고쳐주므로 고마운 직업임에 틀림없다. 나는 매일 환자를 진료하며 바삐 살고 있지만, 환자가 '감사합니다, 선생님' 하고 나갈 때는 그래도 보람을 느낀다. 하루에 수십 번 감사하다는 말을 들을 수 있는 직업이 의사말고 또 있을까?

이러한 '의술'의 아버지라 불리는 사람은 고대 그리스의 히포크라테스이다. 하지만 대상을 '인간'에 국한하지 않는다면 의술의 아버지라 할 수 있는 최초의 의사는 그리스 신화에 나오는 의술의 신 아스클레피오스였다. 그는 아폴론의 아들이다. 아폴론은 클로니스란 여자를 사랑하여 관계를 가졌다. 하지만 클로니스는 이후 이스키스란 남자에 빠져 아폴론을 버리고 그와 결혼하였다. 질서, 논리, 예지의 신인 아폴론은 그 이름과 달리 여자에게 별로 매력이 없는 남자(남신)였다. 오죽하면 강의 신의 딸 다프네는 아폴론이 구애하며 쫓아오자 '아버지, 나를 구해주세요' 하면서 월계수로 변하기까지 했을까. 오히려 어둠과 술의 신인 디오니소스가 여자한테는 아주 인기가 많았다.

아무튼 클로니스의 변심에 불같이 화난 아폴론은 누이 아르테미스에게 부탁해서 활을 쏘았다. 화살은 정확히 클로니스에게 명중했고 그녀는 비명을 지르며 죽어갔다. 그런데 클로니스는 그 당시 아폴론의 아이를 임신하고 있었다. 아폴론은 이를 깨닫고 황급히 죽어가는 클로니스의 몸에서 아기를 꺼내는데 이 아이가 바로 아스클레피오스이다. 아스클레피오스는 헤라클레스, 이아손, 아킬레스 등 내로라하는 영웅들의 스승인 현자 카이론의 가르침을 받고 의술을 깨닫기 시작했다. 이 세상에 의술이 처음 탄생하는 순간이다. 언젠가 아스클레피오스의 지팡이를 타고 뱀 한 마리가 올라왔는데 이 뱀을 죽이자 다른 뱀 한 마리가 허브 잎사귀를 물고 올라와 죽은 뱀 머리에 대니 다시 살아났다. 이 뱀이 달린 지팡이는 현재 대한의학회의 상징이다(그림 6-1).

그리스 아테네 학회에 참석하는 길에 필로폰네소스 반도의 동쪽 해안에 있는 에피다로스라는 지역을 잠시 방문한 적이 있다. 이 곳은 유서 깊은 원형 경기장과 온천지대로 유명한데, 다른 지역과는 달리 의술의 신인 아스클레피오스를 주요 신으로 모시고 있다. 아마도 온천으로 질병을 치료하기 위해 여러 병자들이 이곳에 들렸을 것이며, 이들이 의술의 신을 숭상하게 되었을 것이다.

현대의 의사들은 아스클레피오스의 후예라고 할 수 있다. 신의 아들인 아스클레피오스보다야 못하겠지만 현대 의사들의 치료 기술은 경이롭다. 20세기 초까지만 해도 가장 무서운 사망원인이었던 감염 질환은 이제 우리의 적이 아니다. 물론 사스, 메르스 혹은 최근의 코로나19 같은 새로운 감염질환이 생겨 이 주장은 철회해야 할지도 모르겠지만 말이다. 뿐만 아니라 얼마 전까

그림 6-1

**위 그림:** 아스클레피오스의 지팡이 위로 오르는 뱀.
**아래 그림:** 대한의학회의 로고는 지팡이 위로 뱀이 오르는 모습으로 되어 있다.

지만 해도 불치의 질환이었던 암도 이제는 많은 경우 치료가 가능해졌다. 일찍 발견할 수만 있다면 대부분의 암을 완치시킬 수 있으며 심지어 전이된 암이라도 적절한 항암요법, 방사선 치료 등으로 생존기간이 훨씬 길어진 것이 사실이다. 신장병, 간질환 같은 것은 여전히 난제이지만 장기 이식 기술을 이용해 거의 다 죽은 사람을 살려내기도 한다.

나는 뇌졸중을 전공으로 하는 신경과 의사인데 뇌졸중 역시 마찬가지다. 내가 전공의 시절 뇌졸중은 일단 발병하면 20~30%가 사망하는 무서운 병이었다. 게다가 흔히 반신마비, 언어장애 같은 후유증을 남기니 뇌졸중은 공포스런 '중증' 질환의 대명사였다. 하지만 지난 수십 년 간 효과적인 예방 약이 개발되고 혈전용해/혈전제거술이 발전되어 예전보다는 훨씬 더 많은 환자들이 살아나고 있다. 이제는 뇌졸중으로 입원한 환자 중 사망하는 경우는 불과 5% 정도이다. 또한 이로 인한 후유증도 많이 줄었다.

그런데 이처럼 발달된 의술의 뒷면에는 어두운 그림자도 있다. 예전 같으면 사망했을 뇌졸중 환자들이 이제는 많이 살아남는데, 이 분들은 고혈압, 당뇨, 심장병 등 뇌졸중의 원인이 되는 질병을 가지고 있기에 이런 질환을 계속 치료해야만 한다. 뇌졸중의 재발을 막기 위해 항혈소판제, 항응고제, 스타틴 같은 약도 평생 복용해야 한다. 마비, 보행장애 같은 증상이 남는다면 물리치료 등 재활 치료가 추가로 필요하다. 그러니 돈이 많이 든다. 증세가 심한 환자의 경우 요양병원 등에 장기간 입원해야 하므로 이 역시 경제적 부담이 만만치 않고 또한 보호자의 오랜 보살핌이 필요하다. 게다가 급격히 진행되는 노령

사회에서 이런 뇌졸중 환자는 계속 늘어난다. 즉 사망 환자는 줄고 발생 환자는 늘어나니 우리 사회에서 관리를 해야 하는 뇌졸중 환자는 계속 증가하고 있는 것이다.

뿐만 아니다. 암이나 뇌졸중 같은 무서운 병에서 살아난 이후 더 나이가 들면 알츠하이머병이나 파킨슨병 같은 퇴행성 질환이 찾아온다. 환자는 물론이지만 이처럼 치료가 어려운 만성 질환에 대한 가족과 사회의 부담은 엄청나다. 우리는 마치 티토노스를 돌보는 에오스처럼 된 것이다. 이러한 부담을 국가가 담당해주면 좋겠지만 문제는 국가도 그럴 여력이 없다는 점이다. 게다가 우리나라의 출산율은 세계에서 거의 꼴찌에 가까워 노인 환자들을 부담해야 할 젊은이들의 수는 자꾸만 줄어들고 있다. 앞으로 노인 인구, 그리고 노인 질환의 급속한 증가에 따라 우리나라는 사회, 경제적으로 엄청난 부담을 갖게 될 것이다.

아스클레피오스 얘기로 돌아가 보자. 아스클레피오스는 죽어가는 병자들을 열심히 살렸다. 그런데 문제가 생겼다. 원래 사람은 태어나 성장한 후 병에 걸리고 늙어 죽는 것이 이치인데, 병든 사람을 모두 살려놓으니 세상에 지나치게 사람이 많아져버렸다. 이것이 살아 있는 사람들에게도 문제였지만 더 큰 위협은 느낀 자는 지하세계의 신인 하데스였다. 죽은 사람이 오질 않으니 지하세계는 파리가 날릴 지경이 된 것이다. 결국 하데스는 제우스에게 이런 어려움을 호소하기에 이르렀다. 제우스 역시 세상의 이치를 거역하는 아스클레피오스를 미워하던 참이었다. 인간은 적당한 시간에 죽어야 마땅한 것인데 인간을 거의 불사의 존재로 만드니 이는 신에 대한 중대한 도전이라 생각했다. 그는 결국 번개를 들어 던졌고 전무후무한 명의 아스클레피오스도 벼락에 맞은 그 자신을 살릴 수는 없었다.

### 불로장생의 아델라인, 그녀는 행복한가?

나이 든 사람들은 흔히 젊은 날의 향수 속에 산다. '젊고 건강하고 아름다웠던 그때가 정말 행복했었지' 하면서. 여러 가지로 고민이 많은 20~30대 청년들을 바라보면 한창 좋은 나이인데 그런 젊음의 기쁨도 모르고 살다니, 하며 끌끌 혀를 찬다. 그런데 내가 실제로 젊은 날로 돌아간다면, 혹은 젊은 이들에게 젊은 날이 계속된다면 정말 우리는 행복한 것일까?

영화 〈아델라인: 멈춰진 시간〉(The Age of Adaline, 2015)은 우리에게 이런 의문을 던진다. 주인공 아델라인(블레이크 라이블리 분)은 20대 후반 신체적 충격을 받은 후 더는 늙지 않는 상태가 되었다. 주변 사람은 점점 늙어가는데 그녀는 언제나 한창 젊은 모습의 여자로 남았다. 세월이 흘러 그녀는 무려 107살이 되었다. 그런데도 그녀의 모습은 여전히 젊고 아리땁다. 그녀의 딸(엘렌 버스틴 분)은 어느새 호호백발 할머니가 되었지만 여전히 아델라인을 엄마라고 부른다. 그런데 문제가 있다. 주변 사람들은 늙어가는데 혼자만 젊은 상태가 유지되는 것은 남 보기에 이상하다. 그래서 그녀는 10년마다 다른 먼 지역으로 이동하여 새로운 삶을 살아야 한다. 또한 예쁜 그녀에게 여러 남자가 접근하지만 '늙지 않는' 문제를 가지고 있는 그녀는 어쩔 수 없이 그 남자를 떠나야 한다. 이런 아델라인을 몹시 사랑하게 된 남자는 엘리스(미치엘 휘즈만 분). 그런데 하필 그의 아버지 윌리엄(해리슨 포드 분)은 수십 년 전 청년시절 영국에서 아델라인을 사랑했던 사람이었다. 그녀를 보고 깜짝 놀란 윌리엄에게 아델라인은 "그 여자는 바로 저의 어머니였어요." 하며 둘러대지만 예전과 똑같은 팔의 상처가 확인되어 모든 것을 들키고 만다. 아델라인은 이 가족으로부터 도망가려 빠르게 차를 몰다가 심각한 교통사고를 당한다.

늙는다는 것은 무엇일까? 우리는 어떻게 늙어가는 것일까? 아델라인처럼 노화를 멈출 수는 있는 것일까? 매우 어려운 질문이다. 영화에서는 우리 몸에 가해진 강한 충격으로 이런 노화 관련 유전자가 손상되어 늙지 않는 것으로 설명한다. 노화가 유전자와 관계가 있기는 한 것 같다. 조로증(progeria, Huchinson Gilford syndrome)이란 희귀병은 LMNA 유전자 이상으로 프로게린(progerin)이란 해로운 단백질이 생성되는 병이다. 환자가 태어날 때는 정상이지만 다른 사람보다 매우 빨리 늙어 어린 나이에 피부가 쭈글해지고 머리털이 빠지고, 10~15세만 되면 벌써 심장병으로 죽는다. 이보다 훨씬 흔한 다운 증후군은 21번째 염색체가 정상인보다 하나 더 존재하여 나타나는 병이다. 환자는 빨리 늙어 30대만 되면 벌써 알츠하이머병에 걸린다.

한편 우리는 모두 아포라이포 프로테인(apoE)을 한 쌍씩 가지고 있는데 유전자 E1-4의 변이 중 E4를 쌍으로 가지고 있는 사람이 동맥경화도 일찍 걸리고, 치매에 걸릴 위험도 높고, 남보다 더 일찍 죽는다. 이런 유전적 이상이 장기의 일부를 빨리 노화시킨다고 볼 수 있을 것이다. 그러나 정상인의 장기적인 노화 현상에 이런 유전자가 관계되는 것은 아니다. 게다가 이런 유전자는 환경과 상호작용하므로 그 해석에 주의해야 한다. E4를 쌍으로 가진 사람들이 서양인들에 더 많아 동맥경화에 잘 걸리는 것 같다. 그러나 뉴기니 원주민들 중에는 이 유전자를 가진 사람이 서양인보다도 더 많은데 워낙 기름진 음식을 먹지 않으므로 이들은 동맥경화에 걸리지 않는다. 어쩌면 E4는 해로운 노화 유전자가 아니라 기름진 음식을 구하기 힘든 환경에 있는 인간들에게서 혈관 벽을 튼튼하게 만들어주는 유리한 유전자일 수도 있다.

1960년 헤이플릭이란 학자는 우리 몸의 세포는 모두 인간의 수명만큼 지속되는 것이 아님을 밝혔다. 일부 세포는 죽고 그만큼 새로 분화하는 것이 반복된다는 것이다. 이 분화가 영원한 것은 아니고 일정 횟수의 분화를 거친 후에 세포들은 분화를 멈춘다. 보통 인간의 세포는 약 80~90회 분화를 하면, 더 이상 분화하지 않는다. 그 분화의 정도는 우리 몸의 장기마다 다르다. 예컨대 흉선 같은 것은 중년이 되면 이미 죽는다. 즉 우리 몸의 세포가 모두 80세가 넘도록 함께 사는 것은 아니다. 과학자들은 이러한 세포 분열의 종식에는 염색체 끝에 달려 있는 텔로미어란 부분이 관여함을 밝혔다. 이것은 끝에 많은 구슬(beads)이 달린 모양인데, 세포가 둘로 나뉠 때마다 구슬 하나가 잘려 나가서 텔로미어가 짧아진다. 구슬이 모두 없어지면 세포 분열이 더 이상 불가능하며 그때부터는 세포는 쇠약해지고 새 세포로 교체되지 않아 결국 죽는다.

영화에서는 강한 충격에 의해 텔로미어 시스템에 문제가 생겨 노화가 중단되는 것으로 설명한다. 그러나 실험실에서 텔로미어가 세포분열의 증식에 관여된다는 것이 밝혀졌다 해도 이것이 전체적인 인간의 노화와 관련된다는 이야기는 아니다. 더구나 성인이 사고를 당해 모든 세포의 텔로미어 기능만 선택적으로 없어진다는 것도 말이 안 된다. 과학자인 나는 믿지 않지만 성경에는 무드셀라가 969세까지 살았다고 한다. 여기서 유래하여 수명을 연장시킬 가능성이 있는 유전자를 '무드셀라 유전자'라 부르지만 실제로 생명을 연장시키는 유전자는 밝혀지지 않았다. 보통 쥐는 2년 정도밖에 못 사는데 쥐의 친척이라 할 수 있는 아프리카 땅 속에 사는 털 없는 두더지를 사육하면 무려 20~30년씩 산다. 야생상태에서는 이처럼 오래 살지 못하지만 군락의 우두머리인 여왕 두더지는 이런 상황에서도 20년 이상을 산다. 이 두더지를 이용하여 무드셀라 유전자를 발견하려는 연구가 활발히 이루어지고 있다.

영화로 돌아가 보자. 교통사고를 다시 당한 후 아델라인은 정상인으로 돌아오는데, 이 사실을 모른 채 아델라인은 모든 것을 알고 이해해준 엘리스와 결혼한다. 어느 날 그녀는 화장 도중 머리끝에 숨은 흰 머리카락(새치)을 발견한다. 그제야 아델라인은 안도의 미소를 띤다. 그녀는 진정한 사랑이 가능한, 늙어가는 인간으로 돌아온 것이다. 이 영화는 영원한 젊음은 사랑을 만들지 못한다는 메시지를 전달한다. 젊음의 기쁨은 늙어가는 인간에게만 주어진 짧고 아름다운 선물인 것이며, 만일 우리가 늙지 않는다면 그 선물도 없는 것이다. 10년마다 사는 장소를 옮기고 사랑하는 남자를 떠나며 "나는 미래가 없어" 하며 슬퍼하는 아델라인에게 딸이 말한다. "무슨 소리야, 엄마는 미래밖에 없잖아." 그러자 아델라인이 대답한다. "아니야, 사랑하는 사람과 함께 늙어가야 미래가 있는 거야." 앞의 '티토노스와 에오스'에서도, 만일 제우스가 티토노스에게 불로장생을 허락했더라도 그들의 사랑이 영원히 지속되지는 않을 것이라고 나는 생각한다.

# 영생은 있는가? 2

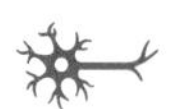

## 영생, 환생, 임사체험의 뇌과학

카이로나 런던의 박물관에 가보면 누워 있는 고대 이집트 미라들을 만날 수 있다. 그들을 바라보면 미라도 나를 보고 있는 것 같고, 무슨 말을 하려는 것 같기도 하다. 그 주인들은 지금 모두 어디에 있을까? 수천 년 전 미라의 가족들은 주인이 다시 환생할 것으로 믿었다. 이를 위해 그토록 정성껏 죽은 이의 육신을 미라로 만들어 보관한 것이다. 그러나 이는 허황된 믿음이었다. 수천 년이 지나도 육신의 주인은 오질 않고, 바싹 마른 미라만 청승맞게 나를 쳐다보고 있다. 미라는 나한테 이렇게 말하려는 것 같다. "죽으면 다시 환생한다는 것은 모두 망상(delusion)이었어. 죽으면 끝이야. 그러니 살아 있는 시간 열심히, 감사하며 살아." 그런데 이런 미라의 외침이 들리지 않는 것인지, 수천 년이 지난, 과학이 엄청나게 발달한 현재도 죽으면 환생하거나 혹은 어딘가 다른 세상으로 간다고 믿는 사람들이 여전히 많다(그

그림 6-3

크레타 섬의 헤라크리온 고고학 박물관에 소장된 고대 그리스인의 관. 죽으면 어디론가 간다는 개념이 있어 남녀 하인들이 좋은 음식을 가지고 동행하며 배를 들고 가는 사람도 있다.

림 6-3). 옛날 미라의 가족들과 21세기 현대를 사는 우리들의 사고방식은 별로 다르지 않은 것 같다.

죽으면 어디론가 간다는 것. 신경과 의사인 내 생각에는 지나치게 발달한 우리 뇌가 만들어낸 일종의 망상이 아닐까 한다. 그러나 '망상'은 별로 호의적인 단어가 아니므로 나는 '생각의 과잉'이라 표현하겠다. 인간이 아닌 동물들은 이런 망상 혹은 생각의 과잉이 없다. 이처럼 과잉 생각을 할 여력이 없기 때문이다. 나이가 들거나 병에 걸려 허약해지면 금방 천적이 잡아 먹는다. 이것이 보편적인 생물의 죽음이다. 인간의 조상도 그랬을 것이다. 현재의 원숭이가 그렇듯 적당한 시기에 사자, 표범, 호랑이 같은 동물에게 잡아 먹혔을 것이다. 우리 조상의 뇌가 발달하면서 인간은 도구와 불을 발명했고 이를 이용하여 식량을 해결했다. 또한 무기를 만들어 다른 동물들과 대적하여 자연계의 최상위 포식자로 자리잡았다. 이때부터 인간은 다른 동물에게 잡아 먹히지 않고 '천수'를 누리게 되었을 것이다. 죽음이라는 개념도 생겼을 것이다. 그들이 죽음을 기리기 위해 무덤을 만들기 시작한 것을 보면 알 수 있다. 그런데 욕심 많은, 게다가 뇌까지 발달한 우리 인간들은 우리의 생명을 더 연장하고 싶은 욕망이 생겼다. 그래서 발달된 뇌로 영생 혹은 사후세계란 개념을 만들었고, 종교란 것이 탄생했다. 오직 인간만이 이렇게 한 것이다. 그래서 아르헨티나의 작가 보르헤스는 이렇게 말했다. "인간을 제외한 생명은 불멸한다, 자신의 죽음을 인식하지 못하기 때문에."

과학이 발달하며 사후세계를 믿는 마음에도 균열이 생겼다. 유리디체를 구하러 저세상에 다녀온 오르페우스 외에 저세상에 다녀온 사람은 없으니 저세상이 있다 주장하기도 어렵게 되었다. 그래도 사후세계를 믿는 사람들은 그 증거로 심장마비 같은 중한 질환을 앓은 후 살아난 사람들이 기술하는 소위 임사체험(near death experience, 근사체험)을 이야기한다. 그들은 간혹 자신의 영혼이 육신으로부터 빠져나간 체험을 말한다. 그만큼 흔한 기술은 어디론가 긴 터널을 지난다는 것, 그리고 터널을 지나 예전에 알던 사람을 만나기도 한다는 것이다. 마치 천국을 다녀온 듯 마음이 평온 해지고 너그러워진다는 이야기도 자주 한다. 신경과 의사인 내가 보기에 이는 저산소증에 빠진 뇌가 일으키는 환상이다. 실제로 측두엽, 시상 등에 손상이 있는 환자들, 예컨대 측두엽 간질 환자는 흔히 여러 형태의 유체이탈 현상을 일으킨다. 또한 용감한 일부 과학자들은 연구 참여자들에게 저산소증을 일으켜 유체이탈 증세를 유발시켰고 이때 그들의 뇌에서 활성화되는 부위를 알아내기도 했다.

사후세계를 믿는 사람들의 반발도 만만치 않다. 그들은 이것이 뇌 손상에 의한 현상이라면 손상된 부위에 따라 증상이 다양해야지 왜 매번 비슷한 증상이 나오느냐고 반문한다. 좋은 질문이지만 원래 뇌 손상의 증세가 이렇다. 예컨대 술 중독자가 무슨 일이 있어 (주로 다른 병으로 입원한 경우) 갑자기 술을 끊게 되면 술 금단 증상인 진전섬망(delirium tremens, 150쪽 참조)이 생기는데 대표적인 증상이 환각이다. 그런데 웬일인지 그들에게는 시각적 환각만 매번 나타난다. 흔히 벌레가 기어간다고 하면서 잡으려 손을 휘두른다. 그 증세도 매번 비슷하다. 왜 하필 이런 비슷한 증세가 반복되는지는 모르지만 아마도 술 금단 증세로 영향을 받는 뇌의 부위가 비교적 일정하기 때문일 것이다. 마찬가지로 심혈관 정지에 의한 저산소증 때는 주로 측두엽, 후두엽에 손상이 있는 것 같고 이로 인한 시각적 환각이 주로 나타나는 것 같다.

우리의 모든 행동을 관장하는 기관은 뇌이므로 어떤 사람이 뭔가 이상한 행동을 한다면 일단 뇌의 손상에 의한 증상이 아닌가 생각해 보는 게 우선이다. 괜히 비과학적, 신비론적 이론을 만들어낼 필요는 없으며 지나치게 생각하면 망상에 빠지게 된다. 나는 여기서 뇌 손상에 의한 증세를 자신 마음대로, 그리고 비과학적으로 해석하여 믿어버린 예를 하나 들려 한다. 불교를 독실히 믿는 지인이 이런 편지를 보냈다.

> "7년 전에 온 중풍 후유증으로 힘드셨던 아버님은 돌아가시기 몇 달 전부터 병원 출입이 잦으셨습니다. 그 와중에 마지막 입원에서는 병원에서 빙의가 되어 오셨는데, 빙의된 영은 하나가 아닌 듯했습니다.

제가 빙의된 것을 안 것은 어느 날 밤이었습니다. 밤 10시가 넘어 형님으로부터 아버님이 이상하다, 우리가 알던 아버님이 아닌 것 같다, 급히 와보라는 연락을 받고 갔더니 역시 예상대로였습니다. 저는 단숨에 알아봤는데, 그것은 아버님의 성격이 완전히 변했기 때문이었습니다. 아버님은 한없이 어질고 자비로운 분이셨습니다. 그런데 빙의된 아버님은 전혀 그렇지 않으셨습니다. 난동을 부리고 고함을 지르시고 심지어 형님을 이유 없이 때리려고 하셨습니다. 풍이 와서 오른쪽이 불편하셨던 아버님이 때리려고 할 때는 전혀 불편하지 않은 모습으로 오른팔을 드시는 것이 지금도 기억나는데, 이는 의학적으로 도저히 설명할 수 없는 현상이었습니다.

야단을 치고 난리 부리시는 아버님을 향해 저는 빙의된 영에게 가만히 속삭였습니다. '빙의 영아, 나는 네가 아버님 아닌 줄 안다. 그러니 내가 부처님 말씀 지금부터 들려 드릴테니 이런 짓 그만하고 조용히 떠나거라.' 그리고 아버님 앞에 앉아 금강경을 독송했습니다. 그러자 빙의 영은 '내가 네 아버진데…' 하고 몇 번 말하더니 잠잠해졌습니다. 그리고 잠시 뒤 아버님은 쿨쿨 깊은 잠에 빠지셨습니다. 다음날 아버님은 거짓말처럼 예전의 자비로운 모습으로 돌아오셨습니다. 그 전날 난동을 부리시던 일은 전혀 기억을 못하신 채 오히려 '내가 그랬었나?' 하고 되물어보시기도 했습니다.

그런데 빙의가 끝난 것이 아니었습니다. 그 다음 날에도 또 빙의 현상이 일어났습니다. 그럴 때마다 저는 가서 금강경을 독송했습니다만 이건 잠시일 뿐, 저의 능력으로는 빙의된 영을 결국 어떻게 할 수 없었습니다. 더구나 당시 현대 의학에서는 빙의를 인정하지 않을 때니 현대 의학의 도움을 받을 수도 없었습니다. 그래서 가족들끼리 상의 결과, 불교계의 여러 큰스님과 인연이 많았던 작은 형님이 부산에 계시던 큰스님 한 분께 상담 드리기로 하고 부산에 내려갔습니다. 그 날 밤 형님께 자세한 이야기를 들으신 큰스님은 아버님을 위해 부산에서 빙의 영의 천도 의식을 해 주셨다고 합니다.

다음날 아버님은 홀연히 세상을 떠나셨습니다. 그 토요일, 날은 흐렸고 이제 막 봄기운이 느껴지기 시작하던 초 봄, 그렇게 아버님은 가셨습니다."

돌아가신 아버지에 대한 사랑과 효도의 마음이 느껴지는 감동적인 글이지만, 나는 그 해석만은 다르게 하고 싶다. 대뇌에 큰 뇌졸중이 온 환자, 특히 나이 많은 환자에서 이런 증세는 아주 흔한 것이다. 이를 섬망(delirium)이라 하며 이 증상의 요소 중 중요한 것은 망상과 환각이다. 환자는 사람을 못 알아보고 난폭해지고 소리지르고 한다. 움직일 수 있는 환자는 침대에서 일어나 병실을 박차고 나가 돌아다닌다. 지인은 환자가 마비되었던 팔을 갑자기 움직이는 것이 의학적으로 설명되지 않는다고 했지만 이것도 크게 이상한 일은 아니다. 팔다리를 거의 못 움직이던 파킨슨병 환자가 불이 났을 때는 어느 순간 빨리 움직이기도 한다. 우리의 움직임을 관장하는 뇌의 메커니즘에는 의지적인 회로와 무의지적인 회로가 있어 무의지적 움직임을 사용해 잠시 움직일 수는 있는 것으로 설명한다. 예컨대 얼굴이 마비되어 입을 못 움직이던 환자가 웃거나 울 때는 잘 움직이는 것은 흔히 보는 현상이다. 지인이 기술한 증상은 귀신이 들었거나 빙의가 된 것이 아니라 뇌 손상에 의한 '섬망' 증상인 것이다. 섬망증세는 낮보다는 아무런 자극이 없는 조용한 밤에 악화되는 경우가 많은데 이것도 지인이 기술한 증세와 상응한다.

임사체험 이야기를 접하고, 이것이 뇌 현상으로는 설명할 수 없으므로 실제로 사후세계가 존재하는 것이라고 믿고 있는 분들을 위해 현재까지 밝혀진 임사체험에 대한 뇌과학적 설명을 간단히 소개하려 한다.

**유체이탈:** 유체이탈이란 자신이 자신의 육신에서 빠져나온 느낌 혹은 실제로 자신이 누워 있는 상태를 바라보는(autoscopy) 현상이다. 앞에 썼지만 이런 현상은 측두엽 간질 환자들도 경험하며 실제로 사람에게서 우측 측두엽-두정엽 경계 부위를 전기로 자극하여 이런 증상을 유발한 실험결과도 있다(Blanke O and Arzy S, 2004). 우리가 자신을 인지하는 것은 우리의 몸에서 받아들여지는 수많은 감각의 조합이 뇌에서 적절히 인식되기 때문인데, 이것이 제대로 이루어지지 않으면 유체이탈 증상이 발생할 수 있다. 뇌에 이상이 없더라도 우울증이 있거나 성격이 매우 예민한 사람도 간혹 이런 증상을 호소하는 경우가 있다.

**어두운 동굴을 지나간 후 밝은 빛을 본다는 것:** 시각회로의 혈류 저하에 의한 환각으로 설명할 수 있을 것이다.

**환각, 특히 예전에 죽은 사람들을 만나는 것:** 임사체험을 한 사람들은 죽은 친척이나 가족, 혹은 천사를 만나고 왔다고 이야기한다. 그런데 알츠하이머병이나 파킨슨병을 앓고 있는 환자 특히 파킨슨병의 친척인 루이소체 질환(Lewy body disease)을 갖는 환자는 자주 환각 증세로 없는 사람을 생생하게 본다. 심지어 그 사람과 이야기하기도 한다. 그 환자의 기분에 따라 유령, 괴물 같은 것으로 보이기도 하며, 기독교인이라면 하나님이나 천사를 보는 경우가 많다. 뇌 심부 수술을 진행한(227쪽 참조) 파킨슨병 환자가 수술 후 죽은 친척을 봤다는 경우도 보고된 바 있다. 뇌졸중 환자들 중에도 중뇌 같은 곳에 뇌손상이 생기면 생생하게 사람의 환각을 본다. 이러한 환각은 후두부/측두부 뇌의 손상을 회복시키려는 보상작용이 강한 상태에서 만들어지는 것 같다.

**긍정적인 감정:** 임사체험을 한 사람들은 긍정적이며 평안한 느낌을 가졌다고 하는데, 사후세계를 믿는 사람들은 뇌 손상 환자가 어떻게 이처럼 좋은 기분을 느낄 수 있느냐고 반박한다. 그러나 이 현상은 오히려 다른 증상보다도 뇌의 이상으로 설명하기가 더 쉽다. 손상된 혹은 손상의 위험에 직면한 뇌에서 세로토닌, 도파민, 오피오이드 같은 마약성 물질이 분비된다는 사실은 이미 여러 동물 실험 결과로 알려진 사실이다. 그러므로 이 상태에서 깨어난 사람의 기분이 좋아질 수 있는 것이다. 실제로 케타민, 암페타민, 세로토닌 함유 항정신약물 같은 물질이 투약되면 임사체험 환자들이 기술하는 평안하고 기분이 좋아지는 느낌을 갖는다.

마지막으로 이런 임사체험은 저산소증에 빠진 모든 사람 중 일부만이 경험하는 것이다. 임사체험의 내용 그리고 그 정도는 그 사람의 유전적, 환경적 요인에 의해 결정될 것이다. 임사체험 중 우리는 평소 생각을 많이 했던 친척이나 조상을 만날 것이고, 기독교인이라면 종교를 믿지 않는 사람에 비해 하느님이나 천사를 볼 가능성이 더 높을 것이다.

그렇다면 뇌손상이 심한 환자에게서 이런 현상이 나타나는 이유, 즉 우리에게 이러한 '임사체험'이 존재하는 이유는 무엇일까? 나는 이를 진화론적으로 해석할 수 있다고 생각하지만 그 전에 먼저 일반인들도 잘 아는 러너스 하이(Runner's high)에 대해 이야기해보자. 러너스 하이는 오랫동안 달리기를 한 후 몹시 지친 상태에서 '행복한 도취감'을 느끼는 현상이다. 나는 5킬로미터 이상 달려본 적이 없는 사람이지만, 언젠가 러너스 하이란 것을 경험해보기 위해 7킬로 정도 뛰어봤는데 전혀 이런 느낌을 경험할 수 없었다. 그냥 힘들기만 했다. 그래서 오래 달리기를 잘 하는 분에게 물어보니 35킬로미터 넘게 뛰어 거의 다 죽게 되었을 때만 그런 현상을 경험한다고 한다. 이런 현상은 아마도 그 순간 뇌에서 도파민 같은 보상작용에 관련된 신경전달물질 혹은 마약 성분의 물질이 분비되기 때문인 것으로 해석된다. 뮌헨대학의 뵈커(Boecker) 박사팀은 실험 대상군에게 오래 달리기를 시킨 후 PET 연구를 통해 대상군의 전두엽/안전두엽, 대상회, 섬엽 및 측두엽 등에 마약성 수용체의 변화가 생기는 것을 관찰했다. 그 정도는 이들이 기술하는 '기분 좋은' 느낌의 정도와 비례하였다. 즉, 오래 달리기를 하면 뇌에서 마약성분의 물질이 분비되어 기분이 좋아진다는 것이다(Boecker 등, 2008).

이러한 러너스 하이는 왜 생기는 것일까? 그 이유는 아무도 정확히 모르고 있지만 나는 진화론적으로 이 현상이 우리의 생존에 이득이 되기 때문인 것으로 생각한다. 동물 다큐멘터리를 보면 포식자 동물이 쫓아올 때 피식자 동물이 있는 힘을 다해 달아난다. 많이 지쳐 잡아먹히기 직전 아마도 그들의 뇌에서 보상작용을 하는 도파민 혹은 마약성 물질이 분비될지도 모른다. 이런 물질들은 뇌를 자극하여 동물들이 이 고통스런 순간을 조금 더 견딜 수 있도록 할 것이다. 이때쯤에는 포식자도 지쳐 있을 테니 이런 기전은 피식자의 마지막 필사적인 달리기를 가능케 하여 그들의 생존에 유리하도록 할 것이다.

앞서 말한 대로 임사체험 때도 우리의 뇌에서 보상작용을 하는 신경전달물질 혹은 마약성물질이 증가하는 것 같다. 우리가 심한 산소 부족 상태에 직면했을 때 우리의 뇌는 본능적으로 자신이 포식자에 쫓겨 절체절명의 상태에 있는 것으로 인식하고 마지막 생존의 가능성을 열어주기 위해 그런 일을 했을 것이다. 이런 상태를 지냈으나 죽기 직전 상황에서 살아난 사람들은 그 순간을 즐겁고 평화로웠다고 회상할 것이다. 실제로 실험동물에 저산소증을 일으키는 방법으로 죽기 직전 상황을 유도하면서 검사를 해보면 짧은 기간이지만 뇌의 여러 부위에 활동이 증가하며 이 부위들이 제대로 상호 연결되는 상태를 취한다. 또한 이들 실험동물에서 특히 전두엽과 후두엽에 노르에피네프린, 세로토닌, 도파민, 아세틸콜린 등의 신경전달물질들이 수분 혹은 수십 분 동안 증가한다는 사실이 알려졌다(Li D 등, 2015).

인간에게 이런 실험을 시행하기는 어렵지만, 한 보고에 의하면 189명의 임사체험 경험자의 거의 절반가량이 위기 상황에서 자신도 이해할 수 없을 정도의 항진된 신체적, 정신적 활동이 있었다고 한다(Noyes R and Slymen D, 1979). 작가 헤밍웨이도 아마 그러한 예인 것 같다. 1차 대전 때 이탈리아에서 참전했던 그는 가까운 곳에 포탄이

터져 정신을 잃었다. 잠시 후 정신을 차린 그는 옆에 누워 있는 부상당한 이탈리아 군인을 업고 약 150미터를 걸어 부대로 퇴각했다. 당시 병원에서 진찰한 바로는 그는 227군데를 다쳐 피를 철철 흘리는 상태였다. 헤밍웨이의 회고에 의하면 처음 정신을 잃었을 때는 죽어 어디론가 가는 느낌을 받았다. 잠시 후 정신을 차렸는데 이때는 '지구로 끌려 나와 깨어나는' 느낌이 있었다고 했다. 또한 심하게 부상당한 상태였음에도 동료 군인을 업고 부대까지 걷는 동안 전혀 힘들지 않았고, 아프지도 않았다고 회상하였다(Lake J, 2019).

결국 의학적으로 볼 때 임사체험은 죽기 직전의 위기 상태에서 우리의 생존을 돕기 위한 뇌의 마지막 몸부림인 것 같다. 이를 과학의 영역을 넘어서는 신비한 경험으로 간주하고 함부로 사후세계의 존재와 연관 짓는 것은 주의해야 한다. 영국 케임브리지대학의 몹스(Mobbs) 교수 같은 사람도 임사체험을 '특별하거나 신비적인 현상으로 간주하는 것을 경계했는데(Mobbs D 와 Watt C, 2011), 물론 나는 이에 동의한다. 다만 임사체험의 경우 보고된 증례들이 의학적으로 설명하기 어려운 경우도 있다는 점에도 동의는 한다.

한 예로 원래 앞을 못 보는 상태로 태어난 사람이 임사체험 중에는 색깔을 보았고, 다시 살아난 이후에는 전혀 색을 모르게 됐다는 보고가 있었다. 또한 임사체험을 한 사람 중 자신을 치료하고 있는 의료진을 위에서 내려다봤다는 경우들이 있는데 이런 상황도 단순한 측두엽, 후두엽 손상의 증세로 설명하기에는 석연치 않은 점이 있다. 개인적으로 환자들이 아직 혼수상태에 빠지기 전 혹은 혼수상태에서 막

회복할 무렵에 주변 상황을 인지하며 이런 것이 자신의 환각적인 기억에 섞여 만들어지는 것이 아닌가 하지만, 아직 현대과학으로 명료하게 해석하기는 어렵다. 하지만 현대과학으로 설명되지 않는 게 세상에 어디 하나 둘인가? 천둥 번개 치는 것을 정전기 현상이 그 원인인 줄 안 것은 수만 년 인간의 역사 중 불과 최근 100여 년 전이다. 그 전까지 오랜 세월 동안 사람들은 신이 노해 벌을 내리는 것으로 생각했다. 그러니 발달된 현대과학으로도 모두 설명할 수 없는 상황이라면 이를 지나치게, 혹은 자기 마음대로 해석하는 것보다는 일단 해석이 안 되는 채로 놔두고 후에 과학이 설명할 수 있을 때까지 차분하게 기다려보는 것은 어떨까?

여러 번 이야기했지만, 이런 현상을 신비적으로 확대 해석하는 것은 우리가 경계해야 할 '생각의 과잉'이다. 고대 이집트 사람들처럼 우리도 더 오래 살고 싶고, 편안한 사후세계를 원하기 때문에 이를 옹호하는 방향으로 기울어진 수많은 비과학적 해석이 돌아다니고 있는 것이다. 예컨대 죽으면 어디론가 간다는 분들은 대개 우리가 좋은 상태로 태어난다고 말한다. 게다가 주변에 평소 사랑하던 사람과 함께 있게 된다고 한다. 좋은 게 좋은 것이기 때문에 사람들은 나처럼 사후세계가 없다고 하는 사람보다는 있다고 하는 사람의 말을 듣고 싶어하는 것이다. 그러나 이 분들은 최소한 다음을 분명하게 설명할 수 있어야 한다.

1) 우리 인간이 그 모습 그대로 사후세계로 간다고 하는 분들이 종종 있다. 그렇다면 아직 인격이 형성되지 않은 인간, 예컨대 한 살이

안 되어 죽은 아이는 그 상태로 가는가? 아니면 성숙한 인간으로 변하여 가는 것인가? 만일 '영혼'이란 게 있다면 그 영혼도 성숙한 영혼인가? 태어나기 전에 낙태 수술 같은 것으로 죽은 아이들도 영혼이 있어 어디론가 가는 것인가?

2) 말기 암으로 통증이 심해 마약성 진통제로 하루하루 연명하는 환자가 있다고 가정하자. 그 환자가 사망한 후 다시 태어난다면 젊고 건강한 상태로 태어난다는 보장을 할 수 있는가? 몸도 움직이지 못하고 만성 통증에 시달리는 지금 이 비참한 상태로 다시 태어나지 않는다는 보장을 진정 할 수 있는가? 만일 이 분들이 건강한 모습으로 태어나게 된다면 그건 왜인가?

3) 만일 다시 태어났는데 정말 사랑하는 사람과 함께 만나는 것을 보장할 수 있는가? 하필이면 다시는 만나기 싫은 사람과 함께 살게 될 가능성은 정말 없는가?

4) 우리 몸은 우리 혼자가 아니다. 수많은 박테리아, 기생충과 함께 살고 있다. 이들은 우리 몸의 생리에 아주 중요한 역할을 하므로 이들이 없다면 우리는 생명을 유지할 수 없다. 실은 우리 세포 안에 있는 미토콘드리아도 먼 옛날 우리 몸을 침투한 박테리아인 것으로 밝혀졌다. 미도콘드리아는 에너지 생산공장인데 만일 이것이 없나면 우리는 기운이 없어 걷기조차 못할 것이다. 우리가 다시 태어난다면 이 중 우리 인간의 모습만 따로 태어나는 것인가? 아니면 수많은 기생충 박테리아도 함께 태어나는가? 만일 영혼이란 게 있다면 인간의 영혼과 수많은 박테리아/기생충의 영혼들은 어떻게 되는 것인가? 수많은 생명의 영혼들이 서로 섞여버리는 것인가?

5) 생명이 지구에 태어난 것은 수십억 년 전이다. 인간은 그 오랜 시간 동안 멸종하거나 혹은 살아남은 엄청난 수의 생물 중 극히 최근에 나온 한 가지 종일 뿐이다. 또한 우리 종도 얼마 후 멸종할 것이다. 게다가 지구는 은하계의 한 푸른 점일 뿐이며 우주엔 수많은 다른 생명도 살고 있을 것이다. 그러면 오직 인간만이 죽으면 어디로 가는 것인가? 아니면 그동안 멸종한 생명들, 혹은 은하계에 있는 수많은 다른 생명도 어디론가 가는 것인가? 전자라면 왜인가?

6) 영혼이 있다고 믿는 사람들은 임사체험 도중 영이 빠져나가는 사실을 증명하기 위해 실험을 했다고 한다. 중환자실의 높은 곳에 천정 방향에서만 볼 수 있도록 그림을 두고 임사체험을 하고 깨어난 사람에게 그 그림이 무엇이었는지 물어보기로 한 것이다. 이런 실험을 진행한다는 말을 들은 지 벌써 여러 해 된 것 같다. 왜 아직 그 결과가 나오지 않는 것인가?

영생이나 임사체험에 대한 논란은 이 정도로 하고 나는 이 시점에서 우리가 볼 만한 영화를 한 편 소개하려 한다.

### 죽어도 사는 여자는 행복한가?

영화 〈죽어도 사는 여자〉(Death Becomes Her, 1992)에서 매들린(메릴 스트립 분)과 헬렌(골디 혼 분)은 친구이지만 특히 남자관계에서는 경쟁자. 멘빌 박사(브루스 윌리스 분)는 원래 헬렌의 약혼자였으나 매들린에 반해 이 여자와 결혼한다. 두 여자는 티격태격하다가 밀쳐 매들린의 목이 부러져 뒤쪽으로 돌아가버렸다. 그러나 그녀는 다시 살

그림 6-4

영화 〈죽어도 사는 여자〉의 장면들

아난다. 한편 헬렌은 총에 맞아 배에 구멍이 나지만 그래도 살아난다. 둘 다 젊음과 영생을 위해 죽지 않는 묘약을 마셨기 때문. 서로의 비밀을 알고 의기투합한 둘은 멘빌 박사도 불사의 묘약을 마시게 하려 한다. 하지만 멘빌은 한사코 이를 피한다. 수십 년이 지나 여전히 젊은 두 여인은 멘빌의 장례식에 참석한다. 많은 자식과 손주 그리고 그를 사랑하는 동료들이 그의 죽음을 애도하고 있고, 두 여인은 이를 부러운 눈빛으로 바라본다. 계단을 내려오면서 둘이 넘어져 목이 부러지지만 다시 정상인으로 돌아와 걷는다. 그들의 외모는 여전히 아름답지만, 청승맞고 슬퍼 보인다. 그 모습은 관객들한테 이렇게 말하는 것 같다. '자신의 모습이 영원히 지속되는 것보다는 사랑하는 가족들의 기억에 머물고 또한 자신의 유전자를 나누어 받은 자식들을 남겨두는 삶이야말로 진정으로 영생하는 삶이 아닐까?'

영화를 보며 죽지 않는 묘약을 찾으려 애를 쓴 진시황이 생각났다.

세상의 모든 것을 가졌기에 결코 죽고 싶지 않았던 그는 서복이란 신하에게 불로초를 구해 오라 시켰다. 서복은 세계 여러 곳을 다녔지만 그 약을 찾지 못했다. 황제에게 돌아간 서복은 "조금 있으면 찾을 것 같은데 자금과 군대가 부족해 어렵사옵니다. 좀 더 지원해주십시오." 했다. 진시황은 어쩔 수 없이 그의 말을 들어주었고 그는 다시 떠났다. 그리곤 다시는 돌아오지 않았다. 확실한 것은 아니지만 서복이 마지막 도착한 곳은 일본이고 이것이 당시 미개했던 일본에 문명이 시작한 시초였다는 말이 있다. 그런데 전설에 의하면 서복의 제자라 할 수 있는 일본인 센터로는 어느 섬에서 늙어도 죽지 않는 사람들을 발견했다고 한다. 그가 주민들에게 "어떡하면 그렇게 죽지 않을 수 있는지요?" 물으니 그들이 대답했다. "선생님, 어떡하면 죽을 수 있는지요? 제발 그 방법 좀 알려주세요. 죽지 않는 세월이 너무나 지겹습니다. 물에 빠져도 보고, 칼로 찔러도 보고, 독약이란 독약은 다 먹어봐도 안 죽으니 말이죠."

영생을 원하는, 혹은 죽으면 어디론가 간다고 믿는 사람들에게 내가 하고 싶은 말이다. 물론 조금 다른 의미로, 우리가 죽으면 다른 데로 가기는 한다. 지구상의 동식물들은 서로 잡아먹고 먹히며 사는데 잡아먹힌 동물은 다른 동물의 일부가 되어 함께 산다. 그리고 그 동물이 죽으면 또 다른 곳으로 간다. 화학적으로 말하자면 우리는 모두 질소, 수소, 탄소 등으로 만들어진 유기체인데 생명이 분해되면 여러 모습으로 복잡하게 순환한다고 표현할 수도 있다. 그러나 적어도 우리의 모습 그대로 다시 태어나거나 어디로 가는 것은 아닐 것이다.

이런 점에서 내 생각, 아니 과학적 사고는 인간이 죽으면 지옥이나 천국으로 건너간다는 기독교의 교리보다는 불교의 윤회 사상과 더 비슷하다. 수천 년 전에 이런 생각을 한 인도의 승려들이 대단하다. 이런 이유로 불교에서는 자살을 금기시하며 자살하면 다음에 좋은 연으로 태어나기 힘들다고 한다. 내 몸은 사실 내 것이라기보다는 수많은 인연의 결과물이기 때문이라는 것이다. 또한 우리 몸에는 수많은 박테리아가 살고 있는데 이 생명도 내가 내 몸 죽일 때 소멸하기 때문이라는 것이다. 이처럼 우리의 덧없는 육체는 끝없이 순환하는 것 같다. 그리고 우리가 영생하는 법은 여기 또 있다.

### 매기가 영생하는 법

'옛날에 금잔디 동산에 매기 같이 앉아서 놀던 곳…'. 소프라노 김학남 씨가 이 노래 〈매기의 추억〉을 잘 부르지만 현재 92세이신 내 어머니의 노래도 이에 못지 않다. 우리 나라 사람들이 간혹 〈메기의 추억〉이라 잘못 알고 있는 이 노래의 유래는 이렇다. 캐나다 토론토에서 조지 존슨(George Johnson)이란 학교 선생님이 매기란 학생과 사랑에 빠졌고 결국 결혼했다. 그러나 결혼 후 매기가 결핵으로 1년도 못 되어 죽자 슬픈 마음에 가사를 쓴 것. 이를 영국의 버터필드가 작곡하여 매기의 추억이 탄생되었다. 매코믹(McCormack)의 노래가 아마도 제일 오래된 버전이겠지만 얀 피어스(Jan Peerce), 진 레드패스(Jean Redpath), 앤 브린(Ann Breen) 등 나름 개성 있게 부르는 가수들이 많다.

이 노래의 곡조도 그렇고 특히 가사는 더 애절하다. 그런데 이런 애절함과 절실함은 조지와 매기가 사랑한 시간이 짧았기 때문이지 않을까? 요즘처럼 결혼해서 50년을 넘게 함께 살았다면, 그 둘 사이에 과연 그렇게 애절한 느낌이 있을까? 내 생각에 매기가 90이 되어 사망했다면 매기의 추억은 탄생하지 못했을 것 같다. 그렇다고 두 부부 사이에 애정이 없어진다는 이야기는 아니다. 직장도 그렇고 아이들도 그렇고 어느 가정이나 문제는 많다. 조지와 매기도 이런 인생의 역경을 함께 헤쳐나가면서 서서히 그러나 겹겹이 쌓인 사랑의 무게를 공유했을 것이다. 하지만 그래도 매기의 추억에 나오는 애절한 사랑은 아닐 것이다. 만일 조지와 매기가 둘다 천당에 갔다면, 그리고 아무런 근심 걱정 없는 행복 속에서 영원히 함께 살았다면 어찌될까? 단언컨대 '애절한' 사랑은 유지될 수가 없다.

사랑이나 행복은 생존과 번식에 그 근본적인 기원을 둔 짧은 행위이자 짧은 감정이다. 영원할 수는 없다. 아름답고 애절한 추억도 그것이 짧기 때문에 가능하다. 영생을 믿는 사람들은 어쩌면 내 말이 실망스러울 것이다. 그러나 실은 매기는 영생을 하고 있다. 수많은 사람들의 머리 속에 매기는 사랑스런 여인으로 존재한다. 우리도 마찬가지다. 우리의 육신은 곧 사라질 것이고 사랑하는 사람과 이별할 것이다. 그러나 우리는 우리를 사랑한 많은 사람의 기억 속에서 영생할 것이다. 뇌과학적으로 보면 사랑도 종교도 모두 우리의 뇌가 만든 것이다. 마찬가지로 '영생'이 존재하는 곳도 인간의 뇌인 것이다. 마지막으로 내가 좋아하는 올리비아 뉴턴 존의 〈Blue Eyes Crying in the Rain〉의 가사를 적어보겠다.

Blue eyes crying in the rain

In the twilight glow I see you

Blue eyes crying in the rain

As we kissed goodbye and parted

I knew we'd never meet again

Love is like a dying ember

Only memories remain

Through the age I'll remember

Blue eyes crying in the rain

Blue eyes crying in the rain

Someday when we meet up yonder

We'll stroll hand in hand again

In a land that knows no parting

Blue eyes crying in the rain

이글거리는 황혼녘에서 난 그대를 바라봅니다

빗속에서 우는 그대의 슬픈 눈동자

우리가 작별의 키스를 하고 떠날 때

난 우리가 결코 다시는 못 만날 거라는 걸 알았지요

사랑은 숙어가는 장작불 같아요

단지 추억만이 남을 뿐

아무리 세월이 흘러도 난 기억할 겁니다

빗속에서 우는 그대의 슬픈 눈동자를

언젠가는 우리가 천국에서 만나겠지요

우린 다시 손을 잡고 산책을 할 수 있을 거예요

이별이 없는 그 영원한 세계에서
빗속에서 울던 그대의 슬픈 눈동자

나의 생각에 동의한다면
'우린 다시 손을 잡고 산책을 할 수 있을 거예요
이별이 없는 그 영원한 세계에서—'

그런 세계를 동경하지만 사실 그런 세계는 없다는 것을, 또한 그런 세계가 없기에 오히려 우리의 인생이 아름답고 살만하다는 것에 동의할 것이다. 시인 비스와바 심보르스카(Wisawa Szymborska)도 시 〈두 번은 없다(Nic dwa razy)〉에서 이렇게 말했다. "너는 사라질 것이다. 그러므로 아름답다."

# 어떻게 죽을 것인가? 3

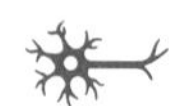

## 장례식장, 중환자실 소묘

장례식장 풍경은 어디나 비슷하지만 의사 부모의 장례식에 의사 동료가 찾아가는 경우 좀 특이한 점이 있다. 상주를 만나 심심한 위로의 말을 건네는 것까지는 동일하다. 그런데 동료는 대개 무슨 병으로 어떻게 돌아가셨냐고 묻는다. 혼주가 대답하면 대체로 고개를 끄덕이지만, 경우에 따라 병에 대해 이야기하고, 혹 이상한 점이 있으면 잠시 동안이지만 서로 토론을 하기도 한다. 보통의 경우 대개 '연세 드셔서 돌아가셨다', '그냥 편히 돌아가셨다'고 하지만 세 버릇 세가 못 고친다고 의사들은 '무슨 병으로 어떻게' 돌아가셨는지를 정확히 알고 싶어한다.

의사들은 병원에서 돌아가시는 환자를 많이 보는 편이지만 그 정도는 전공 분야에 따라 다르다. 안과, 이비인후과, 피부과, 성형외과 의사들에 비해 나 같은 신경과 의사는 중환자를 많이 보는 편이다. 알츠하이머병을 오래 앓는 분들은 큰 병원에서 돌아가시는 경우가 적지만 중한 뇌졸중, 뇌염, 심한 간질발작 같은 병을 가진 환자들은 병원 중환자실에서 많이 돌아가신다. 신경외과에서는 뇌 손상 환자를 많이 볼 것이다. 아무튼 이처럼 중한 신경과 환자들은 '신경계 중환자실'이란 곳에 따로 입원한다. 의식이 없고, 건강상태가 매우 취약한, 심지어 숨을 쉬는 것도 어려워하는 상태이므로 전문지식으로 무장한 의료진들이 수많은 진단, 치료기구를 사용하면서 세심하게 돌봐야 한다. 이런 중한 신경계 환자의 진단, 치료에 관한 학문은 최근 '신경계 중환자 의학'이란 분야로 발전하여 따로 독립되어 있다.

신경계 중환자실에 누워 있는 환자들의 의식은 대개 정상이 아니다. 일반적으로 의식이 안 좋을수록 더 중증 환자라고 할 수 있다. 가장 안 좋은 상태가 '혼수', 그 다음으로 안 좋은 상태가 '혼미' 상태라 할 수 있는데 그 둘의 정의는 다음과 같다.

혼수(coma)

· 의식이 완전히 소실된 상태로 아무리 자극을 주어도 깨울 수 없는 상태
· 주변 상황에 반응할 수 없으며, 전혀 의미 있는 동작을 할 수 없다.
· 상태의 중등도에 따라 반사 작용은 있을 수도, 없을 수도 있다.

혼미(Stupor)

· 혼수상태와 비슷하며 외부 자극에 대해 반응하지 않는 상태. 그러나 혼수상태보다는 의식 소실이 정도가 깊지 않아, 자극을 주면 잠

시 동안은 반응을 할 정도로 의식을 회복한다. 그러나 그 반응은 정상 수준은 아니며 평소보다 느리거나 부적절하다.

· 자극이 중단되면 곧 다시 의식 소실 상태로 빠진다.

· 반사 작용은 유지된다.

우리는 일을 하는 동안 늘 깨어 있으므로 이를 당연한 것으로 생각하지만 깨어 있는 상태, 즉 각성 상태가 무엇인지 생각해보자. 각성이라는 것은 뇌간, 시상하부/ 시상과 같은 뇌의 바닥 깊숙한 곳에 있는 여러 신경계 구조들이 복잡한 회로를 만들어 이루어내는 것이다(그림 6-5). 즉 각성이란 저절로 되는 것이 아니고 일련의 신경세포들이 지속적으로 일을 함으로써 가능한 것이다. 따라서 의식 소실은 이러한 각성 신경계가 손상되어 나타나는 것인데 그 원인을 크게 두 가지로 나눈다.

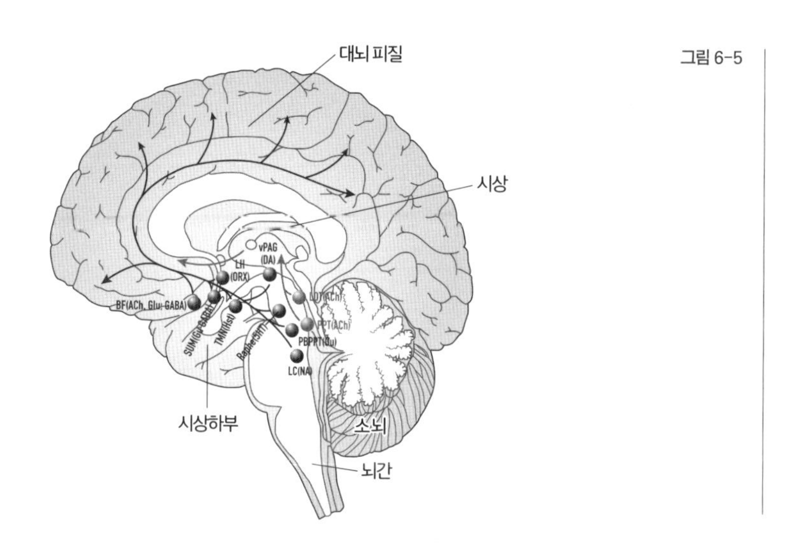


그림 6-5

첫째, 뇌간, 시상, 시상하부 등에 모여 있는 각성을 담당하는 신경세포들이 뇌졸중, 감염 등의 질환으로 손상되는 경우이다. 뇌의 한쪽에만 손상이 온다면 의식 소실의 정도가 심하지 않고 대개 시간이 지남에 따라 회복된다. 그러나 양쪽 뇌에 모두 손상이 오는 경우는 의식소실의 상태가 상당히 심하며, 또한 오래 지속된다.

둘째, 뇌간/시상/시상하부의 각성 신경세포들은 대뇌 전체로 퍼져나가 대뇌의 모든 부분이 각성되도록 조절한다. 따라서 뇌간/시상/시상하부가 특별히 손상되지 않더라도 대뇌 전체로 퍼져가는 신경세포가 모두 손상되면 의식 소실에 이른다. 즉 양쪽 대뇌를 전반적으로 손상시키는 질환들이 여기 포함된다. 예를 들면 심한 폐질환, 일산화탄소 중독증 등의 산소결핍증, 심각한 전해질 이상, 혈당이 지나치게 높거나 혹은 낮은 경우, 간이나 신장 기능이 매우 나쁜 경우, 갑상선 기능이 지나치게 항진 혹은 저하된 경우, 필수 비타민이 지나치게 부족한 경우, 이외 뇌염, 약물중독 같은 것도 전반적인 뇌 손상을 일으켜 의식 소실에 이르게 한다.

그런데 건강한 우리들도 하루 종일 각성 상태에 있는 것은 아니다. 하루에 한 번씩 잠을 자므로 실은 의식의 소실을 매일같이 경험하고 있는 것이다. 그러나 잠과 혼수상태는 다르다. 각성이란 것이 앞서 말한 뇌간/시상하부/시상의 각성 상태 조절 신경세포들이 서로 협력해서 만드는 작업인 점은 맞다. 그런데 우리의 뇌에는 이런 각성세포들을 억제하는 세포들도 있다. 우리가 잠을 자고 깨고 하는 것은 이들의 상호작용에 의한다. 즉 각성세포들이 우세해지면 우리는 깨어 있는 것이고, 각성 세포를 억제하는 세포들의 우세하면 수면상태에 이르게 된다. 이는 정상적 생리작용이다. 반면 '혼수상태'는 이러한 세포들의 협력과는 관계 없이 각성 상태를 유지하는 시스템이 망가져버린, 병적인 상태이다.

이번엔 좀더 어렵고 철학적인 문제를 생각해보자. 의식이 소실된 중환자들은 많은 경우 사망하게 된다. 그러면 이런 중환자들에서 뇌가 손상되어 죽음에 이르기 전까지 의식이 소실되는 이유는 무엇일까? 신을 믿는 분들에게 가장 쉬운 해석은 죽기 직전의 고통을 잊게 해주기 위한 신의 자비일 것이다. 팔다리가 마비되고 말도 할 수 없고 심지어 호흡도 너무 힘들어 인공 삽관을 하고 있는, 경우에 따라 심한 통증에 시달리고 있는 이 불쌍한 환자를 생각해보면 이 말에 저절로 수긍이 간다. 그러나 좀더 냉정하게 생각하면 그렇지는 않은 것 같다. 생명의 진화란 자신의 생존에 이로운 방향으로 발전해온 것이지 그 생명체에게 자비를 주려 발전한 적은 없다.

이런 점에서 다른 생각을 해볼 수도 있다. 우선 혼수/혼미처럼 나쁜 상태는 결코 아니지만 실신(기절, syncope)이란 증상을 생각해보자. 실신이란 의식을 잠깐 잃고 쓰러지지만 금방 다시 정신을 차리는 경우이다. 격렬한 운동을 한 후 쓰러지기도 하고, 매우 큰 정신적 스트레스를 받은 후 쓰러지기도 한다. 실신하기 전 환자는 대개 격렬한 교감신경의 활동이 있다. 맥박이 마구 뛰고 혈압이 오르고 숨을 헐떡인다. 그러다가 갑자기 전혀 그 반대로 부교감신경계가 활성화되면서 심장 박동도 느려지고. 숨도 천천히 쉬며, 혈압이 떨어지면서 기절해버리는 것이다. 이처럼 실신이 생기는 이유는 무엇일까?

정확히 알 수는 없지만 이처럼 갑자기 기절해 쓰러지는 동물이 인간만은 아니므로 동물들을 먼저 관찰해볼 필요가 있다. 야생 상태에서 일부 동물들은 천적이 잡아먹으려 쫓아올 때는 있는 힘을 다해 도망가지만 더 이상 도망가기 어려운 막다른 곳에 다다르면 이처럼 기절하는 경우가 있다. 동물 실험에서, 쥐에게 무서운 고양이가 갑작스럽게 다가오는 이미지를 보여주면 기절해버린다. 이때 사지는 뻣뻣해지고 맥박도 거의 안 뛰고 전혀 움직이지 않는다. 심지어 숨도 거의 안 쉬며 똥오줌을 싸는 경우도 있다. 얼핏 보아 이처럼 꼼짝 못하면 손쉽게 잡아먹힐 것 같지만 이런 행동이 사실은 동물에게 이익을 주는 듯하다. 왜냐하면 피식자가 죽은 채 누워 있으면 쫓아오던 포식자가 킁킁 냄새만 맡다가 흥미를 잃고 다른 곳으로 가는 사실이 자주 관찰되기 때문이다. 즉 포식자가 아주 배고픈 상태가 아니라면 피식자의 이런 자세가 포식자의 식욕을 잃도록 하여 자신의 목숨을 구하는 것 같다. 실제로 이처럼 죽은 체하는 동물이 그렇지 않은 동물에 비해 생존 확률이 더 높은 것으로 밝혀졌다. 그렇다면 인간에서 보는 실신은 동물들이 가지고 있는 생명보호 기전이 우리에게도 남아 그렇게 되는 것이 아닐까 싶다.

실신은 그렇다 치고, 그러면 이보다 훨씬 더 중한 증상인 혼수, 혼미 상태에 이른 것도 우리 몸이 막다른 상황으로 인지해서 죽은 상태로 보이려는 현상일 수 있을까? 내 생각에 그렇지는 않은 듯하다. 죽은 체하는 동물, 혹은 실신하는 사람은 실제로 몸에 이상은 없다. 심각한 손상을 입은 척할 뿐이다. 반면 중환자실에 있는 환자들은 그 손상의 정도가 심하고 의식 소실의 정도가 너무 길다. 어쩌면 의식을 잠재우고, 움직이지 않고, 숨조차 느리게 쉬는 현상은 죽음의 문턱에 다

다른 신체를 보존하려는 우리 몸의 최후의 전략일 수는 있다. 그 해석이야 어쨌든, 이런 중환자들을 살리기 위해 신경계 중환자실의 의사들은 밤낮으로 환자들 돌보고 있다. 실제로 신경계 중환자실의 개념이 생기고 학문이 발달하면서 예전보다 더 많은 환자들이 이런 중한 상태에서 회복된다. 그분들한테 고마운 일이다.

그런데 간혹 문제가 발생한다. 혼수상태에 이르렀다가 치료가 잘되어 다시 원상태로 돌아가는 것은 좋다. 그러나 이런 상태에서 죽지도 않고 깨지도 않는 애매한 상태로 계속 지속되는 경우가 있다. 죽어가는 환자를 살려놨지만 결코 정상적으로 의식이 회복되지 않는, 그러나 숨은 쉬고 맥박은 뛰고 있는 상태를 '식물인간 상태(vegetative state)'라 부른다. 혹은 식물인간 상태만큼 나쁜 상황은 아니더라도 아주 심한 후유증, 예컨대 사지마비 같은 것이 남아 지속적인 고통을 환자와 보호자에게 주는 경우도 있다. 215쪽에 적은 '잠금증후군'이 그 대표적인 예이다. 그래서 나는 신경계 중환을 전공하는 분들에게 말하고 싶다. "당신들은 참 훌륭한 일을 하고 있습니다. 다만 무조건 환자를 '살리는 것'만을 목표로 하지는 마세요, 식물인간 혹은 중증 신경계 질환 환자로 오래 살아야 한다면 본인뿐 아니라 주변 많은 사람들에게 고통을 줄 수 있습니다. 따라서 특히 나이가 많은 중증 환자들의 경우에는 어떻게 '관리'하는 것이 가장 옳을지를 함께 생각해주세요."

### 안락사에 대하여

앞서 말한 대로 나는 영생이나 환생을 믿지 않는다. 하지만 욕심이 있다면 적당한 나이까지 건강하게 살면 좋겠다. 특히 죽을 때 고통스럽거나 남이나 자식들에게 피해를 주지 않았으면 한다. 다른 많은 분들도 그렇게 생각할 것이다. 그러나 이게 마음대로 안 되는 경우가 많은 것이 어쩔 수 없는 현실이기도 하다. 오랫동안 환자를 치료해 온 의사로서 치료가 잘 되어 퇴원하는 환자들을 보는 것은 큰 기쁨이었다. 하지만 그렇지 않은 환자도 있다. 처음부터 너무 중한 병이라 치료를 할 수 없거나 치료를 해도 좋아지지 않은 경우가 있다. 특히 신경과에서는 생명은 건졌더라도 오랫동안 불편하게 혹은 남의 도움을 받으며 살아야 하는 환자들도 있다. 간혹 이런 환자들은 안락사를 원하는 것 같다. 나는 뇌졸중 환자를 많이 보지만 이런 주제를 설파한 영화에는 주로 척추 손상에 의한 사지마비 환자들이 나온다.

안락사 문제를 다룬 영화로 알레한드로 아메나바르 감독의 〈시 인사이드〉(The Sea Inside)가 생각난다. 주인공 라몬(하비에르 바르뎀 분)은 다이빙 사고로 경추를 다쳐 사지가 마비된다. 한시도 남의 도움 없이는 삶을 유지할 수 없는 이런 상태가 이미 인간으로서의 존엄을 잃

그림 6-6

영화 〈시 인사이드〉의 한 장면

은 것이라고 생각한 라몬은 스스로 죽기를 원한다. 하지만 쉬운 일이 아니다. 라몬은 죽을 권리를 달라고 소송을 진행하지만 법원은 이를 받아들이지 않는다. 그를 돕기 위해 찾아온 줄리아는 라몬이 틈틈이 써온 글들의 출판을 도우며, 책이 출간되는 날 그와 함께 안락사 하겠다고 약속한다. 그러나 그녀는 죽음에 대한 두려움에 이를 포기한다. 실제로 라몬의 자살을 도와준 사람은 로사인데 그녀와 동료들의 도움을 받아 라몬은 청산가리가 든 물을 마신 뒤 세상을 떠난다.

이 영화는 실화를 바탕으로 한 영화다. 이 사건을 계기로 스페인에서 안락사에 대한 많은 윤리적 논쟁이 있었다. 아메나바르 감독은 이 영화를 통해 죽음을 포함한 진정한 삶의 의미를 관객에게 되묻고 있다. 라몬은 말한다. "판사님들, 정치, 종교 당국자 여러분, 당신들에게 존엄은 어떤 의미를 뜻합니까? 당신들이 어떠한 답을 하든 저는 적어도 존엄성을 가지고 죽고 싶습니다. 오늘 제도상의 나태함에 지친 저는 부득이 죄인처럼 숨어서 죽으려 합니다. 저를 도운 제 친구들은 단지 손을 제공했을 뿐이니 그들을 처벌하려면 그들의 손만 자르십시오. 모든 것은 저의 머리, 즉 양심에서 나온 것입니다."

전신이 마비된 채 자신의 방 침대에서 꼼짝할 수 없는 라몬은 창 밖의 풍경을 바라보며 공상에 잠기는 것이 유일한 낙이다. 자신을 돕기 위해 찾아온 변호사 줄리아에게 연정을 품게 되면서, 라몬은 창문을 열고 밖으로 날아가 그녀와 해변가에서 키스하는 공상에 빠져든다. 이때 흘러나오는 음악은 푸치니의 오페라 〈투란도트〉의 유명한 아리아인 '아무도 잠들지 말라(Nessun dorma)'이다.

> 아무도 잠들지 말라.
>
> 공주 역시 잠들지 못하리.
>
> 내 이름은 절대 아무도 알지 못하리. 밤이여 사라져라.
>
> 별들이여 사라져라.
>
> 새벽이 되면 난 승리하리라.

흥미롭게도 목을 다쳐 사지마비된 환자를 다룬 영화 〈업사이드〉(The Upside, 2017)에서도 이 곡을 적절하게 이용한다. 잘생긴 용모와 재산, 게다가 교양까지 갖춘 백인 필립(브라이언 크랜스톤 분)은 재산도 교양도 아무것도 가진 것 없지만 사지는 멀쩡한 흑인 델(케빈 하트 분)의 도움을 받으며 사는데 이 영화에서도 같은 곡을 사용한다. 어쩌면 이 노래가 high C까지 높이 올라가므로 갇혀 있는 삶을 사는 마비 환자가 해방되는 느낌을 주어서인지도 모른다.

사지마비 환자의 안락사를 다룬 영화 〈미 비포 유〉(Me Before You, 2016)에서도 척추 손상 당한 부호 윌(샘 클라플린 분)이 가난하지만 청순한 루이자(에밀리아 클라크 분)의 간호를 받으며 지낸다. 서로 이야기를 나누면서 그들의 관계는 점점 깊어지지만 이미 윌은 6개월 후 스위스에서 적극적 안락사(조력 자살)로 생을 마감할 수 있도록 예약이 되어 있는 상태. 루이자의 사랑과 보살핌에도 불구하고 결국 주인공은 안락사를 택한다.

영화 〈밀리언 달러 베이비〉(Million Dollar Baby, 2004)에서 여자 권투 선수인 매기(힐러리 스웡크 분)는 권투 도중 상대방의 반칙에 의해 경추를 다쳐 사지가 마비된다. 병원에 입원한 매기는 여러 차례 자살 시도를 하지만 실패한다. 사랑하는 마음을 담아 그녀를 돌봐주던 트레이너 프랭키(클린트 이스트우드 분)는 어느 어두운 밤, 병원에서 몰래 그녀에게 수면제를 주사한 후 호흡기를 제거하여 안락사를 시킨다.

안락사는 환자의 고통을 줄이기 위해 인위적인 방법으로 죽음에 이르게 하는 행위를 말하는데 적극적 안락사와 소극적 안락사로 구분한다. 적극적 안락사는 약물 등 적극적인 수단을 사용해 환자를 사망에 이르게 하는 행위이다. 말기 암 환자에게 독극물을 주사하여 죽음에 이르게 하거나 환자의 혈관에 공기를 주입하게 하는 경우처럼, 제3자의 행위가 죽음의 직접적인 원인이 되는 안락사를 말한다. 소극적 안락사는 생명을 연장할 수 있는 수단을 취하지 않음으로써 환자를 죽음에 이르게 하는 경우를 말한다. 예컨대 심정지가 와도 심폐소생술을 시행하지 않거나 호흡곤란을 호소할 때 기도에 인공튜브를 삽입하지 않는다. 존엄사라는 말도 사용하는데 이는 생명연장을 위해 필요한 수단을 사용하지 않음으로써 환자가 '존엄성을 유지하며' 자연사에 이르게 한다는 점에서 소극적 안락사에 가깝다.

안락사는 윤리적, 종교적, 법적, 의학적 문제가 복합적으로 얽힌 난제이다. 한국에서는 최근까지도 마땅한 법이 없었지만, 2009년 5월 21일 대법원이 무의미한 연명치료 장치 제거 등을 인정하는 판결을 내렸다. 대법원은 생명의 중요성을 인정하면서도 '의식의 회복 가능성을 상실하고 회복 불가능한 사망 단계에 이르렀다면, 연명치료가 오히려 인간으로서의 존엄과 가치를 해하게 된다.'고 설명했다. 이에 따라 '사망 단계에 진입한 환자가 인간으로서의 존엄과 가치 및 행복

추구권에 기초하여 자기결정권을 행사하는 것으로 인정되는 경우에는 연명치료 중단을 허용할 수 있다'고 결정했다.

이어 2016년 제정된 「호스피스 · 완화의료 및 임종 과정에 있는 환자의 연명의료 결정에 관한 법률(연명의료결정법)」에 따라 2018년 2월부터 존엄사가 가능해졌다. 임종과정이란 회생 가능성이 없고 치료에도 회복되지 않으며 급속도로 증상이 악화되어 사망에 임박한 상태를 말한다. 환자가 연명치료를 중단할 의사가 있다면 담당의사와 함께 연명의료계획서를 작성하거나 의료기관에서 사전연명의료의향서를 작성해야 한다. 환자가 의식이 없다면 가족이나 의사가 환자의 의사를 추정할 수 있다. 이때 환자가 평소에 연명 의료 중단을 지속적으로 원했다는 가족 2명 이상의 일치하는 진술이 필요하다.

앞서 말한 여러 영화에서 나온 이야기는 모두 적극적 안락사, 혹은 적극적 조력 자살이었다. 그러나 적극적 안락사(혹은 조력 자살)가 허용되는 나라는 스위스, 네덜란드, 벨기에, 룩셈부르크, 캐나다 등 몇 나라에 불과하다. 미국과 호주의 일부 주에서는 적극적 안락사를 허용했다가 다시 폐지하는 등 아직도 논란이 끊이지 않고 있다. 오랫동안 고통스러운 삶을 존엄하게 끝내고 싶은 환자를 많이 본 나는 적극적 안락사 제도를 찬성한다. 그러나 아직 살아 있는 사람의 생명을 적극적으로 끊는다는 것을 종교 및 윤리계에서 받아들이기가 쉽지 않다는 사실이 이해는 간다. 안락사를 시행한 의사에게 정신적 충격이 가해질 가능성도 있다.

그리고 또 다른 문제가 있다. 네덜란드 같은 잘 사는 나라는 의료가 무상이므로 안락사 문제가 순수하게 환자의 의향에 따라 결정된다.

하지만 그렇지 않은 나라에서는 다른 변수가 있을 수 있다. 오랫동안 병치레를 하면 보호자의 시간적, 경제적 부담이 클 것이고 환자의 의견에 반해 보호자가 '적극적 안락사' 법을 남용할 가능성도 있다. 그러나 이재용 감독의 영화 〈죽여주는 여자〉(2016)를 보면 사회에서 적극적 안락사 혹은 조력 자살을 실제로 필요로 하고 있으며, 이제는 이를 무시할 수 없는 단계에 이르렀다는 사실을 뼈저리게 느낄 수 있다.

이 영화에서 주인공 소영(윤여정 분)은 종로에서 박카스를 파는 할머니로 등장한다. 여기서 박카스는 일종의 미끼이며 그녀는 주로 노인을 대상으로 몸을 판다. 노인들과는 제대로 성행위가 안 되는 경우가 많으므로 오랄 섹스 같은 것을 주로 한다. 그런데 성행위 이외 노인들이 진심으로 원하는 것이 또 하나 있다. 종로 탑골공원 주변에는 젊었을 때 한자리 했으나 이제는 경제력도 없고 돌봐주는 사람도 없는 외로운 노인들이 많다. 예컨대 송 노인(박규채 분)은 젊은 시절 멋쟁이로 유명했지만, 뇌졸중이 여러 번 생긴 후 걷는 것은 물론이고 먹는 것, 싸는 것조차 남의 도움을 받아야 하는 신세가 됐다. 그는 죽고 싶지만 혼자 죽지도 못해 소영에게 자신을 죽여달라는 부탁을 한다. 소영은 그 부탁을 들어준다. 즉, 조력 자살을 해준 셈이다. 이후 그녀는 〈죽여주는 여자〉로 소문나 송 노인처럼 죽고는 싶은데 죽을 수 없거나, 자살하고 싶으나 용기가 없는 노인들 부탁을 받고 그들을 죽여주는 일을 한다. 높은 산에 올라 산 아래 멋진 경치를 감상하는 순간 밀어버리기도 하고, 호텔에 들어가 둘 다 수면제를 먹고 (소영은 잠을 잘 정도로, 노인은 치사량을 복용) 함께 자기도 한다

영화 내내 윤여정의 표정이 담담해서 영화도 담담하게 보게 되지

만 사실 죽고 싶은 사람의 마지막 소원을 들어준 소영의 행동은 선한 일인가? 아니면 살인인가? 하는 복잡한 문제가 머리 속에서 떠나지 않는다. 영화에서 소영은 평범하게 이런 행동을 할 뿐 이 행동에 특별한 감정을 표시하거나 의견을 말하지 않는다. 그 판단을 철저히 독자의 몫으로 돌린다. 결국 소영은 경찰에 붙잡혀 살인죄로 감옥살이를 하지만, 여기서도 하루 하루를 살아갈 뿐 딱히 특별한 표정을 짓지 않는다. 이처럼 묵직한 내용의 주제가 흐르는 동안에도 아무 말도 표정도 없는 윤여정의 연기가 나는 무섭게 좋다.

## <시 인사이드>의 인사이드

글을 마치기 전에 나는 영화 〈시 인사이드〉에 마치 뒷배경처럼 그려진 또 다른 질병의 비극까지 마저 말하려 한다. 죽을 권리를 찾으려는 라몬에 동조하여 그를 도와주려 했던 사람은 미모의 변호사 줄리아. 그런데 라몬이 저세상으로 떠난 한참 후 동네에 나타난 줄리아는 더 이상 건강한 여인이 아니었다. 하지가 마비되어 목발을 짚고 걷는데다가 완전한 치매가 되어 그동안 일어난 일도 전혀 기억하지 못하는 추한 모습이었다. 감독은 라몬을 통해 순식간에 신체의 자유를 잃는 인간의 비극을 그렸지만 오랜 시간에 걸쳐 서서히 신체와 정신을 빼앗겨 가는 줄리아의 모습을 통해 이런 병마에 맞서 살아야 하는 우리 인간의 자세에 대한 질문을 다시 한 번 던졌던 것이다.

줄리아의 병명은 무엇인가? '카다실(CADASIL)'이라고 영화에서 짧게 소개된다. 카다실은 무슨 병일까? 〈가을의 전설〉에서 설명했듯, 뇌졸중은 뇌혈관이 막혀 뇌의 일부가 손상되는 비교적 흔한 병이다.

뇌혈관을 손상시키는 고혈압, 당뇨, 흡연, 고지혈증 같은 것이 그 원인이다(이들을 뇌졸중의 '위험인자'라고 한다). 하지만 이런 위험인자가 없는데도 유전질환으로 뇌혈관이 손상되어 뇌졸중을 일으키는 병이 있는데 카다실이 그 대표적인 예이다. 이 병은 19번 염색체의 다양한 돌연변이에 의해 나타난다. 환자는 계속 재발하는 뇌졸중에 시달리며 뇌의 여러 부위가 손상됨에 따라 결국에는 치매(혈관성 치매) 상태에 이르게 된다. 이 질환은 최초에는 프랑스 등 유럽 지방에서 보고되었으나 현재 전 세계에서 발견되고 있고 우리나라도 물론 예외가 아니다.

영화를 보며 나는 카다실 여성 환자 L씨 그리고 그의 딸 K씨를 떠올렸다. 평소 건강한 주부인 어머니 L씨는 48세에 갑자기 오른손발이 마비되었고 발음이 불분명해졌다. 뇌졸중에 걸린 것이다. 뇌졸중은 흔한 병이지만 환자는 여러모로 일반적인 뇌졸중 환자와는 달랐다. 우선 L씨는 보통 뇌졸중에 걸리는 60~70대보다 나이가 젊다. 게다가 뇌졸중 위험인자, 즉 고혈압, 당뇨가 없으며 담배를 피운 적도 없다. 환자의 MRI를 보니 이번에 처음으로 뇌졸중이 발생한 것이 아니라 이미 오래된 작은 뇌졸중의 흔적이 많았다('무증상 뇌경색'이라고 한다.). 나는 가족력을 물어보았다. L씨의 아버지는 일찍 돌아가셨는데 그 원인은 모른다고 했고, 고모와 사촌이 비교적 젊은 나이에 뇌졸중을 앓았는데 고모는 현재 치매 상태란 대답을 들었다. 그렇다면 유전 질환인 카다실이 틀림없다고 나는 생각했다. 유전자 검사를 시행하니 과연 카다실 환자로 판명되었다.

L씨의 진단은 정확히 내렸지만 이번엔 치료가 문제였다. 카다실도

기본적으로 뇌졸중이기 때문에 흔히 항혈소판제를 처방한다. 그리고 고용량의 비타민도 사용한다. 하지만 이런 약들은 보조적인 효과가 있을 뿐, 궁극적으로 뇌혈관을 손상시키는 유전적 이상이 존재하는 한 진행되는 혈관 손상을 막을 방법은 없다. 치료에도 불구하고 상태가 점점 더 나빠질 것으로 예상되었다. 실제로 L씨는 그 이후 3년 동안 두 차례나 뇌졸중이 재발했다. 반복적인 뇌졸중으로 환자의 발음은 더 둔해졌고 걷기도 어려워졌다. 게다가 점차 기억력이 떨어지는 치매 증상이 시작되었다. 거동이 많이 불편한 L씨가 외래에 매번 들리기 어려워 언젠가부터 대신 딸 K씨가 와서 환자의 상태를 말하고는 약을 처방 받아가기 시작했다. 20대 후반쯤 된 K씨는 매력적인 여성이었다. 눈이 동그랗고 반짝였으며, 항상 명랑하게 웃기 때문에 도무지 힘든 중환자를 돌보는 보호자라는 생각은 들지 않았다.

그런데 문제가 생겼다. 언젠가 K씨가 외래에 들렀기에 '어머니는 별일 없으시죠?' 하니 이렇게 대답하는 것이었다. "어머니는 별일 없으세요. 그런데 선생님, 제가 요즘 좀 이상해요. 머리가 자주, 많이 아프거든요? 혹시 저도 그 유전병을 갖고 있는 게 아닐까요?" 딸은 여전히 예전처럼 웃으며 말했지만 나는 가슴이 철렁했다. 앞에 말한 대로 카다실 환자의 주된 문제는 뇌졸중이다. 하지만 카다실은 두통도 흔히 일으킨다. 젊은 나이에 두통 증세로 시작하다가 나이가 듦에 따라 뇌졸중, 치매가 진행되는 것이다. 나는 카다실의 증상이 이 여성에게도 시작되는 것으로 짐작했다. 하지만 내색을 하지 않고 웃으며 말했다. "따님 병은 일반적인 편두통 같으니 일단 걱정 마세요. 하지만 혹시 모르니 검사는 해보죠." 검사 결과를 보러 K씨가 다시 방문했을 때

나는 속으로 얼마나 이 아름다운 딸에게는 그 유전자가 없기를 원했는지 모른다. 하지만 검사 결과는 야속하게도 딸 역시 이 유전자를 갖고 있는 것으로 나타났다. 딸에게 그 결과를 알려줄 때 내 심정은 마치 죄 없는 피고에게 사형선고를 내리는 것처럼 착잡했다. 어머니의 상태를 오랫동안 보아온 딸도 많이 낙담했을 것이다. 하지만 놀랍게도 그녀는 여전히 명랑하게 웃으며 말했다. "어머 그렇네요. 그럼 저도 나중에 선생님한테 치료받게 되겠네요." 그러면서 망연해하는 나를 두고 훌쩍 자리를 떠나는 것이었다.

의학은 그동안 많이 발전했다. 하지만 더 빨리 발전해야 한다. 점점 증상이 나빠지는 카다실 환자들에게는 시간이 없기 때문이다.

## 4 트랜스휴먼 시대의 인간

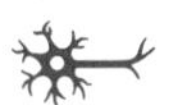

요즘은 빅 데이터, 인공지능의 시대라고들 한다. 인공지능을 이용한 컴퓨터나 로봇은 앞으로 우리의 삶을 비약적으로 발전시킬 것이다. 그러나 인공지능과 기계들이 인간의 노동력을 대체하니 직업을 두고 우리가 인공지능과 힘들게 경쟁해야 하는 시대가 올 가능성도 있다. 인공지능을 이용해 로봇 하인을 두거나, 우리의 모자란 기억을 돕는 일은 조만간 가능해질 것이다. 더 나아가 인공지능이 우리의 능력을 향상시키거나 혹은 개조할 가능성도 없지는 않다. 사는 동안 차별과 전쟁을 많이 겪어 인간 행동의 어리석음을 깊이 생각했던 소설가 로맹 가리는 단편 『새들은 페루에 가서 죽다』에서 앞으로 인공지능 도움을 받아야 인간들이 좀 더 인간답게 될지도 모르겠다고 썼다. 나는 인공지능 전문가가 아니므로 여기서 이 주제를 깊이 토의할 생각은 없다. 다만 인공지능과 우리의 삶을 그린 영화나 소설에 대한 이야기를 나누면서 책을 끝맺으려 한다.

### 트랜스휴먼

내가 본 이런 종류의 영화 중 아직도 머릿속에 생생하게 남아 있는 작품은 1986년 개봉된 데이비드 크로넨베르그 감독의 〈플라이(The Fly)〉다. 주인공 세스 브런들(제프 골드브럼 분)은 컴퓨터 기술을 이용해 순간 전송을 시도하는 과학자이다. 컴퓨터가 물체의 분자를 분석하고 그 내용을 다른 공간으로 전송한 후 이를 다시 결합하는 방법을 사용해 먼 곳으로 순식간에 전송하는 연구를 한다. 영화에서 적어도 양말 같은 무생물 전송에는 성공했다. '생명 전송'의 경우는 여러 번 실패했으나 결국 원숭이를 그 모습 그대로 다른 곳으로 전송하는 실험에 성공한다. 신이 난 그는 애인인 여기자 로니(지나 데이비스 분)가 보는 앞에서 자신을 전송하는 실험을 강행한다. 일단 전송은 성공한 듯 보인다.

그런데 시간이 지나면서 그는 점차 이상하게 변한다. 몸에 뻣뻣한 털이 나고 힘이 세져 철봉 묘기도 가능해졌다. 게다가 예전과 달리 설

그림 6-7

영화 〈플라이〉의 장면들

탕을 좋아하고 성격이 난폭해졌다. 어쩐 일인가 조사해 보니 공교롭게도 전송기 안에 파리가 한 마리 들어가 있었다. 파리와 인간이 합쳐진 채로 전송되어 파리/인간 합성 생물이 탄생했던 것이다. 시간이 갈수록 점점 더 파리의 몸으로 변해가는 세스는 이 과정을 저지하기 위해 억지로 로니를 끌고 함께 전송기에 들어가려 하지만, 세스를 사랑하는 로니도 그것만은 반대한다. 결국 이 작전이 실패하자 세스는 로니에게 자신을 총으로 쏴달라 부탁하고 로니는 방아쇠를 당긴다. 아침에 일어나보니 자신이 벌레로 변했다는 카프카의 '변신'을 연상시키는 이 영화는 황당한 면도 있지만 그래도 그 발상은 매우 신선했다. 그러나 과학적으로는 이상한 점이 많다.

첫째, 유전자가 아미노산-단백질을 생성하여 생명체를 만들겠지만 유전자는 나름의 규칙을 가지고 있다. 이런 점에서 파리와 인간의 유전자가 섞인다고 인간과 파리가 섞인 생명체가 탄생할 것 같지는 않다. 만일 배열이 잘 되어 두 종류의 유전자가 모두 발현하게 되었다고 가정해도, 처음부터 파리/인간이 섞인 괴물이 나올 것이다. 영화에서 세스는 처음에 거의 완전한 인간으로 전송되었지만 점차 변해 거대한 파리로 변해가는데 그 이유에 대한 설명은 없다.

둘째, 전송 박스 안에 파리가 있어 파리와 인간의 유전자가 합쳐졌다고 하자. 그러나 그 박스 안에 파리만 있었을까? 철저한 멸균을 하지 않은 한 바이러스나 박테리아도 있었을 것이다. 뿐만 아니다. 원래 우리 몸 안에는 무수한 박테리아와 기생충이 살고 있다. 우리는 단독적인 존재가 아니라 수많은 생물의 집단 거주지인 것이다. 그러니 파리가 없더라도 온갖 기생충, 박테리아의 유전자가 우리의 것과 합쳐질 것이다. 실은 우리 인간의 유전자도 일부 다른 박테리아나 바이러스의 유전자가 이루고 있는 것으로 밝혀져 있다. 즉 나는 나이되 진짜 내 것은 없는 것이다.

셋째, 영화에서 전송된 세스는 (파리로 변하기 전까지) 세스의 성격을 가지고 있다. 그런데 인간을 인간이도록 하는 것은 경험과 배움으로 이루어진 뇌 신경세포의 연결(connection)이다. 성격과 지능까지 그대로 전송되려면 1000조 개 이상일 것으로 추정되는 뇌 신경세포의 연결도 고스란히 그 모습으로 전송되었어야 한다. 유전자 정보를 전송하는 기계가 그 연결 구조도 고스란히 전송할 수 있을까? 또한 영화에서 파리와 인간의 조합인 생물이 태어났는데도 생각은 인간처럼 한다. 특히 마지막에 거의 완전한 파리의 모습으로 변한 상태에서도 로니의 총부리를 자신에게 겨냥하게 하는 것으로 보아 여전히 그 괴물의 뇌는 인간의 것이다. 파리와 인간 뇌의 '연결'이 합쳐져 버렸다면 결코 그런 '인간적인' 행동을 할 수는 없었을 것이다.

마지막으로 컴퓨터가 유전자의 정보를 분석하고 이를 그대로 전송할 수는 있을지 몰라도 생명을 이루는 단백질, 지방 같은 것은 그렇게 전송되지 못한다. 따라서 수신되는 곳에 아미노산을 만들 수 있는 물질이 준비되어 있어 전송된 유전자의 정보에 맞게 생명이 합성되어야 스토리가 더 그럴 듯할 것이다. 사실 그런 영화가 있다. 그리고 이 영화는 신경망까지도 고려하고 있다.

제프리 나크마노프 감독의 〈리플리카〉(Replicas, 2018)가 그렇다. 여기서 사이보그 로봇 실험을 하던 생명공학자 윌(키아누 리브스 분)은 한순간의 사고로 가족들을 모두 잃고 슬픔에 잠긴다. 그는 가족을 되살리기 위해 그들에게서 유전자를 분리하고 이를 동료 에드 휘슬(토머스 미들디치 분)의 도움을 받아 아미노산을 배양하는 배양기 안에 넣어 다시 생명이 태어나도록 한다. 그는 성공적으로 아내와 딸을 복제시키지만 배양액이 모자라 막내아들은 복제하지 못한다. 아내와 딸이 태어난 후 아들을 찾으면 곤란하므로 그는 그들의 신경망 회로를 조정하여 아들과 관련된 기억은 지운다. 그러나 가족들은 집에 남아 있는 아들의 흔적을 볼 때마다 막내아들의 존재를 조금씩 기억해낸다.

〈플라이〉 후 30년이라는 세월을 지나 나온 이 영화는 보다 더 과학적이다. 그러나 신경망 회로 정보를 어떻게 조정하여 특정 기억을 지울 수 있느냐(104쪽 망각의 방법 참조), 이것은 아직까지 불가능하고 앞으로도 쉽지 않은 문제로 남을 것이다. 또한 유전자를 배양액에 넣어 생명을 창조할 수 있느냐도 아직까지는 수수께끼이다. 유전자로 복제 동물을 만드는 것 자체는 이미 가능하다. 체세포에서 핵을 추출하여 난자에 주입하고 이를 대리모에 착상시키면 동일한 유전자를 가진 거의 똑같은 생명체를 탄생시킬 수 있다. 지구상에서 이런 기술로 처음 태어난 동물은 복제양 돌리였다. 그러나 대리모를 이용하지 않고 생명을 복제한 예는 아직 없다.

### 애완로봇, 로봇애인

요즘 반려동물을 기르는 사람들이 엄청 많다. 바쁜 세상에 매끼 밥을 먹여줘야 하고 산책시켜줘야 하고 아프면 동물병원에 데려가야 하고… 이 힘들고 돈 드는 일을 사람들은 왜 사서 하려 하는 것일까? 언제나 주인을 보고 반가워하는 반려동물을 보며 정서적인 만족감이 생겨서일 것이다. 실제로 반려동물은 아이들이나 노인들의 우울증 증상 개선에 도움이 되기도 한다. 기르는 사람은 심장발작도 줄어든다는 논문도 있다. 이집트 출신 유명 프랑스 가수 달리다는 〈고독하기 싫어서〉(Pour Ne Pas Vivre Seul)'란 노래에서 아래처럼 노래했다.

> 혼자 살기 싫어서
> 우린 개 한 마리와 산다
> 우린 한 침대에서 산다
> 아니면 추억과 같이 살으리

구석기 시대부터 인간과 함께했던 개는 원래 야생개에 기원을 둔 것이다. 처음 두 동물이 협업했던 것은 사냥이 목적이었다. 개가 우수한 후각으로 짐승의 뒤를 쫓으면 우수한 무기(창, 화살)를 가지고 쫓아간 인간들이 쉽게 사냥할 수 있었다. 이런 점에서 우리가 개를 기르는 이유는 털을 얻거나 잡아먹으려는 목적으로 기르기 시작한 양이나 소와는 다른다. 브리싯 바르도를 비롯한 많은 서양인들은 '귀엽게 따르는 개'를 먹는다고 한국사람을 비난하지만 나는 그 이유로 비난하지는 않는다. 이는 음식 문화가 다른 것으로 이해하면 된다. 그러나 애초 인간과 개가 함께 살기로 한 목적과 다르다는 점에서 개를 먹는다는 것은 일종의 계약위반이며, 따라서 고기는 삼가는 것이 좋다고 나는 생각한다.

맨 처음 우리가 함께 지냈던 야생 개는 그러나 현재 우리가 보는 반려견과는 많이 다르다. 처음 인간과 개의 동거 목적은 사냥이었지만 이제 그 목적은 '애완'으로 달라져 왔다. 수많은 교배 혹은 유전자 조작을 통하여 개는 '사냥을 잘하는' 동물이 아니라 귀엽고, 애교 많은 동물로 변해갔다. 그러면서 반려견은 야생 개의 특징을 잃어버렸다. 야생 개나 늑대는 어릴 때는 얼굴이 동그랗고 눈이 크다. 주둥이가 튀어 나오지도 않았다. 즉 귀여운 강아지 모습이다. 그러나 성장 후에는 주둥이가 길게 튀어나오고 눈도 사나워 결코 귀엽지는 않다. 개도 어느 정도는 그렇지만 야생 늑대에 비해 둥그런 얼굴 모습, 즉 귀여운 모습을 유지한다. 늙어 죽을 때까지 마치 어린 강아지 같은 모습을 하며 주인에게 아양을 떤다. 대부분 개가 연애도 안 하고 새끼를 기르지도 않으므로 (실은 인간이 못하게 하지만) 어른 개 혹은 늙은 개가 되어도 여전히 어릴 적, 미성숙한 모습을 간직하게 된 것이다. 주인이 음식을 제공하는 이상 반려견은 무조건 주인한테 복종한다. 결코 주인을 혼내거나 주인의 마음에 상처를 내는 일은 없다. 그러니 온갖 세상에 상처 입은 사람들의 한결 같은 친구가 되어왔던 것이다.

마이클 알메레이다 감독의 영화 〈당신과 함께한 순간들〉(Majorie Prime, 2019)의 첫 장면에서 80대 노인 마조리(로이스 스미스 분)는 남편과 대화를 한다. 그런데 어쩐 일인지 남편은 그녀보다 훨씬 젊다. 그 이유는 마조리가 일어나 걷다가 남편 다리에 걸렸지만 전혀 방해받지 않고 아무 문제 없이 걸음을 옮긴 것에서 힌트를 얻을 수 있다. 사실 실제 남편은 오래전에 사망했고 남편이 비교적 젊었을 때(마조리가 가장 보고 싶을 때)의 모습을 컴퓨터를 조작해 홀로그램으로 만든 것이다.

이 남편은 목소리도 똑같은데 어떤 식으로 만들어내는지에 대해서는 설명이 없다. 다른 사람과의 대화를 위해 컴퓨터 남편에게 기억도 어느 정도는 집어넣어 둔 것 같다. 그러나 남이 넣은 기억이기 때문에 사소한 것은 빠져 있는 것이 많다. 따라서 컴퓨터 남편은 아내와 대화를 하며 자신이 잘 모르는 자신과 아내의 과거에 대해 물어 본다. 이를 통해 좀더 진짜 남편과 비슷한 홀로그램으로 진화하는 것이다. 언제나 착하고 상냥한 컴퓨터 남편은 아내가 원하는 음악을 틀어주기도 한다.

마조리의 딸 테스 역은 〈플라이〉의 주인공 지나 데이비스가 맡았다. 시간이 흘러 마조리는 사망한다. 딸과 엄마는 평소 갈등이 있었지만, 그래도 우울증세가 있던 딸은 엄마와 대화하고 싶었던 것 같다. 마조리도 다시 예전 그대로의 모습으로 홀로그램으로 태어나 딸과 대화한다. "네 진짜 엄마는 이럴 때 어떻게 했니" 하고 물으면서 점점 더 원래 엄마의 모습이 되어간다. 마지막 장면에, 엄마, 아빠, 딸이 함께 앉아 불완전한 추억을 더듬으며 이야기를 나눈다. 개인적으로 가지고 있는 정보에 한계가 있기 때문에 서로 많이 배운다. 이렇게 많은 이야기를 나눔으로써 그들은 실제 세 사람과 더욱 비슷해져 갈 것이다. 그러나 실제 인간은 모두 죽었고 그들은 모두 홀로그램일 뿐이다.

홀로그램은 죽은 사람과 똑같은 모습에, 똑같은 목소리이다. 대화를 할 수도 있다. 게다가 실제 엄마 아빠와 달리 아들, 딸을 야단치는 일도 없다. 언제나 좋은 대화의 상대이다. 하지만 그들에게 진정한 감정은 없다. 이 가족에서 젊은 시절 자살한 아들은 푸들을 좋아했다.

테스는 시바견을 사온다. 감독이 그렇게 의도 했는지는 모르지만 홀로그램과 애완견은 비슷한, 그러나 완벽하진 않은 인간의 친구인 것이다. 테스는 홀로그램 엄마한테 물어본다. "엄마는 '감정이 있어요?" 그러나 홀로그램은 대답하지 않는다. 계속 혼잣말만 이어갈 뿐이다.

프랭크 오즈 감독의 영화 〈스텝포드 와이프〉(2004)도 흥미로운 작품이다. 유명 방송사 직원으로 잘 나가던 조안나(니콜 키드만 분)는 회사와 문제가 생겨 갑자기 해고당한다. 남편(매튜 브로데릭 분)은 착한 사람이지만 평소 조안나의 기세에 눌려 살던 남자. 마침 스텝포드란 지역이 부부가 화목하게 잘 지낼 수 있는 이상적인 도시라는 광고를 보고 그리로 가서 살기로 한다. 소문대로 스텝포드란 지역은 아름답고 잘 정돈되어 있었다. 더욱 놀라운 것은 모든 여성들이 순종적인 부드러운 미소를 지으며 열심히 집안일 하고 남편을 공경하고 있는 것이다. 그러나 이 마을이 뭔가 수상하다 생각한 조안나는 그 문제를 파고든다.

알고 보니 이 마을의 회장 마이클(크리스토퍼 웰켄 분)이 '성격을 순종적으로 만드는' 칩을 여성의 뇌에 이식한 것이다. 그런데 실제로 칩을 만들어 수술하는 사람은 회장의 아내인 신경외과 의사 클레어(글렌 클로스 분)이다. 클레어는 이렇게 해야만 세상이 살기 좋아진다는 믿음으로 (자기는 아니면서) 여성들의 뇌에 '공손' 칩을 만들어 넣은 것이다. 영화의 마지막에 실은 남편의 뇌에도 칩이 있는 것이 밝혀진다. 결국 신경외과 의사 클레어가 이 모든 것을 조작했던 것이다.

재미있는 영화이지만 의학적으로는 문제가 많다. 우리가 살아가는 기본 기능은 뇌의 일부에 국한되어 있다. 즉 손을 움직이는 부위는 운동중추의 '손' 부분이며 뇌졸중 같은 병으로 이 부분이 손상되면 손을 못 쓰게 된다. 그러나 인간의 고등 기능은 그렇지 않다. 고등 기능 중 말을 만들어내거나 이해하는 부분은 좌측 뇌의 '언어중추'라는 곳에 집중되어 있기는 하다(207쪽 〈가을의 전설〉 참조). 따라서 언어중추가 손상된 환자는 말을 못하거나 못 알아듣는다. 그러나 이 영화에서 개조하려 한 것은 손발 움직임이나 언어 구사가 아니라 그 사람의 '성격'이다. 앞에서 이야기했듯 성격이란 많은 경험과 배움을 통해 일생 동안 만들어져 온 것으로 뇌의 수많은 부분이 연결되어 형성되는 것이다. 즉 단순히 칩을 뇌의 일정 부분에 이식한다고 달라지는 것은 아니다.

하지만 이 영화는 관객들로 하여금 중요한 점을 생각하게 한다. 위의 '반려견'에서 논의했듯, 자기 생각을 내세우지 않고 언제나 순종적인 아내를 만드는 것이 정말 좋을까? 적어도 이는 '사랑'이 아니다. 조안나가 이 마을에서 느낀 불편함은 바로 이 점이었다. 남편도 순종적인 조안나보다는 개성이 있고 간혹 다투기도 하는 조안나를 원한다. 한편 이 영화는 결혼 후 아내에게 커리어를 희생하고 묵묵하게 집안일을 하도록 요구하는 사회를 보여주는 것 같아, 여성에게는 불편한 영화일 수도 있을 것으로 생각된다.

마지막으로 스파이크 존스 감독의 영화 〈그녀〉(Her, 2013)는 뛰어난 작품이다. 작가 테오도르(호아킨 피닉스 분)는 아내(루니 마라 분)와 별거 중이다. 그는 늘 외롭고 공허한 삶을 살고 있다. 그러던 어느 날, 스스로 생각하고 느끼는 인공지능(AI) 운영체제인 사만다(스칼렛 요한슨 목소리)를 만나게 된다. 자신의 말에 귀 기울이고, 이해해주는 사만다로 인해 조금씩 행복을 되찾기 시작한 테오도르는 점점 더 그녀에게 사랑을 느끼게 되고 그녀와 대화하지 않으면 하루도 살기 어려워진다. 이 AI 애인은 목소리도 여성적일 뿐 아니라 대화가 잘 되는 것이 장점이다. 일단 사만다는 매우 아는 게 많다. 혹시 남자가 말하는 주제에 대해 잘 모르더라도 다음 날이면 그에 대한 지식이 술술 나온다. 도서관의 책들을 모두 하루에 흡수할 수 있는 능력을 가지고 있기 때문에 그렇다. 그뿐만이 아니다. 비록 목소리뿐이지만 인공지능은 실제 애인처럼 반응한다. 테오도르가 말하는 내용과 말의 톤으로 그의 감정 상태를 측정하고 이에 맞추어 반응한다. 사만다도 감정이 격해지면 목소리가 커진다. 이런 AI 애인에게 테오도르는 반해버렸지만 한계는 있다.

첫째, AI 애인과는 대화만 가능하며 만나서 데이트하고 손을 잡고 키스할 수가 없다. 사만다 아니 사만다를 사용한 회사도 이를 인식하고 말은 사만다가 하지만 육체를 가진 여자를 테오도르에게 소개해 데이트를 시도한다. 그러나 결정적인 순간에 실패한다. 다른 육체를 가진 그 여자가 사만다의 말을 하는 것이 테오도르에게는 견딜 수 없었던 것이다. 둘째, 실제 애인과 달리 AI는 수많은 남자와 접속하고 있다는 것이다. 실제로 사만다는 테오도르와 사귀는 도중에도 수백 명의 남자와 동시에 데이트를 하고 있었다. 이를 알게 된 테오도르가 실망하고 우울해 하자 다음날 전화를 건 사만다는 이렇게 말한다. "걱정 마, 오늘은 당신 혼자 하고만 이야기할 거야." AI가 테오도르의 상황을 알 리가 없다. 다만 어제의 상황을 분석한 후 오늘은 이렇게 말해야 맞는다는 사실을 알아낸 것이다.

이 영화에서 지하철 계단을 오르내리는 수많은 사람들이 옆도 보지 않고 핸드폰 속의 AI 친구나 애인과 대화하는 모습은 충격적이었다. 하긴 지금도 지하철을 타면 사람들이 핸드폰에만 몰두하고 있긴 하지만 말이다. 남녀끼리, 혹은 친구끼리 기쁨과 아픔의 반복 속에서 커가는 진정한 사랑은 점점 더 우리에게서 멀어지는 것일까?

### 미래의 사회

앤드류 니콜 감독의 영화 〈가타카〉(Gattaca, 1997)를 보면, 미래의 사회에서 사람들은 태어나자마자 아기의 유전자 분석을 한다. 컴퓨터는 유전자 빅데이터 분석을 통해 이 아이의 미래—근시가 될 확률, 우울증 걸릴 확률, 심장병 걸릴 확률, 80세까지 생존할 확률—를 알려준다. 여기에 더해, 이 사회에서는 유전자 가위 기술을 응용한 시험관 수정을 통해 최대한 우수한 아이를 만들어낸다. 그런데 이런 유전자 작업을 시행하지 않고 카 섹스를 하다가 그대로 태어난 아이가 있다(빈센트 프리만, 에단 호크 분). 아이는 키도 작은데다가 근시가 될 확률과 심장병 걸릴 확률이 높아 예상되는 수명은 불과 30세이다. 실망한 부모는 다시 유전자 조작을 한 실험관 수정을 통해 키도 크고 우수한 동생이 태어나도록 한다.

어릴 적부터 우주에 관심이 많던 주인공 빈센트는 토성의 위성인 타이탄을 탐사하는 팀에 합류하여 일하는 것이 소망. 그러나 유전자의 우수한 정도를 검사하는 검색대에 걸려 가타카 회사에 들어갈 수조차 없다. 그는 우수한 유전자를 가지고 태어났지만 사고를 당해 하지 마비 상태인 제롬 유진(주드 로 분)을 찾아가고, 제롬은 빈센트를 도와주기 위해 자신의 침과 손톱 밑의 피, 소변, 등을 빌려준다. 이를 가지고 제롬 행세를 하면서 빈센트는 아슬아슬하게 가타카에 취직을 한다. 중간에 자신이 빈센트임이 알려질 뻔한 몇 번의 소동이 있었으나 그는 결국 불굴의 의지로 우주선에 탑승하는 데 성공한다.

1990년대 영화이지만 우리의 미래가 이런 식으로 전개될 가능성은 있다고 생각한다. 돼지, 소 같은 우리의 가축 그리고 수많은 농산물이 이미 유전자 개량을 하여 우수한 품종으로 변환되었듯 인간도 이런 식으로 우량 품종이 될 수 있지 않을까? 그러나 이것이 과연 바람직할 것인지는 독자들이 생각해볼 문제이다. 영화는 이것에 대해 답을 주지는 않는다. 그러나 덜 우수한 품종인 빈센트의 성공을 보여줌으로써 영화는 유전자가 모든 것을 결정하는 사회에서도 인간의 자율적인 의지는 운명을 바꿀 수 있고, 자율적 의지가 있다면 인간은 무엇이든 할 수 있다는 메시지를 던져주고 있다.

유전자 조작 없이 태어난 나는 지금 머리를 쥐어뜯으며 글을 쓰고 있다. 그렇다면 미래에 태어난 아이들은 더 쉽게 좋은 글을 쓸 수 있을까? 내 생각에 그들이 적어도 외우는 것은 잘 할 것 같다. 보고서도 정확하게 쓸 것 같다. 하지만 글이란 살아 있는 생명 같아서 자신의 고통과 기쁨을 날실과 씨실처럼 엮고 여기에 상상력의 이스트를 불어넣어 만들어내는 것이 아닐까? 물론 나의 슈퍼 인간 증손자, 증손녀들이 나보다 훨씬 더 똑똑하고 글도 잘 쓸 것이다. 그러나 나보다는 고통의 순간이 적었을, 그리고 그 고통을 끈질긴 의지와 사랑의 힘으로 극복한 경험도 적었을 그들이 과연 더 깊이 있는 글을 쓸 수 있을까?

이제 내 글도 막바지에 이른 것 같다. 내가 마지막으로 소개할 책은 필립 딕의 『안드로이드는 전기양의 꿈을 꾸는가』이다. 이 소설은 1968 년 작품이라고는 믿어지지 않는 작품이다. 그 줄거리는 리들리 스콧 감독, 해리슨 포드 주연의 영화 〈블레이드 러너〉(1982)로 재 탄생했지만, 책과 영화는 그 내용이 사뭇 달라 나는 책에 대해서만 쓰려 한다. 세계대전 이후 지구는 방사선 낙진 때문에 살기 어려운 곳이 되고 많은 인간들이 다른 행성으로 이주한다. 지구에 남은 소수 인간들은 태양도 보이지 않는 칙칙한 환경에서 살아가며, 낙진의 피해로 지구상의 동물들은 거의 대부분 멸종상태이다. 따라서 사람들은 전기로 움직이는 애완 동물을 데리고 산다.

어느 날 화성 식민지에서 범죄를 저지른 후 지구로 몰래 탈출한 안드로이드 (인간의 유전자로 만든 인공 인간) 6대가 캘리포니아로 잠입했는데, 전직 경찰이었던 릭은 이들을 처치하는 임무를 맡는다. 그 이유는 한 대를 처치할 때마다 1000달러라는 거금을 벌 수 있기 때문이다. 아내의 우울증 치료 목적으로 전기 양을 기르고 있던 그의 소원은 살아 있는 애완동물을 기르는 것이니 이 돈은 이를 가능케 할 것이다.

안드로이드는 얼핏 보아 인간과 똑같기 때문에 릭은 이를 구분하기 위해 '보이트 캠프'라는 감정이입 장치를 사용한다. 즉 몇 가지 감정을 일으키는 내용들, "예컨내 너의 팔 위에 지금 벌레가 기이가고 있다, 어떻게 하겠니? 여자의 나체 사진을 입수했는데 남편이 벽에 걸어놓았다, 너는 어떻게 하겠니?"라는 질문을 한다. 이때 동공이 확산되고 심장 박동이 빨라지는 반응이 재빨리 나타난다면 이는 인간이다, 반면 인조인간의 경우 가짜 기억과 가짜 감정을 가지고 있으므로 감정 이입 속도가 늦다. 그러나 인조인간 제조 기술이 나날이 발전하면서 점점 더 그 구분은 어려워지고 있다. 사실 릭은 인조인간 레이첼이 안드로이드임을 알지만 그녀에게 사랑의 감정을 느끼고 섹스를 하기도 한다. 즉 릭조차 안드로이드에 감정 이입을 하고 있는 것이다. 이런 감정 때문에 릭이 흔들리지만 그래도 그는 6명의 문제되는 안드로이드를 모두 제거하는 데 성공한다. 결국 릭은 상금으로 진짜 염소를 사서 아파트 옥상에서 기른다. 하지만 릭과 불화가 생겨 분노한 레이첼은 염소를 떨어뜨려 죽인 후 다른 지방으로 도망간다.

인조인간 레이첼이 릭과 사랑을 하고 섹스도 하는 것으로 보아 이 인조인간은 〈당신과 함께한 순간들〉, 〈그녀〉 같은 영화에 나오는 가짜인간보다 오히려 더 인간답다. 감정이입 검사에서 안드로이드의 반응이 인간보다 느렸던 것은 그 들의 반응이 가짜 기억과 학습된 두뇌에 근거했기 때문이다. 그러나 가장 업데이트된 인공지능인 넥서스-6는 2조 개의 구성요소를 갖고 있고, 대뇌 활동으로 가능한 1천만 개의 조합 가운데 하나를 선택할 수 있다고 한다. 따라서 불과 0.45초 만에 14가지 기본 반응 자세 가운데 하나를 골라 꾸며낼 수 있다고 한다. 만일 과학기술이 더 발달한다면 이들이 인간과 똑같아질 수 있을까? 이 책은 거기까지는 답하지 않는다. 그러나 마지막 장면에 레이첼이 분노하여 진짜 양을 죽이고 떠나는 장면은 과연 인간과 인조인간의 차이가 무엇인가 하는 근본적인 의문을 던져준다.

이 책이 준 또 다른 재미는 사람들이 '펜필드 조정장치'라는 기구를 사용하면서 살아간다는 점이다. 그들은 자신들의 상황에 따라 이 기계의 다이얼을 맞춘다. 예컨대 남편과 논란을 시작한 부인 아이랜은 조종대 앞에서 분노의 기분을 없애주는 시상 억제 물질에 다이얼을 맞출지, 아니면 말다툼에서 이기기에 충분할 만큼 집요한 인간으로 만들어주는 시상 자극 물질에 다이얼을 맞출지 잠시 머뭇거린다. 그런데 이 장면을 읽으면 이런 생각이 든다. 이러한 기계로 인간의 감정과 행위를 조절한다면 우리 인간이 안드로이드와 다른 것은 과연 무엇일까?

# 에필로그

측좌핵, 기저핵, 전두엽, 해마, 편도체, 시상… 어려운 의학용어들이 자주 등장해 이 책을 읽기가 어땠는지 궁금하다. 하지만 해마가 기억, 편도체가 감정 형성에 작용한다는 것은 웬만한 분들은 거의 다 안다. 그리고 사실 나머지도 그리 어렵지는 않다. 술, 마약을 하면 활성화되는 기저핵, 전두엽 등은 서로 도파민 회로로 연결되며 우리 행동에 대한 '보상'을 해준다. 즉, 어떤 행위에 대한 동기와 짜릿한 즐거움을 준다. 그래서 술, 마약이 즐거운 것이다.

섹스, 사랑, 종교 등에서 많이 이야기되는 해마, 편도체, 안전두엽 등은 주로 세로토닌 신경세포를 사용하여 교류한다. 이것도 우리에게 기쁨을 준다. 그런데 우리가 어떤 기쁨을 갖게 되는 행위를 할 때 사실 이 두 시스템이 함께 섞여 일을 한다고 보면 된다. 이런 점에서 맛있는 음식을 먹을 때, 아름다운 음악을 들을 때, 사랑할 때, 마약에 중독될 때 우리 뇌의 작용은 크게 다를 것이 없다. 그렇다고 이런 행위들이 결국은 모두 똑같은 것이라는 이야기는 아니다. 각각의 행위 뒤에 숨어 있는 차이점이 있다. 다만 아직 뇌과학은 이런 행위들을 모두 구분하여 알려주지는 못한다.

어쨌거나, 맛있는 음식을 먹고 멋진 이성을 만날 때 뇌가 우리에게 기쁨의 물질로 세례를 한다면, 유전자는 우리의 성공적인 생존과 번식을 위해 뇌를 그렇게 진화시킨 것임을 짐작할 수 있다. 이런 점에서 뇌는 우리의 생존을 위해 유전자가 만들어낸 '생존기계'라 할 수 있다. 물론 진화론적으로 설명하기 어려운 경우들도 있다. 아름다운 노래를 들으면 왜 뇌가 우리의 기분을 좋게 할까? 우리는 왜 비싼 돈을 주고 소프라노의 노래를 들으러 갈까? 얼핏 보아 음악은 우리의 생존과 관계없어 보이는데 말이다. 그 해답은 노래를 잘 부르는 새에 대한 연구에서 힌트를 얻을 수 있다. 카나리아는 늘 행복한 노래를 부르는 것 같지만 실제 그들의 생존은 험악한 투쟁의 연속이다. 경쟁자들도, 포식자도 많은 숲속에서 그들이 1년 넘게 살 확률은 적다. 그런데 카나리아는 나이가 들수록 레퍼토리가 증가한다. 따라서 암컷은 다양한 레퍼토리를 갖는, 노래 잘 부르는 수컷을 선호한다. 이는 그 개체가 어려운 1년을 무사히 넘길 정도로 생존 능력이 뛰어남을 증명하고 있기 때문이다.

이런 점에서 예술적 재능이란 것도 성적인 경쟁의 한 모습이며 좋은 음악을 들으면 행복하게 느끼는 우리의 뇌도 이런 식으로 진화해왔다고 이해할 수 있다. 식사도 그렇다. 우리는 몇 가지 영양분만 섭취하면 충분히 생존할 수 있으나 그동안 수만 가지 요리와 질 좋은 포도주를 치열하게 개발해왔다. 이제 맛은 생존을 떠나 사회적, 예술적 행동과 연결되는 이슈가 된 것이다. 섹스 역시 성행위가 사교가 된 인간 사회에서 그 느낌과 표현이 더욱 다양해졌을 것이다. 생존과는 전

혀 관계없는 매운 맛을 좋아하는 사람이 있는 것처럼 새디즘, 마조히즘 같은 행동도 그렇게 파생되었을 것이다

문제는 지나친 것이다. 예컨대 음식중독은 건강에 아주 해로운 비만을, 그리고 당뇨병을 유발할 것이다. 뿐만 아니다. 술이나 마약에서 보듯, 우리는 우리의 발달된 뇌를 이용해 삶의 법칙에서 동떨어진 기쁨의 방법, 그리고 이에 따른 중독이란 부작용을 만들어내고 있다. 물론 이런 물질의 적당한 섭취는 우리 자신에 이익이 될 수 있을지도 모른다. 술을 마시면 우리의 대뇌 기능이 억제되어 사회적으로 감정교류를 하는 데는 유리하다. 그래서 직장인들에게 '회식'이 존재하는 것이며, 이런 점에서 주류 산업의 발전도 인간의 사회적 진화의 한 단면이라 볼 수 있다. 또한 에이미 와인하우스, 바스키야 같은 젊은 예술가들의 예에서 보듯 마약을 하면 그들의 예술 활동이 증진되는 것 같다. 즉 마약이 이들의 뇌 기능을 한껏 더 높여 생존과 사교에서 유리한 상태를 만들었다고 해석할 수도 있다.

그러나 훨씬 더 많은 경우, 사람들은 술, 마약, 혹은 도박 중독에 신음하고 있다. 이런 물질들은 직접 뇌의 도파민, 세로토닌 혹은 마약성 물질을 사용하는 신경세포들을 자극해 '기쁨'을 느끼게 한다. 이는 본질적으로 생존에 이로운, 혹은 합목직직인 인간의 진화를 위해 설계된 뇌의 활동이라 할 수는 없다. 아무런 목적도 없이 그냥 기쁨 중추만을 자극하는 허황한 행동이다. 게다가 자극이 중단되면 이런 자극을 원하는 금단 현상이 나타나고 이를 괴로워하게 된다. 철학자 쇼펜하우어는 '삶은 욕망과 권태 사이를 왕복하는 시계추와 같다. 그러니 욕망으로 인한 고통에서 벗어날 수 없다' 했지만 중독자들은 '권태'가

아니라 '금단증상의 고통'을 벗어나기 위해 더욱더 술, 마약을 하고 싶은 욕망 속에 어쩔 수 없이 갇혀버리게 된다.

종교는 어떨까? 아버지 같은 훌륭한 신을 모시면서 근심, 걱정이 줄어들고 사회도 공고해진다면 종교 활동은 분명 인간의 삶에 유리한 요소다. 그래서 종교가 생겼을 것이고, 종교 활동 도중 대뇌의 기쁨 중추가 활성화되는 것이다. 이런 점에서 종교도 진화하고 있다는 주장이 이해되는데, 학자들에 의하면 평균 하루 2개의 새로운 종교가 생기고 또 그만큼 도태된다고 한다. 즉 종교도 치열하게 경쟁해야 하는 상황이다. 이러다 보니 여러 종교는 다른 종료를 배타시하는 믿음을 포함하게 되었다. 또한 이런 믿음은 사람들의 현실적인 욕심, 이익과도 결부되는 경우가 많다. 따라서 적당하기만 했다면 좋았을 종교나 이념이 과격해지면서 이 세상은 편이 갈라지고 갈등과 전쟁이 끊이지 않게 되었다.

독일인에 의한 유대인 학살, 보스니아 인종청소, 터키인에 의한 아르메니아인 학살 등의 경우를 보라. 무기가 발달된 현대사회에서, 종교나 이념에 대한 과도한 집착 혹은 편가르기는 중독보다도 더 큰 해악을 인류에게 끼쳤다고 할 수 있다. 영국 작가 줄리언 반스가 쓴 『10 1/2장으로 쓴 세계 역사』란 책에서 화자는 늘 서로 편가르기를 하고 잘못을 남의 탓으로 돌리는 인간을 관찰한 후 '인간은 '다른 동물에 비해 제일 진화가 덜 된 종'으로 묘사했다. 그 화자는 몰래 노아의 방주에 올라탄 밀항자 나무좀벌레였다.

우리는 마약과 중독의 해악을 잘 알고 있고 종교/이념에 의한 숱한 전쟁을 경험해왔다. 그렇다면 이를 해결할 해답은 어디에 있을까? 나는 우선 우리가 앞서 언급한 모든 인간의 행동을 합목적적인 진화론과 뇌의 활동으로 이해하는 것이 필요하다고 생각한다. 뇌는 수천억 개의 신경세포로 이루어진 덩어리이며 수천 조의 연결을 가지고 있다. 그 복잡한 뇌가 만들어내는 행위는 매우 영리하지만 동시에 어리석을 수도 있다. 이런 우리의 복잡한 생각과 행동을 쉽게 이해할 수는 없지만 우리는 최대한 합목적적으로 세상을 이해해야 한다. 종교, 임사체험에서 이야기했던 신비적인 해석으로 빠져드는 것은 경계해야 한다. 아무튼 이런 행동들이 우리의 발달된 뇌에 의해 발생한 것을 이해한다면 이에 대한 해답도 어쩔 수 없이 뇌에서 찾아야 한다. 그리고 여기에 가장 중요한 부위는 전두엽이다.

1장에서 논의했듯, 전두엽은 가장 중요한 인간의 뇌이며 우리의 모든 상황을 고려한 행동을 마지막으로, 합리적으로 결정한다. 전두엽이 손상된 사람은 제대로 판단을 못 하며 감정 조절도 안 된다. 전두엽은 거울 뉴런을 많이 포함하고 있으므로 그 기능이 떨어지면 감동하는 마음, 협력하는 마음도 줄어든다. 반대로 자유로운 사회에서, 교육과 훈련을 통해 전두엽의 지평을 넓힌다면, 발달된 전두엽은 가장 합리적이며 인간다운 행동을 가능하게 해줄 것이며, 생각과 감정의 집착 혹은 과잉 역시 해결해줄 것이다.

시드니 루멧 감독의 영화 〈12인의 성난 사람들〉(12 Angry Men, 1957)에서 12명의 배심원은 아버지를 살해했다는 이유로 기소된 가난한 라틴계 소년에 대한 편견이 있어 모두들 쉽게 유죄(guilty) 판정을 내리려 한다. 오직 한 명 데이비스(헨리 폰다 분)만이 그 논리에 허점이 있다고 주장하고 지리한 논쟁을 벌인다. 결국 시간이 갈수록 더 많은 사람들이 무죄(not guilty)에 동의하여 소년은 사형을 면하게 된다. 이 세상의 집단적인 생각, 혹은 편견에 의해 얼마나 많은 크고 작은 일들이 이렇게 무모하게 결정되는 것일까?

전두엽의 지평을 넓히는 행위는 주변 사람을 넘어 다른 인종, 다른 종교를 믿는 사람들끼리 서로 이해하고 협조하는 행동을 가능하게 할 것이다. 이렇게 말하니 지난 10여 년간 알고 지낸 독일 친구 A가 생각난다. 본인도 의사이며 어떤 유럽 제약회사의 전무이기도 한 그는 국제학회에서 여러 나라 사람들과 어울리며 즐겁게 이야기하고 농담도 주고받는다. 나는 이런 학회에서 영어 발표는 잘 하는 편이지만 영어로 농담을 할 수준은 안 된다. 한번은 A한테 당신은 영어도 잘하고 키 큰 백인이므로 어울리기 좋으시겠다고 하니 그는 깜짝 놀라며 말한다. 자기도 실은 영어가 힘들어 억지로 말하고 있는 거다, 원래 성격은 수줍어 남 앞에 나서지 못하고 특히 외국인들과 어울리기 힘든데 이를 깨기 위해 노력하는 중이라는 것이다. 나는 무릎을 쳤다. 나야말로 남들의 상황은 이해하지 못하고 혼자서 주변에 벽을 치고, 전두엽을 옥죄이고 있었던 것이다. 테일러 핵포드 감독의 영화 〈백야〉(White Nights, 1985)에서 러시아의 세계적인 무용가 니콜라이 로드첸코(미하일 바리시니코프 분)가 소련에서도 우대를 받지만 죽음을 무릅쓰고 탈출한 것도 '전두엽'을 옥죄는 답답한 사회주의 상황에서 탈출하고 싶어서였다.

결국 나는 인간의 생각과 행동이 뇌에서 나온다는 점, 그 뇌도 합리적, 진화론적인 관점으로 해석해야 한다는 점, 그리고 특히 전두엽의 발달을 위한 교육과 자유로운 환경 조성으로 전두엽의 지평을 넓혀야 함을 주장하고 싶다. 더불어 이렇게 중요한 뇌에 발생하는 뇌질환에 대해서도 몇 자 적었다. 이렇게 한동안 글을 붙들고 있노라니 어느새 올해가 다 지나고 겨울이 찾아왔다. 그동안 내 글을 읽어주신 독자들에게 진심으로 감사드린다. 이제 곧 흰 눈 날리는 추운 날들이 오겠지만, 여러분들의 뇌에는 언제나 사랑과 행복의 불이 따스하게 지펴지기를 기원한다.

# 참고문헌

## 1부. 뇌와 나

Carlisi CO. Associations between life-course-persistent antisocial behaviour and brain structure in a population-representative longitudinal birth cohort, Lancet psychiatry 2020;7: 245-253.

Claydon L. Are there lessons to be learned from a more scientific approach to mental condition defenses? Int J Law Psychiatry 2012;35:88-98.

Penney S. Impulse control and criminal responsibility: Lessons from neuroscience. Int J Law Psychiatry 2012;35:99-103

Brunner R et al. Reduced prefrontal and orbitofrontal gray matter in female adolescents with borderline personality disorder: Is it disorder specific? NeuroImage 2010; 49:114 – 120.

Sala M et al. Dorsolateral prefrontal cortex and hippocampus sustain impulsivity and aggressiveness in borderline personality disorder. Journal of Affective Disorders, 2011;131, 417 – 421.

New AS et al. Laboratory induced aggression: A positron emission tomography study of aggressive individuals with borderline personality disorder. Biological Psychiatry 2009; 66: 1107 – 1114.

Yechiam E et al. Using cognitive models to map relations between neuropsychological disorders and human decision making deficits. Psychological Science 2005;16:973 – 978.

## 2부. 감각의 제국


Kim JS. Pure sensory stroke : Clinical-radiological correlates of 21 cases. Stroke 1992;23: 983-987

Kim JS. Restricted acral sensory syndrome following minor stroke : further observation with special reference to differential severity of symptoms among individual digits. Stroke 1994;25:2497-2502.

Kim JS. Safety and efficacy of pregabalin in patients with central post-stroke pain. Pain 2011; 152:1018 – 1023

Wise NJ et al. Brain Activity Unique to Orgasm in Women: An fMRI Analysis. J Sex Med 2017;14:1380-1391.

Harenski CL et al. Increased fronto-temporal activation during pain observation in sexual sadism: Preliminary findings. Arch Gen Psychiatry 2012;69:283-292.

Kim JS and Choi S. Altered food preference after Cortical Infarction: Korean Style Cerebrovasc Dis 2002;13:187 – 191


## 3부. 사랑, 기억, 그리고 종교


Han JH et al. Neuronal Competition and Selection During Memory Formation. 2007; 316:457-460

Han JH et al. Selective erasure of a fear memory. Science 2009;323:1492-6.

Liu Y et al. Hippocampal Activation of Rac1 Regulates the Forgetting of Object Recognition Memory. Current Biology 2016; 26:2351-2357

리처드 도킨스. 이기적 유전자. 을유문화사 2018

Barthel A and Zeki S. Neural basis of romantic love. Neuroreport 2000;11:3829-3834.

Noyes R, Kletti R. Depersonalization in the face of life-threatening danger: a description. Psychiatry 1976;39:19 – 27

Trimble M. An investigation of religiosity and the Gastaut – Geschwind syndrome in

patients with temporal lobe epilepsy. Epilepsy and Behavior 2006;9:407-414
Waxman SG, Geschwind N. Hypergraphia in temporal lobe epilepsy 1974; 24 (7)
Hermann BP et al, Hypergraphia in epilepsy: is there a specificity to temporal lobe epilepsy? J Neurol, Neurosurg Psychiatry 1983;46:848-853
Okamura T, et al. A clinical study of hypergraphia in epilepsy. J Neurol, Neurosurg Psychiatry 1993;56:556-559
Rathore C, et al. Sexual dysfunction in people with epilepsy. Epilepsy Behav. 2019 100:106495.
Ferguson MA et al. Reward, salience, and attentional networks are activated by religious experience in devout Mormons. Social Neuroscience 2018 13, 2018 104-116
Deeley PQ. The religious brain. Anthropology & Medicine 2004;11:245 – 267
Schjoedt U et al. Highly religious participants recruit areas of social cognition in personal prayer. Social Cognitive and Affective Neuroscience 2009;4:199 – 207.
Blood AJ and Zatorre RJ. Intensely pleasurable responses to music correlate with activity in brain regions implicated in reward and emotion. PNAS 2001;98:11818-11823
Salimpoor VN et al. Anatomically distinct dopamine release during anticipation and experience of peak emotion to music. Nature Neuroscience 2011;14:257 – 262
Pontieri FE et al. Effects of nicotine on the nucleus accumbens and similarity to those of addictive drugs Nature 1996;382:255 – 257
Borg J, et al. The serotonin system and spiritual experiences. Am J Psychiatry. 2003; 160:1965-1969.
Balodis IM et al. Imaging the Gambling Brain. Int Rev Neurobiol. 2016;129:111-124.
Potenza MN et al. Gambling disorder. Nat Rev Dis Primers. 2019;25:51.

Kishida K et al. Diminished single-stimulus response in vmPFC to favorite people in children diagnosed with Autism Spectrum Disorder. Biological Psychology 2019;145:174-184.

Daniel H et al. Autism spectrum disorders: developmental disconnection syndromes, Current Opinion in Neurobiology2007;17:103111

Townsend J and Altshuler LL. Emotion processing and regulation in bipolar disorder: Bipolar Disorders 2012;14:326333

Kyaga S et al. Creativity and mental disorder: family study of 300 000 people with severe mental disorder. British J Psychiatry 2011;199:373379

MacCabe JH et al. Artistic creativity and risk for schizophrenia, bipolar disorder and unipolar depression: a Swedish population-based casecontrol study and sib-pair analysis, British J Psychiatry 2018;212:370376

de Manzano O et al. Thinking outside a less intact box: thalamic dopamine D2 receptor densities are negatively related to psychometric creativity in healthy individuals. PLoS One 2010;;5:e10670.

Miller BL, et al. Emergence of artistic talent in frontotemporal dementia. Neurology 1998;51:978-982

Kim JS. Pathologic laughter after unilateral stroke. J Neurol Science 1997;148:121-125.

Wilson SAK. Some problems in neurology II. Pathological laughing and crying. J. Neurol. Psychopathol 1924;16: 299 – 333.

Kim JS, Choi-Kwon S. Post-stroke depression and emotional incontinence: correlation with lesion location. Neurology 2000;54:1805-1810.

Kim JS. Choi S. Altered food preference after stroke: Korean style. Cerebrovasc Dis 13:187-191, 2002

Choi-Kwon S et al. Fluoxetine treatment in post-stroke depression, emotional incontinence and anger-proneness: a double-blind placebo-controlled study Stroke 2006;37: 156-161.

Kim JS et al. Efficacy of early administration of escitalopram on depressive and emotional symptoms and neurological dysfunction after stroke: a multicentre, double-blind, randomised, placebo-controlled study Lancet Psychiatry 2017;1: 33-41

## 6부. 어떻게 살고 어떻게 죽을 것인가, 그것이 문제로다

Blanke, O. and Arzy, S. The out-of-body experience: disturbed self-processing at the temporo-parietal junction. Neuroscientist 2004;11,1624

Boecker H et al. The runner's high: opioidergic mechanisms in the human brain. Cereb Cortex. 2008;18:2523-31

Li D et al. Asphyxia-activated cortico-cardiac signaling accelerates onset of cardiac arrest. Proc Natl Acad Sci 2015;112:E207382).

Noyes R, Slymen D. The subjective response to life-threatening danger. Omega 1979;9:31321.

Lake J. The near-death experience (NDE) as an inherited predisposition: Possible genetic, epigenetic, neural and symbolic mechanisms. Medical Hypothesis 2019; 126:135-148

Mobbs D, Watt C. There is nothing paranormal about near-death experiences: how neuroscience can explain seeing bright lights, meeting the dead, or being convinced you are one of them. Trends in cognitive sciences 2011;15:447-449

# 찾아보기

## · 의학 관련 용어 ·

ㄷ



ㄹ



ㅁ

ㅇ

## 기타



## · 예술 관련 용어 ·

### ㄱ



### ㄴ



### ㄷ



### ㄹ



### ㅁ

**ㅂ**



**ㅅ**



**ㅇ**



**ㅈ**



**ㅊ, ㅋ**

ㅌ



ㅍ



ㅎ



## 기타

김종성 교수의

# 뇌과학 여행, 브레인 인사이드

1판 1쇄 찍음 2021년 12월 23일
1판 1쇄 펴냄 2022년 1월 5일

**지은이** 김종성

**주간** 김현숙 | **편집** 김주희, 이나연
**디자인** 이현정, 전미혜
**영업** 백국현 | **관리** 오유나

**펴낸곳** 궁리출판 | **펴낸이** 이갑수

**등록** 1999년 3월 29일 제300-2004-162호
**주소** 10881 경기도 파주시 회동길 325-12
**전화** 031-955-9818 | **팩스** 031-955-9848
**홈페이지** www.kungree.com
**전자우편** kungree@kungree.com
**페이스북** /kungreepress | **트위터** @kungreepress
**인스타그램** /kungree_press



ISBN 978-89-5820-757-3 03400